Volker Gnielinski
Alfons Mersmann
Franz Thurner

**Verdampfung,
Kristallisation,
Trocknung**

Aus dem Programm Chemie/Verfahrenstechnik

E.-U. Schlünder
Einführung in die Wärmeübertragung

F. Löffler / J. Raasch
Grundlagen der Mechanischen Verfahrenstechnik

K. Gersten
Einführung in die Strömungsmechanik

K. Gersten / H. Herwig
Strömungsmechanik

A. Leder
Abgelöste Strömungen

K.-F. Knoche
Technische Thermodynamik

H. Schnitzer
Grundlagen der Stoff- und Energiebilanzierung

M. Wutz / H. Adam / W. Walcher
Theorie und Praxis der Vakuumtechnik

P. Kunz
Umweltbioverfahrenstechnik

B. Philipp
Einführung in die Umwelttechnik

Vieweg

Volker Gnielinski
Alfons Mersmann
Franz Thurner

Verdampfung, Kristallisation, Trocknung

Mit 174 Abbildungen und
30 Übungsbeispielen

vieweg

Der Verlag Vieweg ist ein Unternehmen der Verlagsgruppe Bertelsmann International.

Druck und buchbinderische Verarbeitung: W. Langelüddecke, Braunschweig
Gedruckt auf säurefreiem Papier
Printed in Germany

ISBN 3-528-06499-4

Vorwort

Mit dem vorliegenden Buch "Verdampfung, Kristallisation, Trocknung" wird die Darstellung der Thermischen Trennverfahren fortgesetzt, die in dem Buch "Destillation, Absorption, Extraktion" von E.-U. Schlünder und F. Thurner, erschienen 1986 in der Lehrbuchreihe "Chemieingenieurwesen / Verfahrenstechnik" im Georg Thieme-Verlag Stuttgart, New York, begonnen wurde. Der Thieme-Verlag mochte diese Lehrbuchreihe nicht mehr fortsetzen und hat die Rechte an den bisher in der Reihe erschienenen Büchern abgegeben. So wird künftig auch das Buch "Destillation, Absorption, Extraktion" im Vieweg-Verlag erscheinen.

Das vorliegende Buch entstand auf Anregung von Professor Dr.-Ing. Dr.h.c./INPL E.-U. Schlünder. Über die Bedeutung der Thermischen Trennverfahren und deren Einteilung in einzelne Grundoperationen haben E.-U. Schlünder und F. Thurner im Vorwort und Einleitung des ersten Buches ausführlich geschrieben, so daß sich hier eine Wiederholung erübrigt.

Die Reihenfolge der drei Abschnitte dieses Buches mit Verdampfung, Kristallisation und Trocknung ist vielfach auch die Reihenfolge einzelner Schritte eines Produktionsverfahrens, bei welchem aus einer flüssigen Phase ein Feststoff gewonnen wird. Daneben aber hat jedes der thermischen Trennverfahren Verdampfung, Kristallisation und Trocknung für sich eine große Bedeutung in der Grundstoff- und Verbrauchsgüterindustrie. Dabei ist beispielsweise an die Aufkonzentrierung von Milch, die Eindampfung einer Salzlösung, die Kristallisation von Kochsalz oder die Trocknung von Papier oder Gipsbauplatten zu denken.

Die drei Abschnitte des Buches sind unabhängig voneinander entstanden und stellen selbständige Einheiten dar. Der Abschnitt "Verdampfung" wurde von F. Thurner verfaßt, der Abschnitt "Kristallisation" von A. Mersmann und der Abschnitt "Trocknungstechnik" von V. Gnielinski.

Ebenso wie der erste Band soll dieses Buch als eine vorlesungsbegleitende Einführung in die "Grundlagen der Thermischen Verfahrenstechnik" dienen und wendet sich daher zunächst an die Studierenden des Chemieingenieurwesen und der Verfahrenstechnik. Daher sind auch eine Reihe von Übungsbeispielen enthalten. Die Autoren hoffen aber, daß auch die in der Praxis tätigen Ingenieure bei der Einarbeitung in für sie bisher nicht bekannte Trennverfahren oder bei der Wiederauffrischung von Vergessenem in diesem Buch eine nützliche Hilfe finden.

Der Dank der Autoren gilt denen, die die druckfertige Herstellung des Manuskriptes besorgt haben. F. Thurner und V. Gnielinski bedanken sich bei Frau Th. Zepezauer für die Schreib- und bei Herrn Ing.grad. L. Eckert für die Zeichenarbeiten und die große Mühe beim Korrekturlesen. A. Mersmann bedankt sich bei Mitarbeiterinnen und Mitarbeitern, die ihm in vielfältiger Weise geholfen haben. Sein besonderer Dank gilt Herrn cand.ing. Rainer Angerhöfer für die druckfertige Herstellung des Manuskriptes sowie den Herren Dipl.-Ing. Martin Angerhöfer und Dr.-Ing. Shichang Wang für die unermüdliche Hilfe.

Karlsruhe und München im Februar 1993

Dr.-Ing. Franz Thurner
Prof. Dr.-Ing. Alfons Mersmann
Dr.-Ing. Volker Gnielinski

Inhaltsverzeichnis

Seite

Seite

1 Verdampfung

1.1 Beschreibung und Bedeutung des Verfahrens

Die Verdampfung ist ein thermisches Trennverfahren, das zur Konzentrierung von Lösungen dient. Die Lösungen bestehen aus einem leichtflüchtigen Lösungsmittel und einem darin gelösten, schwerflüchtigen Stoff. Das Lösungsmittel ist in vielen Fällen Wasser. Bei den gelösten Stoffen handelt es sich vielfach um Salze oder hochmolekulare Verbindungen. In diesen Fällen darf der Dampfdruck des gelösten Stoffes gegenüber dem des Lösungsmittels vernachlässigt werden. Dies bedeutet, daß beim Sieden nur das Lösungsmittel in die Dampfphase übergeht, wohingegen der gelöste Stoff in der Flüssigphase zurückbleibt und sich dort anreichert.

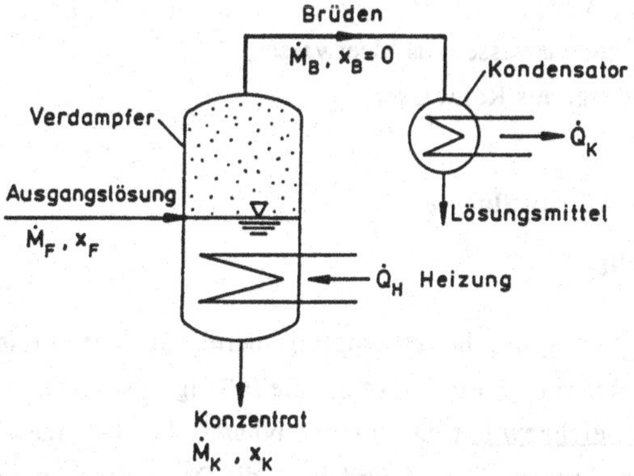

Abb. 1.1.1: Schematische Darstellung eines Verdampfers

Die Arbeitsweise eines kontinuierlich betriebenen Verdampfers ist in Abb. 1.1.1 erläutert. Die Ausgangslösung mit dem Massenstrom $\dot{M}_F$ und dem Massenanteil an gelöstem Stoff x_F fließt dem Verdampfer kontinuierlich zu. In ihm wird durch Wärmezufuhr über eine Heizung ein Teil des Lösungsmittels verdampft. Das dampfförmige Lösungsmittel, auch Brüden genannt, wird aus dem Verdampfer stetig abgezogen und im nachgeschalteten Kondensator niedergeschlagen. Die angereicherte Lösung wird als Konzentrat mit dem Massenstrom $\dot{M}_K$ und dem Massenanteil an gelöstem Stoff x_K kontinuierlich abgezogen. Der Verdampfer kann auch diskontinuierlich betrieben werden. In diesem Fall wird die Ausgangslösung im Verdampfer vorgelegt und auf die gewünschte Konzentration eingedampft.

Von den vielen Anwendungen der Verdampfung seien folgende Beispiele genannt:

- Aufkonzentrierung
  von Salzlösungen (Natriumchlorid, Natriumkarbonat, Kaliumnitrat, Ammoniumnitrat, Ammoniumsulfat),
  von Laugen (Natronlauge, Kalilauge),

von Säuren (Schwefelsäue, Salpetersäure, Phosphorsäure),
von Lösungen hochmolekularer Verbindungen (Kunststoffe),
von Obst- und Gemüsesäften,
von Fruchtpulpen (Tomatenmark),
von Pflanzenextrakten (Kaffee, Tee, Sojaöl),
von Milch (Kondensmilch),
von Fleischextrakt,

- Eindicken
  von Leim und Gelantine,
  von Abfallaugen der Zellstoff- und Zuckerindustrie,
- Gewinnung
  von Steinsalz aus Rohlösungen,
  von Zucker aus Dünnsaft,
  von Trink- und Gebrauchswasser aus Meerwasser,
  von Kesselspeisewasser aus Rohwasser.

1.2 Physikalische Grundlagen

1.2.1 Gleichgewicht

Die Trennung einer Lösung durch Verdampfung beruht auf der Ungleichverteilung von Lösungsmittel und dem darin gelösten Stoff auf die Flüssig- und Gasphase bei eingestelltem thermodynamischen Gleichgewicht. Das thermodynamische Gleichgewicht zwischen dem reinen Lösungsmittel und seinem Dampf wird durch die Dampfdruckkurve (siehe Abb. 1.2.1) wiedergegeben. Sie beginnt beim Tripelpunkt, in welchem Fest-, Flüssig- und Gasphase koexistieren. Der Tripelpunkt für Wasser liegt bei 273,16 K und 0,00611 bar. Die Dampfdruckkurve endet beim kritischen Punkt. Für Wasser liegt die kritische Temperatur bei 647 K und der kritische Druck bei 218 bar. Für Zustände oberhalb des kritischen Punktes kann man zwischen Flüssig- und Gasphase nicht mehr unterscheiden.

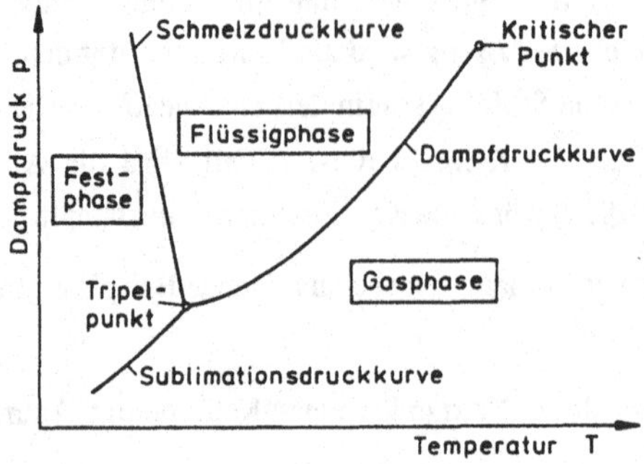

Abb.1.2.1: Phasendiagramm eines reinen Lösungsmittels

Das Dampf-Flüssigkeits-Gleichgewicht eines reinen Lösungsmittel läßt sich näherungsweise durch die Clausius-Clapeyronsche-Gleichung beschreiben. Sie lautet in integrierter Form

$$\log \frac{p}{p_0} = \frac{\Delta \tilde{h}_V}{\tilde{R}} \left(\frac{1}{T_0} - \frac{1}{T} \right) \qquad (1.2.1)$$

Hierin ist p der Dampfdruck des Lösungsmittels, $\Delta \tilde{h}_V$ die als temperaturunabhängig angenommene molare Verdampfungsenthalpie. Die Integration erfolgte zwischen einem festen Punkt (p_0, T_0) und einem beliebigen Punkt (p,T) der Dampfdruckkurve. Diese Gleichung besagt, daß die bei verschiedenen Temperaturen gemessenen Dampfdrücke bei Auftragung von $\log p/p_0$ über 1/T eine Gerade mit der Steigung $-\Delta \tilde{h}_V/\tilde{R}$ bilden. In der Abb. 1.2.2 sind die Dampfdruckkurven einiger Lösungsmittel in den beiden gebräuchlichsten Auftragungsarten dargestellt.

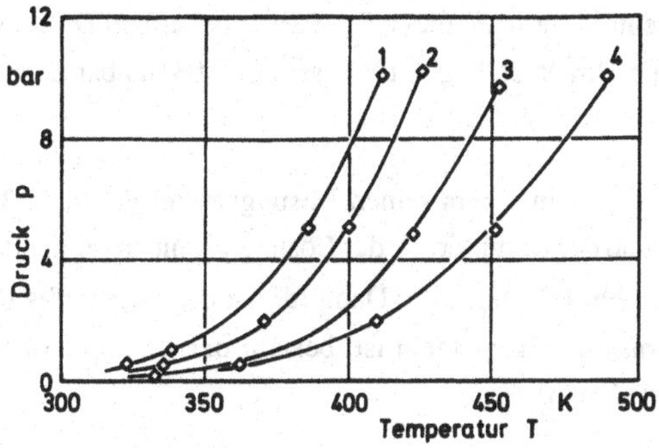

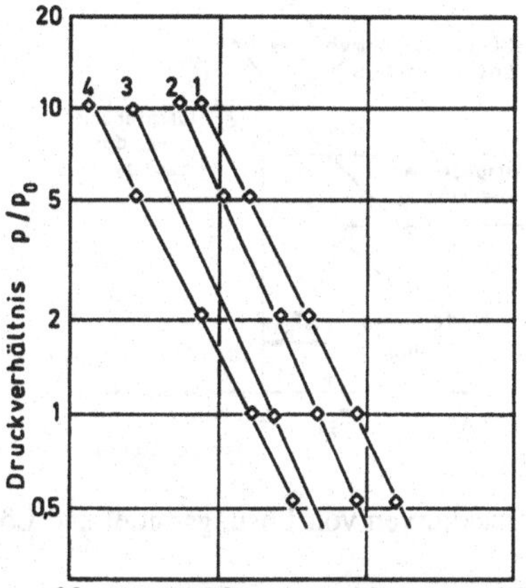

Abb. 1.2.2: Dampfdruckkurven einiger Lösungsmittel im p-T-Diagramm und $\log(p/p_0) - \frac{1}{T}$ - Diagramm mit p_0 = 1 bar; 1 Methanol, 2 Ethanol, 3 Wasser, 4 Toluol

Eine zahlenmäßig genauere, häufig verwendete Näherung stellt die Antoine-Gleichung dar:

$$\log p = A - \frac{B}{T+C} \quad . \tag{1.2.2}$$

Hierin ist p der Zahlenwert des Druckes und A, B und C sind stoffabhängige Konstanten, die durch Anpassung an die experimentell ermittelte Dampfdruckkurve bestimmt werden (siehe Beispiel 1.2-1). Die Konstanten der Antoine-Gleichung für einige gängige Lösungsmittel sind im Anhang zu diesem Abschnitt angegeben. Für zahlreiche weitere Lösungsmittel können die Konstanten aus Stoffdatensammlungen [23], [24] entnommen werden.

Ist die Dampfdruckkurve bekannt, so läßt sich auch der Siedepunkt T_S des Lösungsmittels bestimmen. Ein Lösungsmittel siedet dann, wenn der Dampfdruck gleich dem Systemdruck ist:

$$p = p\{T_S\} \quad . \tag{1.2.3}$$

Aus der Dampfdruckkurve entnimmt man, daß z.B. Wasser bei einem Druck von 1 bar und 100 °C siedet. Senkt man den Druck, so beginnt Wasser bei 0,03166 bar zu sieden, falls die Temperatur 25 °C beträgt.

Wird ein nichtflüchtiger Feststoff in einem reinen Lösungsmittel gelöst, z.B. Kochsalz in Wasser, so beobachtet man, daß der Dampfdruck der Lösung p_1 niedriger als jener des reinen Lösungsmittels p_1^* ist (siehe Abb. 1.2.3). Da der Dampfdruck des Feststoffes (Salz) über der Lösung im allgemeinen vernachlässigbar klein ist, besteht der Dampf somit praktisch aus reinem Lösungsmittel (Wasserdampf).

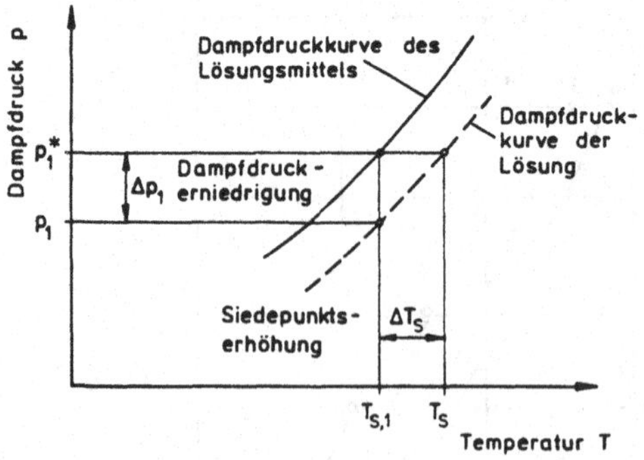

Abb. 1.2.3: Dampfdruckkurven von Lösungsmittel und Lösung

Sind die Wechselwirkungskräfte zwischen den gleichartigen Teilchen (gelöster Stoff - gelöster Stoff, Lösungsmittel - Lösungsmittel) ebenso groß wie jene zwischen den ungleichartigen Teilchen (gelöster Stoff - Lösungsmittel), so spricht man von einer idealen Lösung. Für ideale Lösungen läßt sich der Dampfdruck der Lösung p_1 mit Hilfe des Raoultschen Gesetzes berechnen:

$$p_1 = \tilde{x}_1 \, p_1^* = (1-\tilde{x}_2) \, p_1^* \tag{1.2.4}$$

Das Raoultsche Gesetz besagt, daß der Dampfdruck des Lösungsmittels über der Lösung p_1 proportional dem Molanteil $\tilde{x}_1$ des Lösungsmittels in der Lösung ist.

Sind die Wechselwirkungskräfte zwischen den gleichartigen Teilchen verschieden von jenen zwischen den ungleichartigen Teilchen, so liegt eine nichtideale Lösung vor. Die Abweichung vom idealen Verhalten wird durch den sogenannten Aktivitätskoeffizienten γ berücksichtigt. Unter Verwendung dieses Aktivitätskoeffizienten lautet das für nichtideale Lösungen erweiterte Raoultsche Gesetz

$$p_1 = \gamma_1 \, \tilde{x}_1 \, p_1^* = \gamma_1 (1-\tilde{x}_2) \, p_1^* \, . \tag{1.2.5}$$

Der Aktivitätskoeffizient ist gleich dem Verhältnis vom Partialdruck des Lösungsmittels über der nichtidealen Lösung zum Partialdruck des Lösungsmittels über der idealen Lösung

$$\gamma_1 = \frac{p_1}{\tilde{x}_1 \, p_1^*} = \frac{p_1}{p_{1,id}} \, . \tag{1.2.6}$$

Demzufolge ist der Aktivitätskoeffizient bei idealem Verhalten gleich eins, bei positiven Abweichungen größer als eins und bei negativen Abweichungen kleiner als eins. Für die Ermittlung der Aktivitätskoeffizienten sei auf spezielle Literatur [23],[24] verwiesen. Die Aktivitätskoeffizienten sind mehr oder weniger stark von der Zusammensetzung abhängig. Ist die Konzentration des gelösten Stoffes in einer realen Lösung klein, so verhält sich das Lösungsmittel ideal. Deshalb kann der Dampfdruck über einer verdünnten Lösung mit Hilfe des Raoultschen Gesetzes berechnet werden (siehe Abb. 1.2.4).

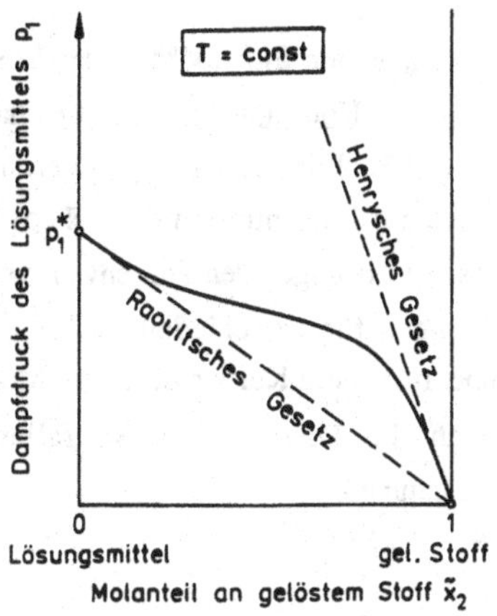

Abb. 1.2.4: Dampfdruck des Lösungsmittels über einer Lösung in Abhängigkeit von der Zusammensetzung

Für ideale Lösungen erhält man durch Umformen des Raoultschen Gesetzes

$$\Delta p_1 = p_1^* - p_1 = \frac{N_2}{N_1+N_2} p_1^* \quad . \tag{1.2.7}$$

N_1 und N_2 sind hierbei die Stoffmengen von Lösungsmittel und gelöstem Stoff. Die Dampfdruckerniedrigung Δp_1 ist nach Gl.(1.2.7) proportional dem Molanteil $\tilde{x}_2$ des gelösten Stoffes in der Lösung. Dissoziiert der gelöste Stoff, so ist in Gl.(1.2.7) die Stoffmenge der in der Lösung vorliegenden Ionen einzusetzen:

$$N_2 = N_{2,0} \left[1+\alpha\,(i-1)\right] \quad . \tag{1.2.8}$$

$N_{2,0}$ ist die Stoffmenge des gelösten Stoffes, α der Dissoziationsgrad und i die Zahl der Ionen, in die ein Molekül des gelösten Stoffes dissoziiert (siehe Beispiel 1.2-2).
Der Dampfdruckerniedrigung Δp_1 bei konstanter Temperatur entspricht eine Siedepunktserhöhung ΔT_S bei konstantem Druck (siehe Abb. 1.2.3). Die Lösung siedet demnach bei höheren Temperaturen als das reine Lösungsmittel beim selben Druck. Die Siedepunktserhöhung läßt sich ausgehend von der Clausius-Clapeyronschen Gleichung berechnen:

$$\Delta T_S = T_S - T_{S,1} = \frac{\tilde{R} T_{S,1}^2}{\Delta \tilde{h}_{V,1}^0} \tilde{x}_2 \tag{1.2.9}$$

$T_{S,1}$ ist die Siedetemperatur des reinen Lösungsmittels in Kelvin. Die Siedepunkterhöhung ΔT_S ist nach Gl.(1.2.9) proportional dem Molanteil $\tilde{x}_2$ des gelösten Stoffes. Dieser folgt aus dem Massenanteil x_2 zu

$$\tilde{x}_2 = \frac{1}{1 + \frac{\tilde{M}_2}{\tilde{M}_1}\left(\frac{1}{x_2} - 1\right)} \tag{1.2.10}$$

worin $\tilde{M}_2$ und $\tilde{M}_1$ die Molmassen des gelösten Stoffes bzw. des Lösungsmittels sind. Die Größe $\tilde{R} T_{S,1}^2 / \Delta \tilde{h}_{V,1}^0$ wird "ebullioskopische Konstante" genannt und hat für Wasser bei 1 bar und 100 °C den Zahlenwert von 28,49 K. Für hinreichende Verdünnung kann man den Molenbruch des Gelösten $\tilde{x}_2$ durch dessen Konzentration $\tilde{c}_2 = \tilde{x}_2\, \rho_1/\tilde{M}_1$ ausdrücken. Setzt man $\Delta T_S = E_B \cdot \tilde{c}_2$, so hat E_B für wässrige Lösungen den Zahlenwert von 0,513 K/(mol/l). Die Abb. 1.2.5 zeigt Siedepunktserhöhungen für verschiedene wäßrige Lösungen über dem Massenanteil des Gelösten x_2. Zeichnet man diese Kurven über dem Molanteil $\tilde{x}_2$ des Gelösten auf und berücksichtigt dabei auch die Dissoziation, so fallen alle diese Kurven (näherungsweise) zu einer einzigen zusammen.

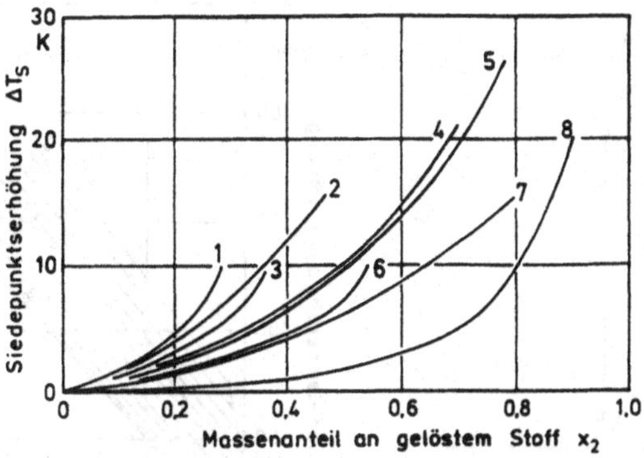

Abb. 1.2.5: Siedepunktserhöhungen einiger wäßriger Lösungen bei 0,981 bar
1 Natriumchlorid NaCl, 2 Ammoniumchlorid NH_4Cl, 3 Kaliumchlorid KCl, 4 Natriumnitrat $NaNO_3$, 5 Ammoniumnitrat NH_4NO_3, 6 Ammoniumsulfat $(NH_4)_2SO_4$, 7 Kaliumnitrat KNO_3, 8 Zucker

Die Siedepunktserhöhung bei atmosphärischem Druck ist experimentell gut untersucht. In der Praxis findet die Verdampfung oft bei Drücken statt, die größer oder kleiner als der atmosphärische Druck sind. Für diese Fälle sind die verfügbaren Angaben spärlich. In solchen Fällen kann man die Siedetemperatur einer Lösung oft mit der Dühringschen Regel ermitteln. Sind für eine Lösung mit konstanter Zusammensetzung die Siedetemperaturen für zwei Drücke (p_I, p_{II}) bekannt, so kann man die Siedetemperatur für einen anderen Druck (p_{III}) - für dieselbe Zusammensetzung - folgendermaßen ermitteln:

$$\frac{T_S^{II} - T_S^{I}}{T_{S,1}^{II} - T_{S,1}^{I}} = \frac{T_S^{III} - T_S^{I}}{T_{S,1}^{III} - T_{S,1}^{I}} = \text{const} \quad . \qquad (1.2.11)$$

Die Siedetemperatur T_S einer Lösung mit konstanter Zusammensetzung ist demnach eine lineare Funktion der Siedetemperatur $T_{S,1}$ des reinen Lösungsmittels (siehe Abb. 1.2.6). In der Abb. 1.2.7 sind die Dühringschen Geraden für das System Natriumhydroxid-Wasser dargestellt.

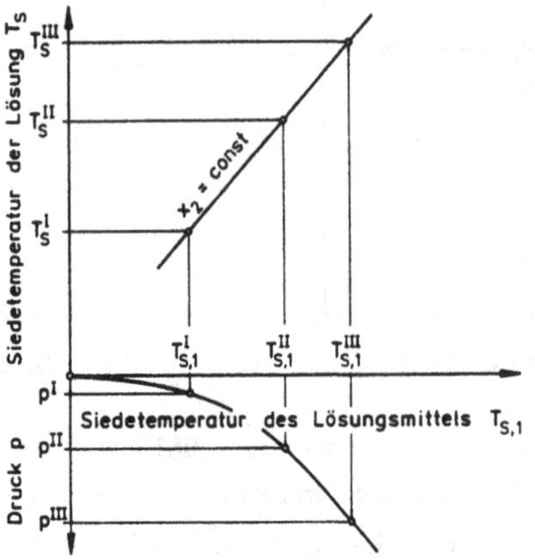

Abb. 1.2.6: Dühringsche Gerade

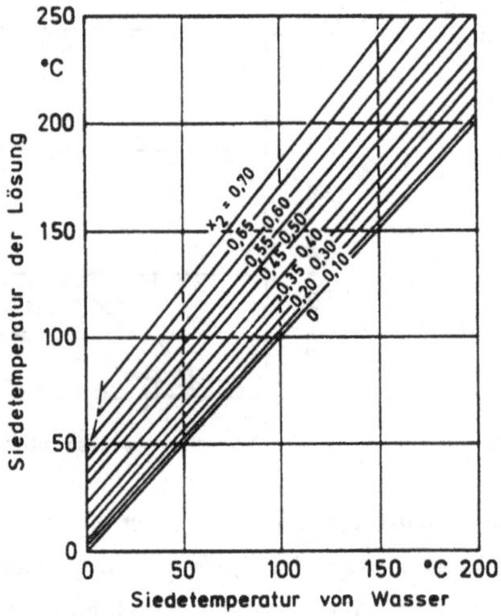

Abb. 1.2.7: Dühringsche Geraden für das System Natriumhydroxid-Wasser, x_2 = Massenanteil Natriumhydroxid

Eine andere Art der Darstellung des Phasengleichgewichtes von Lösungen nichtflüchtiger Stoffe ist das Enthalpie-Zusammensetzungs-Diagramm. Mit seiner Hilfe lassen sich insbesondere die zu- und abzuführenden Wärmemengen übersichtlich graphisch darstellen.

Im Enthalpie-Zusammensetzungs-Diagramm ist die spezifische Enthalpie h (oder die molare spezifische Enthalpie $\tilde{h}$) über dem Massenanteil x_2 (oder dem Molanteil $\tilde{x}_2$) des gelösten Stoffes aufgetragen (siehe Abb. 1.2.8). Die Enthalpie des gelösten Stoffes und des Lösungsmittels werden in der Regel bei 0°C gleich null gesetzt.

Das Diagramm läßt sich in mehrere Gebiete unterteilen. Unterhalb der Soliduslinie ist alles fest. Im Gebiet zwischen Solidus- und Liquiduslinie liegen Fest- und Flüssigphase nebeneinander vor. Das Gebiet der Flüssigphase befindet sich zwischen der Liquidus- und der Siedelinie. Die Liquiduslinie ist unabhängig vom Druck; verschiedenen Drücken entsprechen aber verschiedene Siedelinien. Die Größe des Existenzbereiches der Flüssigkeit ist somit vom Druck abhängig. Der Brüdendampf ist praktisch frei vom gelösten Stoff. Die Zustände des Brüdendampfes befinden sich deshalb auf der linken Ordinate, d.h. bei $x_2 = 0$.

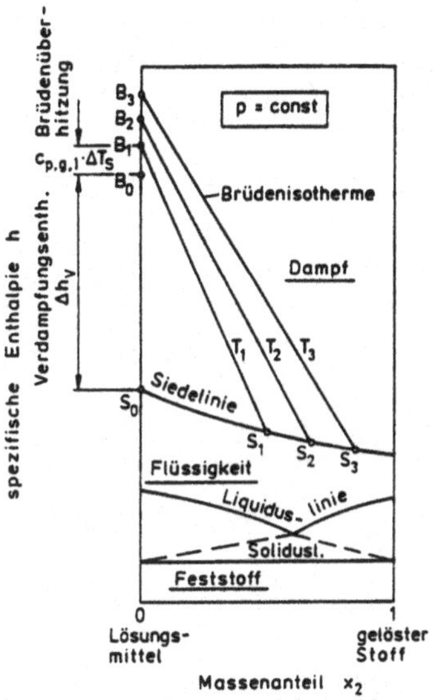

Abb. 1.2.8: Enthalpie-Zusammensetzungs-Diagramm für wäßrige Lösungen

Weiterhin sind in dem Diagramm die Isothermen eingetragen. Die Schnittpunkte mit der Siedelinie stellen die Siedepunkte verschieden konzentrierter Lösungen dar. Da die Dampfphase infolge des vernachlässigbaren Dampfdruckes des Feststoffes nur aus dem reinen Lösungsmittel besteht, führen die Isothermen der siedenden Lösung S zu den Zustandspunkten der zugehörigen Brüden B auf der linken Ordinate. Die spezifische Enthalpie der aus der Lösung aufsteigenden Brüden ist infolge der Siedepunktserhöhung um die Überhitzungsenthalpie $c_{pg1} \cdot \Delta T_S$ größer als diejenige des reinen Lösungmitteldampfes B_0. Die Handhabung der Enthalpie-Zusammensetzungs-Diagramme wird in der einschlägigen Literatur [12] ausführlich beschrieben. Für einige gängige Systeme befinden sich die Diagramme im Anhang zu diesem Abschnitt.

Beispiel 1.2-1: Dampfdruckkurve

Aus einer Stoffdatensammlung wurden für Wasser für drei verschiedene Temperaturen die zugehörigen Dampfdrücke entnommen (siehe Wertetabelle).

a) Wie groß sind die Konstanten der Antoine-Gleichung

$$\log p/\text{bar} = A - \frac{B}{T/°\text{C} + C}$$

b) Bei welcher Temperatur siedet Wasser bei einem Systemdruck von 0,03 bar?

<u>Wertetabelle:</u>

T in °C	30	70	100
p in bar	0,042417	0,31161	1,0132

Lösung:

a) Konstanten der Antoine-Gleichung:

Die drei Wertepaare (T, p) liefern drei Gleichungen für die drei Unbekannten (A, B, C):

$$\log p_1 = A - \frac{B}{T_1 + C}$$
$$\log p_2 = A - \frac{B}{T_2 + C}$$
$$\log p_3 = A - \frac{B}{T_3 + C}$$

Elimination von A (Subtraktion):

$$\log \frac{p_1}{p_2} = -B\left(\frac{1}{T_1 + C} - \frac{1}{T_2 + C}\right)$$

$$\log \frac{p_2}{p_3} = -B\left(\frac{1}{T_2 + C} - \frac{1}{T_3 + C}\right)$$

Elimination von B (Division)

$$\frac{\log p_1/p_2}{\log p_2/p_3} = \frac{T_2 - T_1}{T_3 - T_2} \cdot \frac{T_3 + C}{T_1 + C}$$

Mit den Abkürzungen

$$Q_P = \frac{\log p_1/p_2}{\log p_2/p_3} = 1{,}6913$$

$$Q_T = \frac{T_3 - T_2}{T_2 - T_1} = 0{,}75$$

folgt

$$C = \frac{Q_P\, Q_T\, T_1 - T_3}{1 - Q_P\, Q_T} = \mathbf{230{,}755}$$

$$B = \log \frac{p_1}{p_2} \cdot \frac{(T_1 + C)(T_2 + C)}{T_1 - T_2} = \mathbf{1698{,}000}$$

$$A = \log p_1 + \frac{B}{T_1 + C} = \mathbf{5{,}13941}$$

b) Siedepunkt für p = 0,03 bar

Durch Auflösung der Antoine-Gleichung nach der Temperatur ergibt sich

$$T = \frac{B}{A - \log p} - C = \mathbf{24{,}1\ °C}$$

Beispiel 1.2-2: Dampfdruckerniedrigung/Siedepunkterhöhung über einer Lösung

Durch Auflösen von M_2 = 100 kg Natriumchlorid in M_1 = 900 kg Wasser wird eine wäßrige Salzlösung hergestellt. Natriumchlorid dissoziiert bei der Auflösung vollständig in Natrium- und Chloridionen ($i = 2$, $\alpha = 1$).

a) Wie hoch ist der Dampfdruck des Wassers über der Lösung bei 20°C?

b) Bei welcher Temperatur siedet die Lösung bei einem Druck von 1013 mbar?

Stoffdaten:

Wasser (1):

Dampfdruck bei 20 °C	$p_1^* = 23{,}368$ mbar
Siedepunkt bei 1013 mbar	$T_{S,1} = 100$ °C
Verd.enthalpie bei 1013 mbar	$\Delta h_{V,1}^0 = 2257$ kJ/kg
Molmasse	$\tilde{M}_1 = 18{,}02$ kg/kmol

Natriumchlorid (2):

Molmasse $\tilde{M}_2 = 58{,}443$ kg/kmol
allgemeine Gaskonstante $\tilde{R} = 8{,}3143$ kJ/kmol K

Lösung:

a) Dampfdruck über der Lösung bei 20 °C:
Stoffmengen:

$$N_1 = \frac{M_1}{\tilde{M}_1} = 49{,}95 \text{ kmol}$$

$$N_{2,0} = \frac{M_2}{\tilde{M}_2} = 1{,}71 \text{ kmol}$$

$$N_2 = N_{2,0}\left[1+\alpha(i-1)\right] = 3{,}42 \text{ kmol}$$

Molanteil des gelösten Stoffes:

$$\tilde{x}_2 = \frac{N_2}{N_1 + N_2} = 0{,}0641$$

Dampfdruck über der Lösung:

$$p_1 = \left(1 - \tilde{x}_2\right) p_1^* = \mathbf{21{,}87 \text{ mbar}}$$

b) Siedetemperatur bei 1013 mbar:
molare Verdampfungsenthalpie:

$$\Delta\tilde{h}^0_{V,1} = \Delta h^0_{V,1} \cdot \tilde{M}_1 = 40671 \text{ kJ/kmol}$$

Siedepunktserhöhung:

$$\Delta T_S = \frac{\tilde{R}\, T^2_{S,1}}{\Delta\tilde{h}^0_{V,1}} \cdot \tilde{x}_2 = 1{,}83 \text{ K}$$

Siedepunkt: $T_S = T_{S,1} + \Delta T_S = \mathbf{101{,}83}$ °C

1.2.2 Kinetik

Neben der Kenntnis des thermodynamischen Gleichgewichtes sind für die Auslegung eines Verdampfers die Gesetze der Wärmeübertragung von Bedeutung. Mit Hilfe des kinetischen Ansatzes

$$\mathring{Q} = k\, A \left(T_H - T_S\right) \tag{1.2.12}$$

läßt sich die Größe der erforderlichen Wärmeübertragungsfläche A berechnen. In Gl.(1.2.12) sind $\mathring{Q}$ der Wärmestrom, k der Wärmedurchgangskoeffizient, A die Wärmeübertragungsfläche, T_H die Temperatur des Heizmediums und T_S die Siedetemperatur der Lösung.

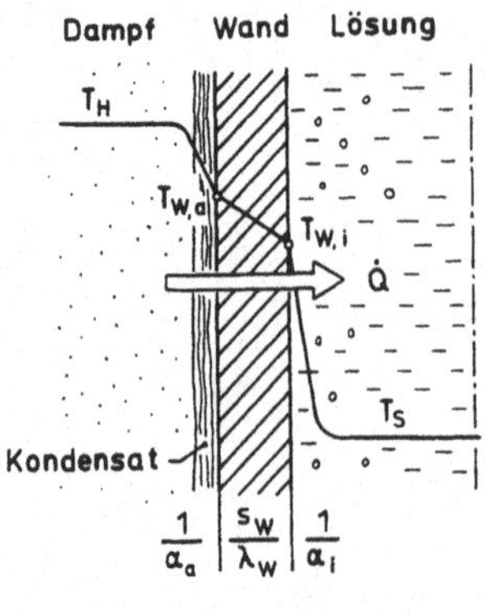

Abb. 1.2.9: Temperaturprofil an einem dampfbeheizten Verdampferrohr

Der für die Verdampfung des Lösungsmittels erforderliche Wärmestrom ergibt sich aus einer Energiebilanz um den Verdampfer (siehe Abschnitt 1.3). Der Wärmedurchgangswiderstand setzt sich, wie man aus der Abb. 1.2.9 ersieht, aus verschiedenen Teilwiderständen zusammen, die wie folgt definiert sind:

$$\frac{1}{\alpha_a} = \frac{A_a\,(T_H - T_{Wa})}{\mathring{Q}}; \quad \frac{s_W}{\lambda_W} = \frac{A\cdot(T_{Wa} - T_{Wi})}{\mathring{Q}};$$

$$\frac{1}{\alpha_i} = \frac{A_i\,(T_{Wi} - T_S)}{\mathring{Q}}.$$

Hieraus folgt:

$$\frac{1}{kA} = \frac{1}{\alpha_a A_a} + \frac{s_W}{\lambda_W A} + \frac{1}{\alpha_i A_i}\ . \tag{1.2.13}$$

Für zylindrische Heizflächen ist $s_W = d \ln \frac{A_a}{A_i}$;

d ist der Durchmesser der zylindrischen Bezugsfläche A. Falls $A_a = A_i = A$, so folgt aus Gl.(1.2.13)

$$\frac{1}{k} = \frac{1}{\alpha_i} + \frac{s_W}{\lambda_W} + \frac{1}{\alpha_a}\,. \tag{1.2.14}$$

Zur Ermittlung der einzelnen Wärmeübergangskoeffizienten α_a und α_i sei auf spezielle Literatur der Wärmeübertragung verwiesen [22]. Für überschlägige Rechnungen können die in Tab. 1.2.1 angegebenen Wärmedurchgangskoeffizienten verwendet werden.

Tab. 1.2.1: Überschlägige Wärmedurchgangskoeffizienten k für Verdampfer in W/(m^{2}K) [22].

Naturumlauf	
- niederviskose Flüssigkeiten	600 1700
- zähe Flüssigkeiten	300 900
Zwangsumlauf	900 3000

Es sei darauf hingewiesen, daß bei der Verdampfung auftretende Verschmutzungen (z.B. Öl) und Verkrustungen (z.B. Kesselstein) der Wärmeübertragungsflächen zu einer erheblichen Beeinträchtigung der Wärmeübertragung führen können (siehe Beispiel 1.2-3).

Die für die Wärmeübertragung erforderliche Temperaturdifferenz $T_H - T_S$ darf nicht zu klein sein, damit die Wärmeübertragungsfläche nicht unwirtschaftlich groß wird. In der Praxis sind Temperaturdifferenzen von 5 bis 20 K üblich. Bei neueren Verdampferbauarten mit hohen Wärmeübergangskoeffizienten wird auch mit Temperaturdifferenzen von 3 K gefahren.

Beispiel 1.2-3: Wärmedurchgangskoeffizient

Es seien $\alpha_a = 10\,000$ W/m²K und $\alpha_i = 6\,000$ W/m²K. Die Wand besteht aus $s_W = 3$ mm starkem Kupfer mit einer Wärmeleitfähigkeit von $\lambda_W = 375$ W/mK.

a) Wie groß ist der Wärmedurchgangskoeffizient?

b) Auf welchen Wert verschlechtert sich der Wärmedurchgangskoeffizient, falls sich an der Wand ein Kesselsteinbelag ($s_K = 2$ mm, $\lambda_K = 1$ W/mK) bildet?

Lösung:

a) Wärmedurchgangskoeffizient ohne Kesselstein:

$$k = \frac{1}{\frac{1}{\alpha_a} + \frac{s_W}{\lambda_W} + \frac{1}{\alpha_i}} = \mathbf{3641\ \ W/m^2K}$$

b) Wärmedurchgangskoeffizient mit Kesselstein:

$$k = \frac{1}{\frac{1}{\alpha_a} + \frac{s_W}{\lambda_W} + \frac{1}{\alpha_i} + \frac{s_K}{\lambda_K}} = \mathbf{440\ \ W/m^2K}$$

1.3 Auslegung von Verdampfern

Dieser Abschnitt beschränkt sich auf die Auslegung einstufiger Verdampfer. Die mehrstufige Bauweise wird im Abschnitt 1.4 behandelt. Für die einstufige Verdampfung entscheidet man sich im Falle kleiner Verdampferleistungen und bei Lösungen mit einer hohen Siedepunktserhöhung. Daneben wird sie angewendet, wenn bei aggressiven Lösungen durch die Verwendung teuerer Werkstoffe unverhältnismäßig hohe Apparatekosten entstehen oder die erzeugten Brüden verunreinigt sind und deshalb verworfen werden müssen.

1.3.1 Diskontinuierliche Verdampfung

Bei der diskontinuierlichen Verdampfung (siehe Abb. 1.3.1) wird die Ausgangslösung mit der Masse M_F und dem Massenanteil x_F im Verdampfer vorgelegt. Durch die Zufuhr von Wärme mit Hilfe der Heizung wird die Ausgangslösung zum Sieden gebracht und ein Teil des Lösungsmittels verdampft. In der im Verdampfer befindlichen Lösung reichert sich somit der nichtflüchtige Feststoff an. Ist die gewünschte Anreicherung erreicht, so wird die Verdampfung abgebrochen und das Konzentrat mit der Masse M_K und dem Massenanteil x_K entleert. Bei der Ermittlung der Brüdenmasse M_B und der verbleibenden Konzentratmasse M_K geht man von der Gesamtmassenbilanz

$$M_F = M_K + M_B \qquad (1.3.1)$$

und der Massenbilanz für den gelösten Feststoff

$$M_F\, x_F = M_K\, x_K \quad . \qquad (1.3.2)$$

aus. Daraus folgt

$$M_K = \frac{x_F}{x_K} M_F \qquad (1.3.3)$$

$$M_B = M_F - M_K = \frac{x_K - x_F}{x_K} M_F \ . \qquad (1.3.4)$$

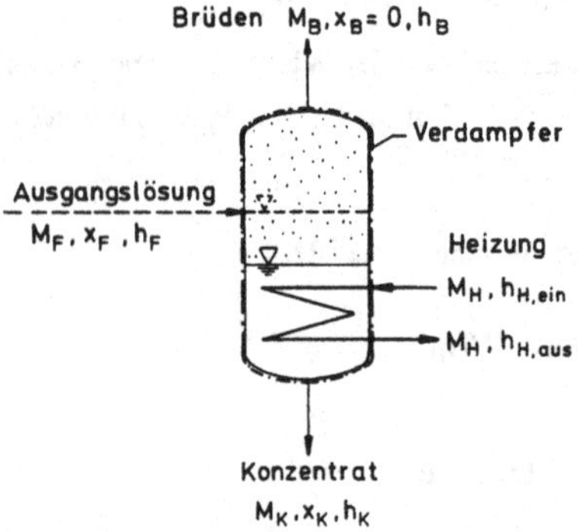

Abb. 1.3.1: Diskontinuierlich arbeitender Verdampfer

Die für die Verdampfung erforderliche Wärmemenge Q ergibt sich aus einer Energiebilanz um den Verdampfer

$$M_F h_F + Q = M_K h_K + M_B h_B + Q_V \qquad (1.3.5)$$

zu

$$Q = M_K h_K + M_B h_B - M_F h_F + Q_V \ . \qquad (1.3.6)$$

In dieser Gleichung ist Q_V der Wärmeverlust an die Umgebung. Mit Gl.(1.3.1) folgt daraus

$$Q = M_K (h_K - h_F) + M_B (h_B - h_F) + Q_V \ . \qquad (1.3.7)$$

Die erforderliche Heizmittelmenge M_H ergibt sich aus einer Energiebilanz um die Heizung

$$M_H h_{H,ein} = M_H h_{H,aus} + Q \qquad (1.3.8)$$

zu

$$M_H = \frac{Q}{h_{H,ein} - h_{H,aus}} \ . \qquad (1.3.9)$$

Mit Gl.(1.3.7) folgt daraus

$$M_H = \frac{M_K (h_K - h_F) + M_B (h_B - h_F) + Q_V}{h_{H,ein} - h_{H,aus}} \ . \qquad (1.3.10)$$

Bei Beheizung mit Dampf liegt der spezifische Heizdampfbedarf

$$m_D = \frac{M_D}{M_B} \qquad (1.3.11)$$

für einstufige Verdampfungsanlagen bei etwa 1,1 kg Heizdampf/kg ausgedampftes Wasser für wässerige Lösungen. Für die Auslegung eines diskontinuierlichen Verdampfers kann auch, falls verfügbar, das Enthalpie-Zusammensetzungs-Diagramm herangezogen werden. Mit seiner Hilfe können sehr schnell die zu- bzw. abzuführenden Wärmemengen ermittelt werden. In der Abb. 1.3.2 ist die diskontinuierliche Verdampfung dargestellt für den Fall, daß der gesamte entstehende Brüdendampf in ständiger Berührung mit der verbleibenden Restlösung bleibt (geschlossene Verdampfung). Der Zustand der Ausgangslösung mit dem Massenanteil x_F sei durch den Punkt F gekennzeichnet. Wärmezufuhr bewirkt Aufwärmung bis zur Siedetemperatur T_1 und anschließende Verdampfung (Punkt S). Die Zustandspunkte der siedenden Lösung S und der zugehörigen Brüden B_1 sind durch die Brüdenisotherme T_1 miteinander verbunden.

Im Laufe der Verdampfung steigt der Massenanteil an gelöstem Stoff in der Lösung an, ihr Zustandspunkt bewegt sich auf der Siedelinie nach rechts. Da mit wachsendem Massenanteil an gelöstem Stoff sich auch die Siedetemperatur der Lösung erhöht, steigt der Zustandspunkt der Brüden von B_1 nach B_2. Der Zustandspunkt des gesamten Systems M (Dampf+ Restlösung) liegt auf der Linie $x_F = \text{const.}$

Ist der gewünschte Massenanteil x_K erreicht, so wird die Verdampfung abgebrochen. Die während des gesamten Prozesses aufgewandte Wärmemenge pro kg Ausgangslösung beträgt

$$q_F = h_M - h_F \quad .$$

Davon werden

$$q'_F = h_S - h_F$$

zur Erwärmung der Ausgangslösung auf Siedetemperatur und der Rest

$$q''_F = h_M - h_S$$

zur Verdampfung des Lösungsmittels benötigt. Projiziert man diese Strecken, ausgehend von K auf die linke Ordinatenachse x = 0, so erhält man die Wärmemengen pro kg Brüdendampf q_B, q'_B und q''_B.

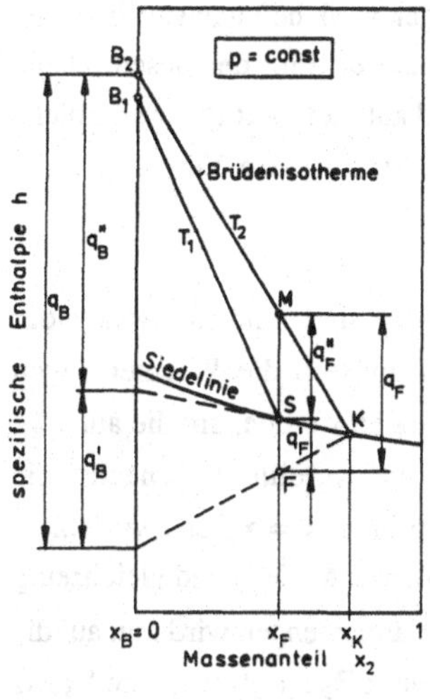

Abb. 1.3.2: Darstellung der diskontinuierlichen geschlossenen Verdampfung im Enthalpie-Zusammensetzungs-Diagramm

Die Annahme, daß die entstehenden Brüden ständig in Kontakt mit der siedenden Lösung bleiben, ist bei der diskontinuierlichen Verdampfung praktisch nicht erfüllt. Tatsächlich werden die Brüden laufend abgezogen, man spricht von "offener Verdampfung".

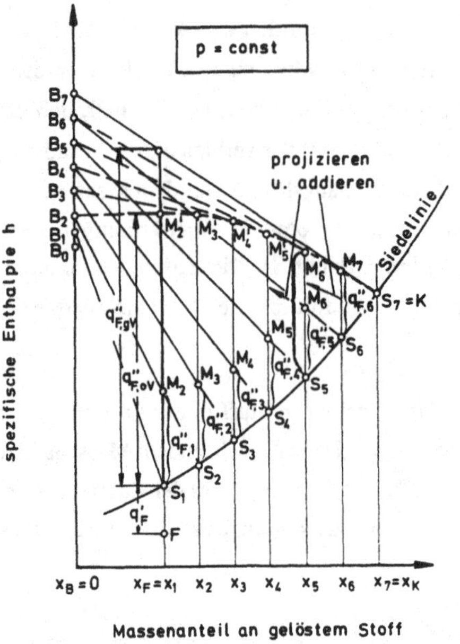

Abb. 1.3.3: Darstellung der diskontinuierlichen offenen Verdampfung im Enthalpie-Zusammensetzungs-Diagramm

In der Abb. 1.3.3 ist der Verdampfungsvorgang für diesen Fall dargestellt. Der Zustand der Ausgangslösung mit dem Massenanteil x_F entspricht dem Punkt F. Sie wird zunächst auf die Siedetemperatur T_1 erwärmt und beginnt im Punkt S_1 zu sieden. Nach Zuführung einer weiteren Wärmemenge $q''_{F,1}$ erreicht das System den Zustand M_2, welcher aus einer kleinen Menge Dampf vom Zustand B_2 und einer großen Menge Lösung vom Zustand S_2 besteht. Der Massenanteil an gelöstem Stoff hat sich hierbei auf x_2 erhöht.

Da der entstehende Brüdendampf aus dem Verdampfer abgezogen wird, befindet sich der neue Zustand des Systems im Punkt S_2. Aus diesem neuen Zustand beginnt der beschriebene Vorgang von neuem. Der gesamte Verdampfungsvorgang wird auf diese Art in eine endliche Zahl von differentiellen Verdampfungsvorgängen zerlegt, wobei für jeden Verdampfungsvorgang die Wärmemenge $q''_{F,i}$ aufgewandt werden muß.

Da die Wärmemengen $q''_{F,i}$ immer auf 1 kg Lösung S_i bezogen sind, und die Masse der Lösung auf ihrem Weg von S_1 bis S_7 ständig kleiner wird, müssen die Wärmemengen ausgehend von der Ordinate $x = 0$ auf die Ordinate $x = x_F$ projiziert werden, um die auf 1 kg Ausgangslösung bezogene Wärmemenge q''_F zu erhalten. Es ist vorteilhaft, zunächst die Wärmemenge $q''_{F,6}$ für den letzten Schritt auf die Anfangsordinate $x = x_5$ des vorletzten Schrittes zu projizieren (Dreieck B_6 S_6 M_7: Strecke S_6 M_7 $\rightarrow$ Strecke M_6 M'_6) und gleichzeitig zur Wärmemenge $q''_{F,5}$ zu addieren. Die Summe dieser beiden Wärmemengen wird nun auf die Anfangsordinate $x = x_4$ des drittletzten Schrittes projiziert (Dreieck B_5 S_5 M'_6: Strecke S_5 M'_6 $\rightarrow$ Strecke M_5 M'_5) und gleichzeitig zur Wärmemenge $q''_{F,4}$ addiert. Das Verfahren wird fortgesetzt bis man die Ordinate $x = x_F$ erreicht hat. Die für die Verdampfung des Lösungsmittels bei der offenen Verdampfung erforderliche Wärmemenge - bezogen auf 1 kg Ausgangslösung - ist dann $q''_{F,oV}$. Die sich so ergebende Wärmemenge $q''_{F,oV}$ ist kleiner als die Wärmemenge $q''_{F,gV}$ bei der geschlossenen Verdampfung.

Der Unterschied rührt von der Erhöhung der Siedetemperatur im Verlauf der Verdampfung her. Bei der geschlossenen Verdampfung weisen nämlich am Schluß alle Brüden die Endtemperatur auf, während sie bei der offenen Verdampfung mit einer niedrigeren Temperatur abziehen. Der Unterschied ist unbedeutend, falls die Differenz zwischen den Siedetemperaturen am Anfang und am Ende des Verdampfungsvorganges klein ist. Dies ist bei Lösungen mit kleiner Siedepunkterhöhung der Fall. Bei Lösungen mit großer Siedepunkterhöhung ist diese Vernachlässigung nur dann gestattet, wenn die Eindampfbreite x_K - x_F verhältnismäßig schmal ist. Weichen die Siedetemperaturen nicht zu stark von der Siedetemperatur des reinen Lösungsmittels ab, so darf überhaupt jegliche Überhitzung vernachlässigt werden, so daß sämtliche Zustandspunkte aller im Verlauf des Prozesses ausgetriebener Brüden mit B_0 zusammenfallen.

Beispiel 1.3-1: Diskontinuierliche Verdampfung

In einem diskontinuierlich arbeitenden Verdampfer (siehe Abb. 1.3.1) sollen M_F = 3000 kg wäßrige Salzlösung mit einer Zulauftemperatur T_F = 40 °C von x_F = 0,01 auf x_K = 0,20 eingedampft werden. Der Druck im Verdampfer beträgt p = 1,013 bar. Der Verdampfer wird mit Heizdampf von p_H = 3 bar betrieben. Die Siedetemperatur T_S erhöht sich im Verlauf der Eindampfung von 100 auf 108 °C.

a) Welche Brüdenmenge M_B entsteht bei der Eindampfung?
b) Welche Konzentratmenge M_K wird am Ende der Eindampfung aus dem Verdampfer abgezogen?
c) Wie groß ist die für die Eindampfung erforderliche Wärmemenge Q?
Die Wärmeverluste können vernachlässigt werden.
d) Welche Heizdampfmenge M_D ist erforderlich?
e) Wie groß ist der spezifische Heizdampfbedarf m_D?

<u>Stoffdaten:</u>

Wasser (W):

spez. Wärmekapazität	c_W = 4,2 kJ/kg K
Siedepunkt bei 1,013 bar	$T_{S,W}$ = 100 °C
Verd.enthalpie bei 1,013 bar	Δh_W = 2257 kJ/kg

Salz (S):

spez. Wärmekapazität	c_S = 2,8 kJ/kg K

Dampf (D):

spez. Wärmekapazität	c_D = 2,0 kJ/kg K
Kond.enthalpie bei 3 bar	Δh_D = 2163 kJ/kg

Die Temperaturabhängigkeit der spezifischen Wärmekapazität und die Mischungswärme können vernachlässigt werden.

Lösung:

a) Brüdenmenge M_B: $M_B = \frac{x_K - x_F}{x_K} M_F = \mathbf{2850\ kg}$

b) Konzentratmenge M_K: $M_K = \frac{x_F}{x_K} M_F = \mathbf{150\ kg}$

c) Wärmemenge Q:

spez. Enthalpien:

$h_F = [(1-x_F)\, c_W + x_F\, c_S]\, T_F = 167{,}44$ kJ/kg

$h_F = [(1-x_K)\, c_W + x_K\, c_S]\, T_K = 423{,}36$ kJ/kg

$h_B = c_W\, T_{S,W} + \Delta h_W + c_D\, (\bar{T}_S - T_{S,W}) = 2685{,}00$ kJ/kg

Wärmemenge ($Q_V = 0$): $Q = M_K\, (h_K - h_F) + M_B\, (h_B - h_F) = \mathbf{7{,}213 \cdot 10^6\ kJ}$

d) Heizdampfmenge M_D:

$$M_D = \frac{Q}{h_{H,ein} - h_{H,aus}} = \frac{Q}{\Delta h_D} = \mathbf{3335\ kg}$$

e) spezifischer Heizdampfbedarf m_D:

$$m_D = \frac{M_D}{M_B} = \mathbf{1{,}17\ kg\ Heizdampf/kg\ Brüden}$$

1.3.2 Kontinuierliche Verdampfung

Bei der kontinuierlichen Verdampfung (siehe Abb. 1.3.4) fließt die Ausgangslösung mit dem Massenstrom $\mathring{M}_F$ und dem Massenanteil x_F dem Verdampfer stetig zu. In ihm wird ein Teil des Lösungsmittels durch Wärmezufuhr verdampft. Die entstehenden Brüden mit dem Massenstrom $\mathring{M}_B$ und das Konzentrat mit dem Massenstrom $\mathring{M}_K$, dessen Massenanteil x_K ist, werden aus dem Verdampfer stetig abgezogen. Der Verdampferinhalt sei ideal durchmischt.

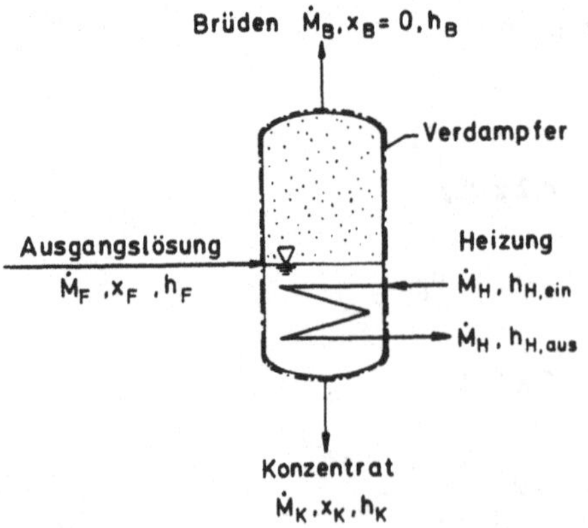

Abb. 1.3.4: Kontinuierlich arbeitender Verdampfer

Den Brüdenmassenstrom $\mathring{M}_B$ und den Konzentratmassenstrom $\mathring{M}_K$ erhält man aus der Gesamtmassenbilanz

$$\mathring{M}_F = \mathring{M}_K + \mathring{M}_B \quad (1.3.12)$$

und der Massenbilanz für den gelösten Feststoff

$$\mathring{M}_F\, x_F = \mathring{M}_K\, x_K\ . \quad (1.3.13)$$

Daraus folgt

$$\mathring{M}_K = \frac{x_F}{x_K} \mathring{M}_F \quad (1.3.14)$$

$$\mathring{M}_B = \mathring{M}_F - \mathring{M}_K = \frac{x_K - x_F}{x_K} \mathring{M}_F. \quad (1.3.15)$$

Der für die Verdampfung erforderliche Wärmestrom $\mathring{Q}$ ergibt sich aus der Energiebilanz um den Verdampfer

$$\mathring{M}_F \, h_F + \mathring{Q} = \mathring{M}_K \, h_K + \mathring{M}_B \, h_B + \mathring{Q}_V \tag{1.3.16}$$

und Gl.(1.3.12) zu

$$\mathring{Q} = \mathring{M}_K \, (h_K - h_F) + \mathring{M}_B \, (h_B - h_F) + \mathring{Q}_V \;. \tag{1.3.17}$$

$\mathring{Q}_V$ ist hierbei der Wärmeverluststrom. Der erforderliche Heizmittelstrom $\mathring{M}_H$ ergibt sich aus der Energiebilanz um die Heizung

$$\mathring{M}_H \, h_{H,ein} = \mathring{M}_H \, h_{H,aus} + \mathring{Q} \tag{1.3.18}$$

und Gl.(1.3.17) zu

$$\mathring{M}_H = \frac{\mathring{M}_K \, (h_K - h_F) + \mathring{M}_B \, (h_B - h_F) + \mathring{Q}_V}{h_{H,ein} - h_{H,aus}} \;. \tag{1.3.19}$$

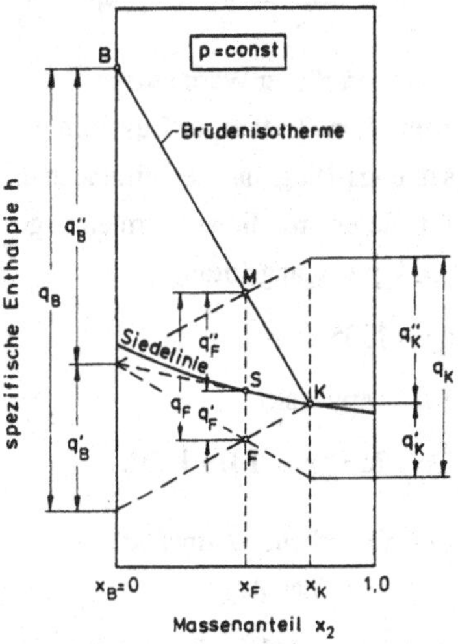

Abb. 1.3.5: Darstellung der kontinuierlichen Verdampfung im Enthalpie-Zusammensetzungs-Diagramm

Aus dem Enthalpie-Zusammensetzungs-Diagramm (siehe Abb. 1.3.5) können die für den gesamten Prozeß erforderlichen Wärmemengen pro kg Ausgangslösung, q_F, pro kg Konzentrat, q_K, und pro kg Brüden, q_B, entnommen werden. Diese Wärmemengen lassen sich in die Anteile für die Erwärmung auf Siedetemperatur (') und für die Verdampfung des Lösungsmittels (") zerlegen.

Beispiel 1.3-2: Kontinuierliche Verdampfung
In einem kontinuierlich arbeitenden Verdampfer (siehe Abb. 1.3.4) sollen $\mathring{M}_F$ = 2000 kg/h wäßrige Calziumchloridlösung mit einer Zulauftemperatur von T_F = 20 °C von x_F = 0,25 auf x_K = 0,82 eingedampft werden.
Der Druck im Verdampfer beträgt P = 1 bar.
Der Verdampfer wird mit Heizdampf mit einer Sattdampftemperatur von T_H = 140 °C betrieben; die Kondensationsenthalpie des Heizdampfes beträgt Δh_D = 2144 kJ/kg.

a) Welcher Konzentratmassenstrom $\mathring{M}_K$ wird aus dem Verdampfer abgezogen?

b) Wie groß ist der aus dem Verdampfer entweichende Brüdenmassenstrom $\mathring{M}_B$?

c) Welcher Wärmestrom $\mathring{Q}$ ist für die Verdampfung erforderlich?

d) Welche Wärmeübertragungsfläche A ist für die Übertragung dieses Wärmestroms bei einem mittleren Wärmedurchgangskoeffizienten von k = 2000 W/m^{2}K notwendig?

e) Wie groß ist die erforderliche Heizdampfmenge pro Stunde $\mathring{M}_D$?

f) Auf welche Temperatur darf das Konzentrat höchstens abgekühlt werden, damit keine Salzausscheidung auftritt?

Stoffdaten:

Enthalpie-Zusammensetzungs-Diagramm für $CaCl_2 \cdot 6\,H_2O$ - Wasser (siehe Abb. 1.3.6)

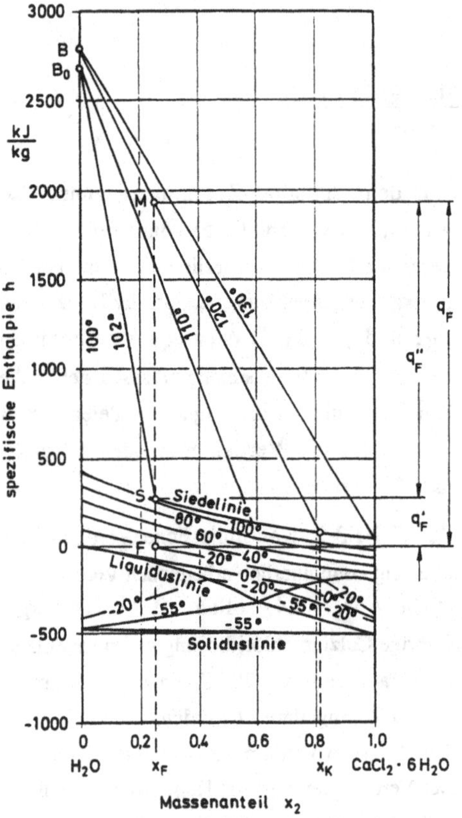

Abb. 1.3.6: Enthalpie-Zusammensetzungs-Diagramm für $CaCl_2 \cdot 6\,H_2O$-Wasser

Lösung :

a) Konzentratmassenstrom $\mathring{M}_K$

$$\mathring{M}_K = \frac{x_F}{x_K}\mathring{M}_F = \mathbf{610\ kg/h}$$

b) Brüdenmassenstrom $\mathring{M}_B$:

$$\mathring{M}_B = \frac{x_K - x_F}{x_K}\mathring{M}_F = \mathbf{1390\ kg/h}$$

c) Erforderlicher Wärmestrom $\mathring{Q}$

Aus dem Enthalpie-Zusammensetzungs-Diagramm entnimmt man für die erforderliche Wärmemenge pro kg Ausgangslösung

$q_F = 1935$ kJ/kg .

Damit ergibt sich

$$\mathring{Q}_F = \mathring{M}_F\, q_F = \mathbf{1075\ kW}\ .$$

d) Erforderliche Wärmeübertragungsfläche A:

Aus dem Enthalpie-Zusammensetzungs-Diagramm entnimmt man $T_S = 120$ °C .

Aus Gl.(1.2.12) ergibt sich die erforderliche Wärmeübertragungsfläche zu

$$A = \frac{\mathring{Q}}{k\,(T_H - T_S)} = \mathbf{26{,}9\ m^2}$$

e) Heizdampfmassenstrom $\mathring{M}_D$:

$$\mathring{M}_D = \frac{\mathring{Q}}{h_{H,ein} - h_{H,aus}} = \frac{\mathring{Q}}{\Delta h_D} = \mathbf{1805\ kg/h}$$

f) Abkühlung des Konzentrates:
Aus dem Konzentrat beginnt sich Salz abzuscheiden, falls bei der Abkühlung die Liquiduslinie im Enthalpie-Zusammensetzungs-Diagramm erreicht wird. Für $x_K = 0{,}82$ ist dies der Fall bei **15°C**.

1.4 Maßnahmen zur Energieeinsparung

Die Verdampfung erfordert infolge des Phasenübergangs von der Flüssig- in die Gasphase naturgemäß viel Energie. Der Energieverbrauch bestimmt deshalb in erster Linie die Betriebskosten des Verdampfers.

Die Energieströme für einen einstufigen Verdampfer sind in der Abb. 1.4.1 dargestellt. Im Wärmestrombild ist die Breite der einzelnen Streifen ein Maß für die Wärmemenge je Zeiteinheit. Aus dieser Darstellung ist ersichtlich, wie sich die mit Heizdampf und Ausgangslösung zugeführten Wärmemengen auf Kondensat, Konzentrat, Brüden und Wärmeverluste aufteilen. Die bei weitem größte Wärmemenge ist im Heizdampf enthalten. Nur geringfügig kleiner ist die Wärmemenge, die mit den Brüden den Verdampfer verläßt und damit verloren geht. So kommt es, daß bei der einstufigen Verdampfung etwa 1,1 kg Heizdampf benötigt werden, um 1 kg Wasser zu verdampfen.

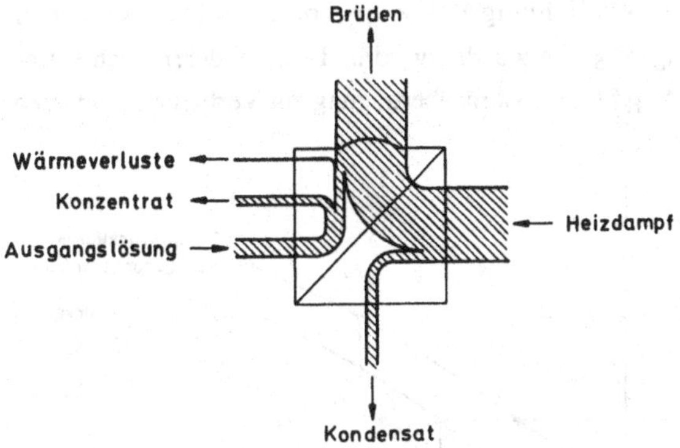

Abb. 1.4.1: Wärmestrombild eines einstufigen Verdampfers

Die Ausnützung der durch den Heizdampf zugeführten Wärmemenge läßt sich verbessern, wenn man die erzeugten Brüden wieder als Heizdampf verwendet. Geschieht dies im gleichen Verdampfer, in dem sie entstanden sind, so führt dies zur sogenannten Brüdenkompression. Leitet man die aus dem Verdampfer abgezogenen Brüden als Heizdampf in einen anderen Verdampfer, so kommt man zur Mehrstufenverdampfung.

1.4.1 Mechanische Brüdenkompression

Bei der mechanischen Brüdenkompression werden die gesamten entstehenden Brüden im gleichen Verdampfer, in dem sie entstanden sind, als Heizdampf verwendet (siehe Abb. 1.4.2). Zuvor müssen sie jedoch mit Hilfe eines Brüdenverdichters auf einen höheren Druck und damit auf eine höhere Kondensationstemperatur gebracht werden.

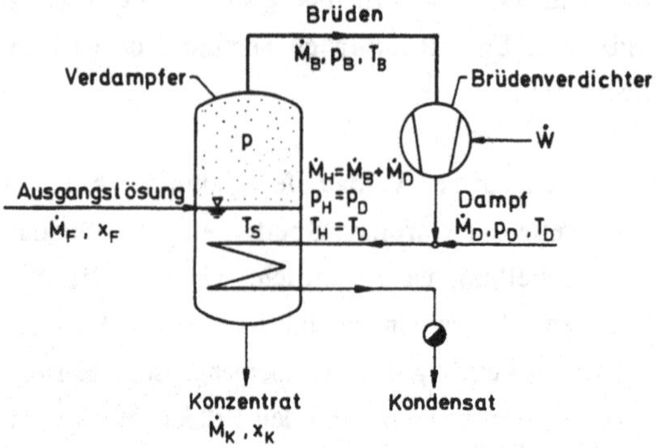

Abb. 1.4.2: Einstufige Verdampfung mit mechanischer Brüdenkompression

Der erforderliche Verdichtungsdruck p_H muß so hoch sein, daß zum einen die Siedepunkterhöhung ΔT_S überwunden wird und zum anderen noch ein hinreichend großes Temperaturgefälle ΔT_H für die Wärmeübertragung zur Verfügung steht (siehe Abb. 1.4.3).

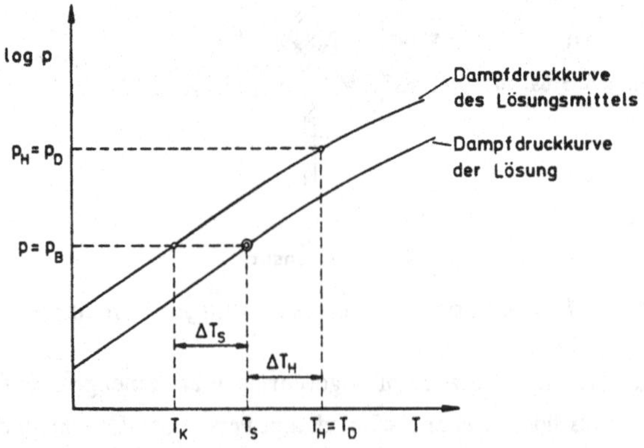

Abb. 1.4.3: Temperatur- und Druckverhältnisse bei der Brüdenkompression

Als Brüdenverdichter werden je nach Betriebsbedingungen die in der Abb. 1.4.4 aufgeführten Verdichter verwendet. Die entscheidenden Betriebsparameter für die Auswahl eines geeigneten Verdichters sind die Druckerhöhung π und der Ansaugvolumenstrom $\dot{V}$ der zu verdichtenden Brüden.

In der Verdampfertechnik kommen fast ausschließlich einstufige Radialverdichter zum Einsatz. In ihnen wird der axial angesaugte Gasstrom (Brüden) durch das Laufrad beschleunigt. Im Spiralgehäuse und im angeschlossenen Diffusor wird die Geschwindigkeit durch Verzögerung in Druck umgesetzt. Mit dem einstufigen Radialverdichter lassen sich bei Wasserdampf Druckerhöhungen π bis maximal 1,8 erzielen. Dies entspricht - je nach Ansaugdruck - einer Erhöhung der Sattdampftemperatur um 12 bis 18 K. Der Grund für die Begrenzung der Druckerhöhung liegt in der höchstzulässigen Umfangsgeschwindigkeit des Verdichterlaufrades. Die Festigkeitskennwerte der zur Zeit verwendeten Laufradwerkstoffe, z.B. CrNi-Stahl 1.4313, lassen höhere Umfangsgeschwindigkeiten als 400 m/s und damit größere Druckerhöhungen in einer Stufe nicht zu.

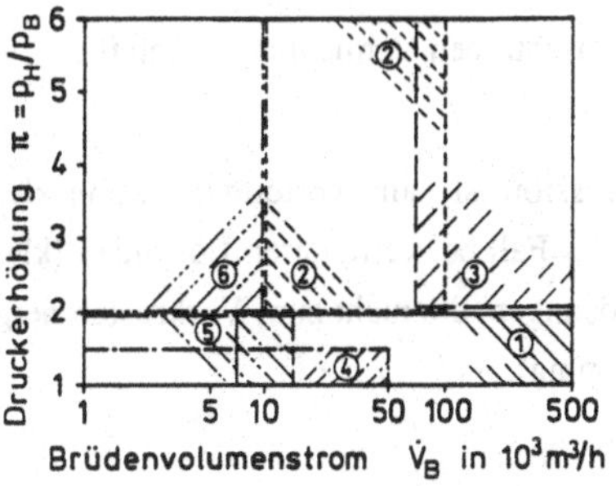

Abb. 1.4.4:
Arbeitsbereiche verschiedener Verdichterbauarten für Verdampfungsanlagen [15]

① Einstufiger Radialverdichter
② Mehrstufiger Radialverdichter
③ Axialverdichter
④ Hochleistungsverdichter
⑤ Wälzkolbenverdichter
⑥ Niederdruck-Kolbenverdichter

Die Antriebsenergie des Verdichters liegt in der Regel bei weniger als 10 % der bei direkter Heizung zuzuführenden Wärme. Ein gut ausgelegter Molkeverdampfer benötigt beispielsweise 10 kWh/t Wasserverdampfung, was 1,5 % entspricht. Der Leistungsbedarf beträgt

$$\mathring{W} = \mathring{M}_B \frac{\Delta h_S}{\eta_S} \,. \tag{1.4.1}$$

Hierbei sind $\mathring{M}_B$ der angesaugte Brüdenmassenstrom, Δh_S die spezifische isentrope Verdichtungsarbeit und η_S der isentrope Wirkungsgrad des Verdichters. Die isentrope Verdichtungsarbeit ergibt sich zu

$$\Delta h_S = \frac{\tilde{R}}{\tilde{M}_B} T_B \frac{\kappa}{\kappa-1} \left[\left(\frac{p_H}{p_B} \right)^{\frac{(\kappa-1)}{\kappa}} - 1 \right] . \tag{1.4.2}$$

Der Isentropenexponent κ ist für zweiatomige Gase gleich 1,4, für dreiatomige Gase etwa 1,33. Für einstufige Radialverdichter liegen die Verdichterwirkungsgrade bei etwa 0,75. Für eine schnelle Ermittlung der isentropen Verdichtungsarbeit für Wasserdampf kann das in Abb. 1.4.5 angegebene Nomogramm verwendet werden. Da die Kondensationswärme der verdichteten Brüden gleich der benötigten Heizwärme ist, kommt man im stationären Betrieb mit sehr wenig Heizdampf aus (siehe Abb. 1.4.6). Dieser dient hauptsächlich zur Deckung der Wärmeverluste. Für das Anfahren wird hingegen Zusatzdampf benötigt.

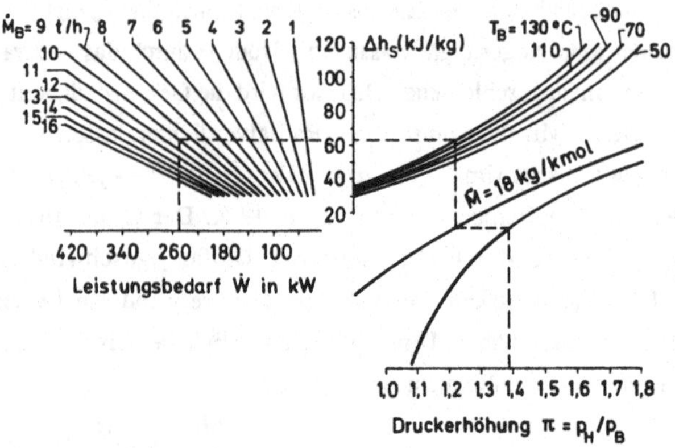

Abb. 1.4.5: Nomogramm zur Ermittlung der isentropen Verdichtungsarbeit für Wasserdampf [15]

Die Anwendung der mechanischen Brüdenkompression ist dann vorteilhaft, wenn kleine Druckerhöhungen p_H/p_B notwendig sind. Dies ist der Fall bei verdünnten Lösungen (kleine Siedepunkterhöhungen) und bei niedrigviskosen Lösungen, die nicht zum Verkrusten neigen (kleine Temperaturdifferenzen für die Wärmeübertragung).

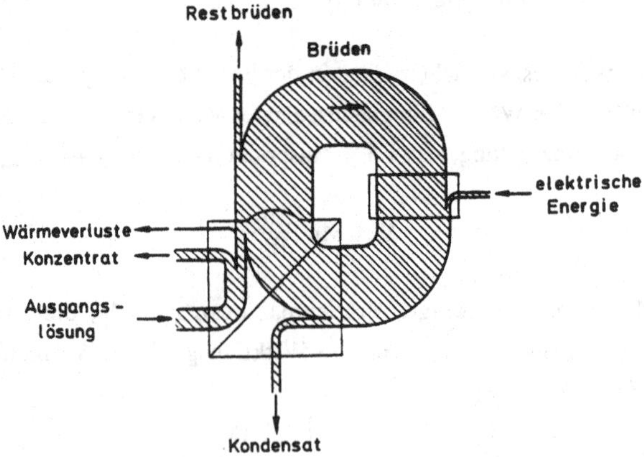

Abb. 1.4.6: Wärmestrombild eines einstufigen Verdampfers mit mechanischer Brüdenkompression

Beispiel 1.4-1: Mechanische Brüdenkompression

Um die Ausnutzung des eingesetzten Heizdampfes bei einer einstufigen Verdampfungsanlage zu verbessern, wird der entstehende Brüdenstrom $\mathring{M}_B$ = 10 000 kg/h in einem einstufigen Radialverdichter von p_B = 1 bar auf p_H = 1,5 bar verdichtet und dem Verdampfer wieder als Heizdampf zugeführt (siehe Abb. 1.4.2).

Die Temperatur der Brüden beträgt $T_B = 105°C$. Der isentrope Wirkungsgrad des Verdichters sei $\eta_S = 0{,}75$.

a) Wie groß ist der Leistungsbedarf $\mathring{W}$ des Verdichters?

b) Welche Ersparnis an Betriebskosten ergibt sich durch die Brüdenkompression bei $t_B = 5000$ Betriebsstunden pro Jahr?

<u>Stoffdaten:</u>

Molmasse	$\tilde{M}_B = 18{,}02$ kg/kmol
Isotropenexponent	$\kappa = 1{,}33$
allg. Gaskonstante	$\tilde{R} = 8{,}3143$ kJ/kmol K
Dampfpreis	$p_D = 40$ DM/t
Strompreis	$p_E = 0{,}15$ DM/kWh

Lösung:

a) Leistungsbedarf $\mathring{W}$:

Isentrope Verdichtungsarbeit:

$$\Delta h_S = \frac{\tilde{R}}{\tilde{M}_B} T_B \frac{\kappa}{\kappa-1}\left[\left(\frac{p_H}{p_B}\right)^{\frac{(\kappa-1)}{\kappa}} - 1\right] =$$

$$= \frac{8{,}3143 \dfrac{\text{kJ}}{\text{kmol K}}}{18{,}02 \dfrac{\text{kg}}{\text{kmol}}} 378{,}15\ \text{K} \frac{1{,}33}{0{,}33}\left[\left(1{,}5\right)^{\frac{0{,}33}{1{,}33}} - 1\right] =$$

$$= 74{,}4 \frac{\text{kJ}}{\text{kg}}$$

Leistungsbedarf: $$\mathring{W} = \mathring{M}_B \frac{\Delta h_S}{\eta_S} = \mathbf{276\ \ kW}$$

Pb) Ersparnis an Betriebskosten:

Stromkosten (mit Brüdenverdichtung):

$$K_I = \mathring{W}\, t_B\, p_E = 207\,000\ \text{DM/a}$$

Dampfkosten (ohne Brüdenverdichtung):

$$K_{II} = \mathring{M}_B\, t_B\, p_D = 2\,000\,000\ \text{DM/a}$$

Ersparnis an Betriebskosten:

$$\Delta K = K_{II} - K_I = \mathbf{1{,}793\ \ Mio\ DM/a}\ .$$

1.4.2 Thermische Brüdenkompression

Bei der thermischen Brüdenkompression wird ein Teil der entstandenen Brüden im gleichen Verdampfer, in dem sie entstanden sind, als Heizdampf verwendet (siehe Abb. 1.4.7). Vor ihrer Verwendung als Heizdampf muß jedoch dieser Teil des Brüdenstromes mit Hilfe des Dampfstrahlverdichters auf einen höheren Druck und damit auch auf eine höhere Kondensationstemperatur gebracht werden. Bei der mehrstufigen Verdampfung ist ein Einsatz über mehrere Stufen auch gebräuchlich.

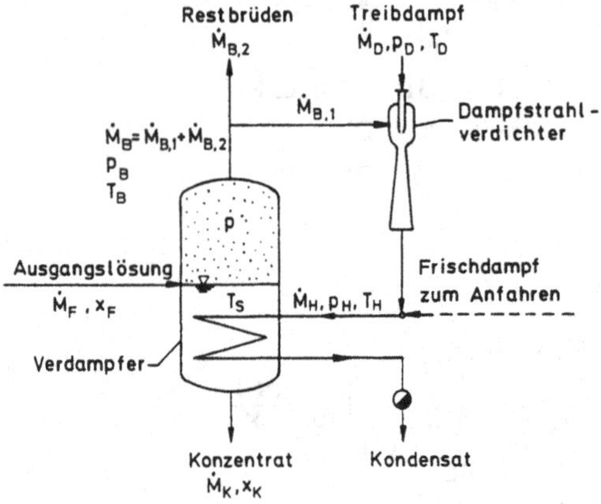

Abb. 1.4.7: Einstufige Verdampfung mit thermischer Brüdenkompression

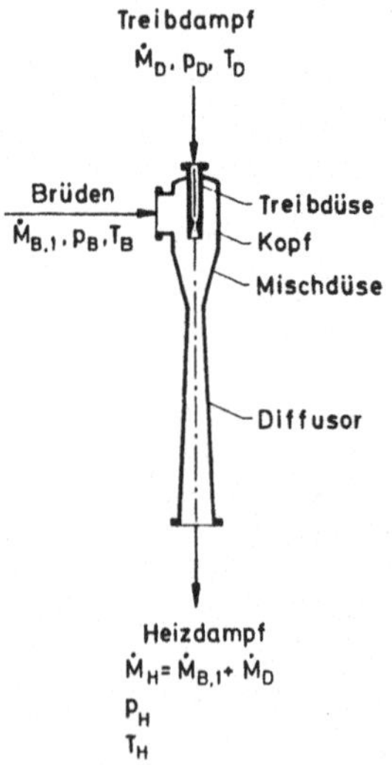

Abb. 1.4.8: Dampfstrahlverdichter

Der Dampfstrahlverdichter besteht im wesentlichen aus dem Kopf, der Treibdüse, der Mischdüse und dem Diffusor (siehe Abb. 1.4.8). In der Treibdüse wird der Druck p_D des zugeführten Treibdampfes, welcher größer ist als der Druck der Brüden p_B, in Geschwindigkeit umgesetzt. Der so erzeugte Strahl reißt einen Teil der aus dem Verdampfer austretenden Brüden $\mathring{M}_{B,1}$ mit und vermischt sich mit ihm in der Mischdüse. Im Diffusor wird die Geschwindigkeit des schnell strömenden Treibdampf-Brüden-Gemisches durch Verzögerung wieder in Druck umgesetzt. Das den Diffusor verlassende Gemisch mit dem Druck p_H wird dann dem Verdampfer als Heizdampf zugeführt. Dampfstrahlverdichter weisen eine einfache Konstruktion auf und haben keine beweglichen Teile. Infolgedessen sind die Anschaffungskosten niedrig bei vollkommener Betriebssicherheit und großer Lebensdauer.

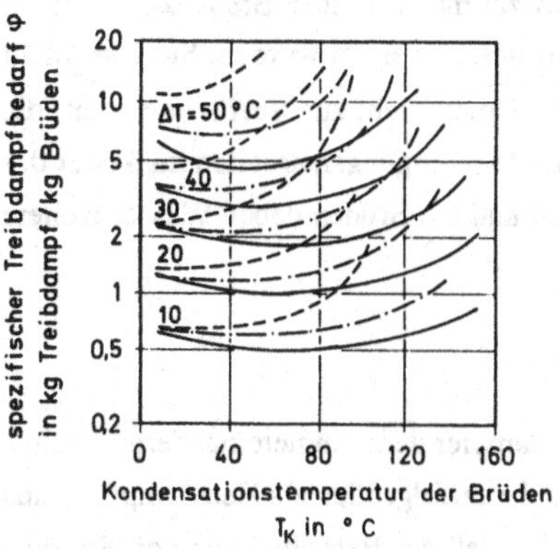

Abb. 1.4.9: Spezifischer Treibdampfbedarf eines Dampfstrahlverdichters [16]

p_D = 3 bar - - - - - - -

p_D = 10 bar —— · —— - -

p_D = 20 bar ————

Abb. 1.4.9 gibt Richtwerte für den spezifischen Treibdampfbedarf von Dampfstrahlverdichtern

$$\varphi = \frac{\mathring{M}_D}{\mathring{M}_{B,1}} \tag{1.4.3}$$

in kg Treibdampf pro kg angesaugter Brüden an. Das Diagramm gilt für Sattdampf sowohl auf der Treib- als auch auf der Saugseite. Der spezifische Treibdampfbedarf hängt vom Treibdampfdruck p_D, von der Kondensationstemperatur der Brüden am Verdampferausgang T_K und von der Differenz zwischen der Kondensationstemperatur des Heizdampfes im Heizraum und der Kondensationstemperatur der Brüden am Verdampferausgang $\Delta T = T_H - T_K$ ab. Der Temperaturunterschied ΔT ist ein Maß für die Druckdifferenz zwischen Heizdampf und Brüden $\Delta p = p_H - p_B$ und damit ein Maß für die notwendige Druckerhöhung $\pi = p_H/p_B$. Man sieht, daß φ mit abnehmendem Treibdampfdruck p_D und zunehmendem Temperaturunterschied ΔT immer größer wird.

Unter günstigen Bedingungen lassen sich mit 1 kg Treibdampf etwa 1 kg Brüden verdichten. Es entstehen 2 kg Treibdampf-Brüden-Gemisch, mit dem etwa 2 kg Wasser verdampft werden können. Aus dem Wärmestrombild (siehe Abb. 1.4.10) geht hervor, daß der Restbrüden, der den Verdampfer verläßt, ungefähr soviel Wärme mitnimmt, wie dem Dampfstrahlverdichter mit dem Treibdampf zugeführt wird. Meist wird diese Abwärme in nachgeschalteten Verdampferstufen noch weiter ausgenutzt.

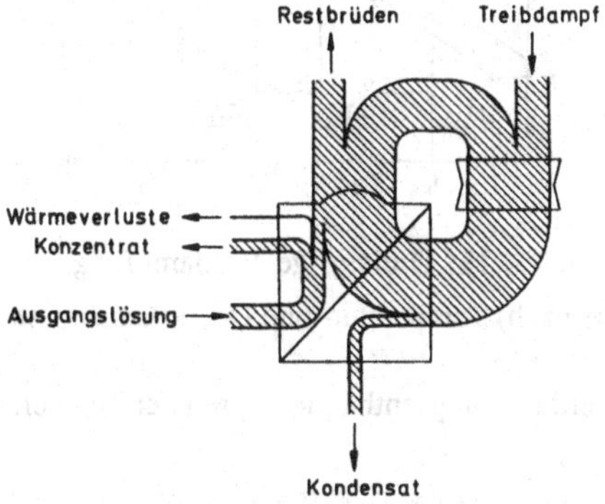

Abb. 1.4.10: Wärmestrombild eines einstufigen Verdampfers mit thermischer Brüdenkompression

Die thermische Brüdenkompression kann im Gegensatz zur mechanischen Brüdenkompression auch bei größeren Druckerhöhungen p_H/p_B wirtschaftlich eingesetzt werden. Sie wird nicht eingesetzt, wenn Treibdampf mit hinreichend hohem Druck nicht zur Verfügung steht, die Verdampfungsanlage bei stark unterschiedlichen Betriebsbedingungen arbeiten muß oder das Kondensat als Kesselspeisewasser genutzt werden soll und die Brüden neben Wasser weitere flüchtige Stoffe enthalten.

1.4.3 Mehrstufenverdampfung

Bei der Mehrstufenverdampfung werden mehrere Verdampfer derart hintereinandergeschaltet, daß die in einer Stufe erzeugten Brüden in der jeweils darauffolgenden als Heizdampf benutzt werden (siehe Abb. 1.4.11 a). Voraussetzung dafür ist, daß der Betriebsdruck von Stufe zu Stufe abgesenkt wird (siehe Abb. 1.4.11 b).

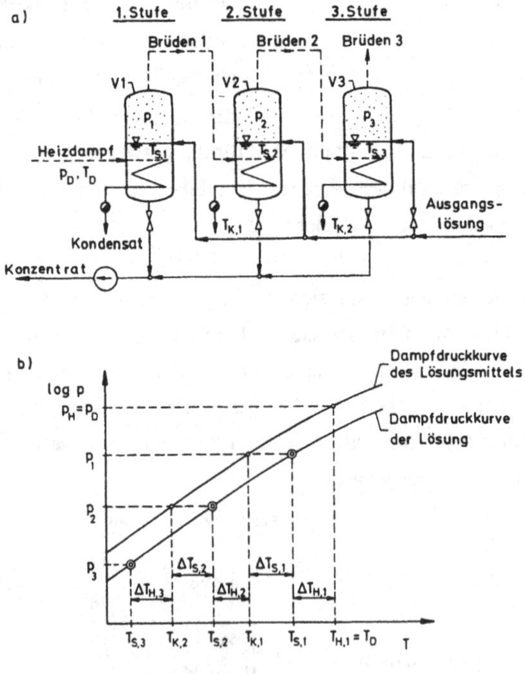

Abb. 1.4.11: Dreistufige Verdampfung;
a) Schema, b) Temperatur- und Druckverhältnisse

Dies ist notwendig, da die Verdampfungsenthalpie der mit der Temperatur $T_{S,i}$ aufsteigenden Brüden erst bei der um

$$\Delta T_{S,i} = T_{S,i} - T_{K,i} \tag{1.4.4}$$

niedrigeren Kondensationstemperatur $T_{K,i}$ frei wird und zudem ein ausreichendes treibendes Temperaturgefälle für die Wärmeübertragung

$$\Delta T_{H,i} = T_{K,i-1} - T_{S,i} \qquad (1.4.5)$$

vorhanden sein muß. Der Druck p_i in der Stufe i ist deshalb so zu wählen, daß die Lösung bei der Temperatur

$$T_{S,i}(p_i) = T_{S,i-1} - \Delta T_{S,i-1} - \Delta T_{H,i} \qquad (1.4.6)$$

siedet. Gewöhnlich steht für den Betrieb einer Verdampferanlage ein bestimmtes Gesamttemperaturgefälle zur Verfügung, welches in der Regel aus der durch den Druck des Heizdampfes der ersten Stufe vorgegebenen Heiztemperatur für die erste Stufe und der druckabhängigen Siedetemperatur der letzten Stufe bestimmt wird. Die Siedetemperaturen der dazwischenliegenden Stufen stellen sich im Verhältnis der Wärmeübergangswiderstände von selbst ein. Bei der Mehrstufenverdampfung unterscheidet man je nach Stromführung von Lösung und Brüden die drei Schaltungsvarianten: Gleichstrom-, Gegenstrom- und Parallelstromschaltung (siehe Abb. 1.4.12).

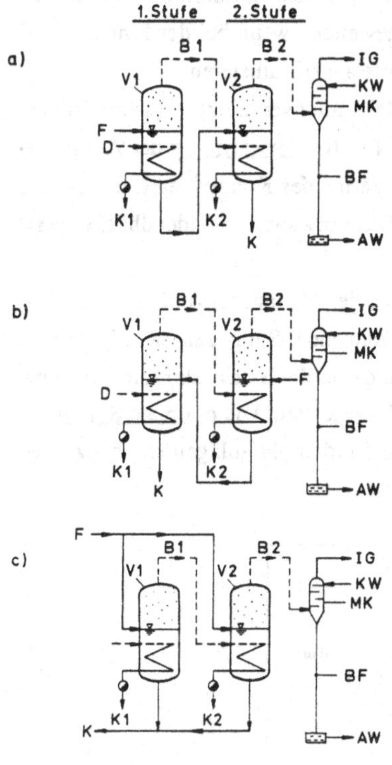

Abb. 1.4.12: Schaltungsvarianten bei der Mehrstufenverdampfung;
a) Gleichstromschaltung; b) Gegenstromschaltung; c) Parallelstromschaltung; V1,2 Verdampfer; MK Mischkondensator; BF Barometrisches Fallrohr; F Ausgangslösung; K Konzentrat; B1,2 Brüden; D Heizdampf; K1,2 Kondensat; IG Inertgas; KW Kühlwasser; AW Abwasser;
—— Lösung; - - - - - Brüden

Bei der in der Praxis am häufigsten anzutreffenden Gleichstromschaltung durchströmen Lösung und Brüden die einzelnen Stufen in der gleichen Richtung (siehe Abb.1.4.12a). Die Ausgangslösung tritt in die erste Stufe mit dem höchsten Druck und der höchsten Temperatur ein, wird von Stufe zu Stufe konzentrierter und verläßt als Konzentrat die letzte Stufe auf dem niedrigsten Temperatur-Druckniveau. Dies kann bei hohen Viskositäten der konzentrierten Lösung zu einem schlechten Wärmeübergang führen. Pumpen zwischen den einzelnen Stufen sind nicht erforderlich, da die Lösung von Stufe zu Stufe durch das Druckgefälle gefördert wird. Diese Schaltung eignet sich besonders gut zur Eindampfung temperaturempfindlicher Lösungen, da die konzentrierte Lösung in den letzten Stufen thermisch schonend behandelt wird. Bei der Gegenstromschaltung strömen Lösung und Brüden in entgegengesetzter Richtung durch die einzelnen Stufen (siehe Abb. 1.4.12b). Die Ausgangslösung tritt in die letzte Stufe mit dem niedrigsten Druck und der niedrigsten Temperatur ein, wird von Stufe zu Stufe konzentrierter und verläßt als

Konzentrat die erste Stufe mit dem höchsten Druck und damit auch mit der höchsten Temperatur. Die Gegenstromschaltung besitzt den Vorteil, daß die konzentrierte Lösung in der Stufe mit der höchsten Temperatur verdampft, wo ihre Zähigkeit geringer und damit der Wärmeübergang und die Transporteigenschaften besser sind. Nachteilig ist, daß die Lösung von Stufe zu Stufe entgegen dem Druckgefälle gepumpt werden muß. Diese Schaltung wird bevorzugt bei kalten Ausgangslösungen angewendet, da weniger Flüssigkeit auf höhere Temperatur gebracht werden muß als bei Gleichstromschaltung.

Bei der Parallelstromschaltung wird die Ausgangslösung auf die einzelnen Stufen verteilt und in jeder auf Endkonzentration eingedampft (siehe Abb. 1.4.12c). Die Brüden passieren die einzelnen Stufen hintereinander wie bei den anderen Schaltungsalternativen. Wegen der verschiedenen Drücke in den einzelnen Stufen sind auch die Temperaturen der anfallenden Konzentrate unterschiedlich. Diese Schaltung wird angewendet, wenn bei der Eindampfung die Löslichkeitsgrenze unterschritten wird, d.h. feste Stoffe auskristallisieren.

Eine noch weitergehende Energieeinsparung bei der Mehrstufenverdampfung kann dadurch erreicht werden, daß man sogenannte "Abfallwärmen" für die Vorwärmung der Ausgangslösung ausnutzt. Als solche stehen zur Verfügung die Wärme des Konzentrates, die Wärme der Brüden und die Wärme des Heizdampfkondensats. Die Vorwärmung findet üblicherweise in separaten Wärmeübertragern statt.

Der spezifische Heizdampfbedarf (siehe Gl.(1.3.11)) bei der Mehrstufenverdampfung sinkt mit steigender Stufenzahl n (siehe Abb. 1.4.13). Mit zunehmender Stufenzahl wird jedoch die Dampfeinsparung immer geringer. Die Heizdampf- und damit die Betriebskosten sinken mit steigender Stufenzahl, andererseits wachsen die Investitionskosten. Die optimale Stufenzahl n_{opt} ergibt sich somit im Minimum der Gesamtkosten. Verdampferanlagen mit bis zu vier Stufen werden heutzutage am häufigsten gebaut.

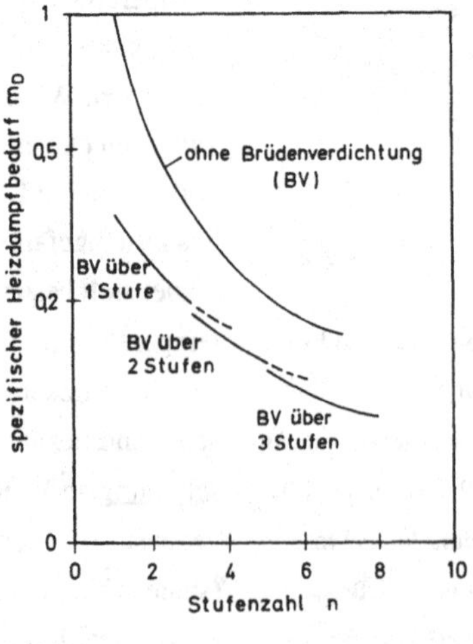

Abb. 1.4.13: Spezifischer Heizdampfverbrauch bei der Eindampfung wäßriger Lösungen durch Mehrstufenverdampfung

Beispiel 1.4-2: Mehrstufenverdampfung

In einer zweistufigen Verdampfungsanlage (siehe Abb. 1.4.14) sollen $\mathring{M}_F = 1000$ kg/h einer wäßrigen Lösung eines organischen Stoffe von $x_F = 0{,}10$ auf $x_{K,2} = 0{,}50$ aufkonzentriert werden.

a) Mit welchem Massenanteil $x_{K,1}$ verläßt die Lösung die erste Stufe, falls $\mathring{M}_{B,1} = \mathring{M}_{B,2}$?

b) Wie groß sind die Massenströme $\mathring{M}_{B,1} = \mathring{M}_{B,2}$, $\mathring{M}_{K,1}$ und $\mathring{M}_{K,2}$?

c) Mit welchem Druck p_D muß der Heizdampf der 1. Stufe zugeführt werden, damit ein treibendes Temperaturgefälle von $\Delta T_1 = 10$ K vorhanden ist, wenn $p_1 = 1$ bar beträgt?

d) Welcher Druck p_2 muß in der 2. Stufe eingestellt werden, damit ein treibendes Temperaturgefälle von $\Delta T_2 = 15$ K gewährleistet ist?

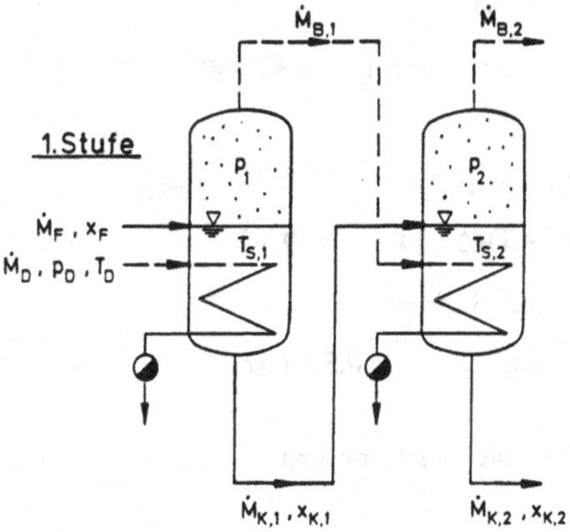

Abb. 1.4.14: Zweistufige Gleichstromeindampfung einer wäßrigen Lösung eines organischen Stoffes (Beispiel 1.4-2)

Stoffdaten:

Antoine-Gleichung für Wasser:

$$\log p/\text{bar} = 5{,}13941 + \frac{1698{,}000}{T/°C + 230{,}755}$$

Da es sich bei dem gelösten Stoff um eine hochmolekulare Verbindung handelt, darf die Siedepunkterhöhung in dem vorliegenden Konzentrationsbereich vernachlässigt werden.

Lösung:

a) Massenanteil $x_{K,1}$:

Massenbilanzen für die 1. Stufe:

$$\mathring{M}_F = \mathring{M}_{K,1} + \mathring{M}_{B,1}$$
$$\mathring{M}_F\, x_F = \mathring{M}_{K,1}\, x_{K,1}$$

Massenbilanzen für die 2. Stufe:

$$\mathring{M}_{K,1} = \mathring{M}_{K,2} + \mathring{M}_{B,2}$$
$$\mathring{M}_{K,1}\, x_{K,1} = \mathring{M}_{K,2}\, x_{K,2}$$

Hieraus folgt mit $\mathring{M}_{B,1} = \mathring{M}_{B,2}$

$$x_{K,1} = \frac{2\, x_{K,2}\, x_F}{x_{K,2} + x_F} = \mathbf{0{,}167} \ .$$

b) Massenströme $\mathring{M}_{B,1} = \mathring{M}_{B,2}$, $\mathring{M}_{K,1}$ und $\mathring{M}_{K,2}$:

$$\mathring{M}_{B,1} = \mathring{M}_{B,2} = \frac{x_{K,1} - x_F}{x_{K,1}} = \mathbf{400\ kg/h}$$

$$\mathring{M}_{K,1} = \mathring{M}_F - \mathring{M}_{B,1} = \mathbf{600\ kg/h}$$

$$\mathring{M}_{K,2} = \mathring{M}_{K,1} - \mathring{M}_{B,2} = \mathbf{200\ kg/h}$$

c) Heizdampfdruck p_D:

$$T_{S,1} = T^* \{p_1\} = 99{,}6\ °C$$

$$T_{H,1} = T_{S,1} + \Delta T_1 = 109{,}6\ °C$$

Der zugehörige Heizdampfdruck ist

$$p_D = p^* \{T_{H,1}\} = \mathbf{1{,}42\ bar}$$

d) Druck in der 2. Stufe p_2:

$$T_{H,2} = T_{K,1} = T_{S,1} = 99{,}6\ °C$$

$$T_{S,2} = T_{H,2} - \Delta T_2 = 84{,}6\ °C$$

Der dazugehörige Druck in der 2. Stufe ist

$$p_2 = p^* \{T_{S,2}\} = \mathbf{0{,}57\ bar}$$

1.5 Praktische Ausführung von Verdampfern

1.5.1 Kessel und Pfannen

Kessel und Pfannen (siehe Abb. 1.5.1 und 1.5.2) sind die einfachsten Verdampfungsapparate. Sie werden mit Rauchgasen beheizt, die die Außenfläche der Kessel- oder Pfannenwand umströmen. Sie können offen oder zugedeckt sein. Die Verdampfung erfolgt überwiegend diskontinuierlich.

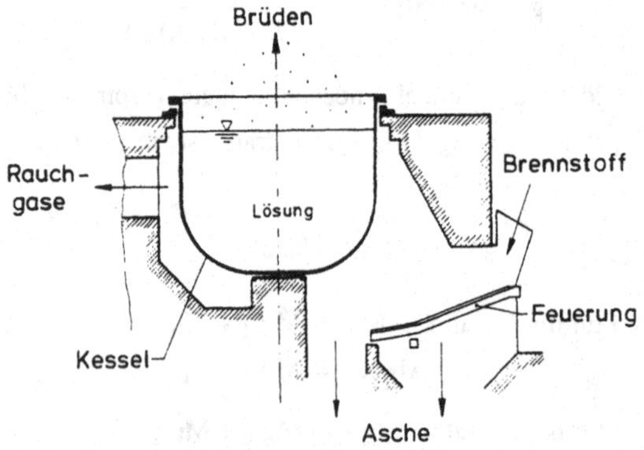

Abb. 1.5.1: Eindampfkessel

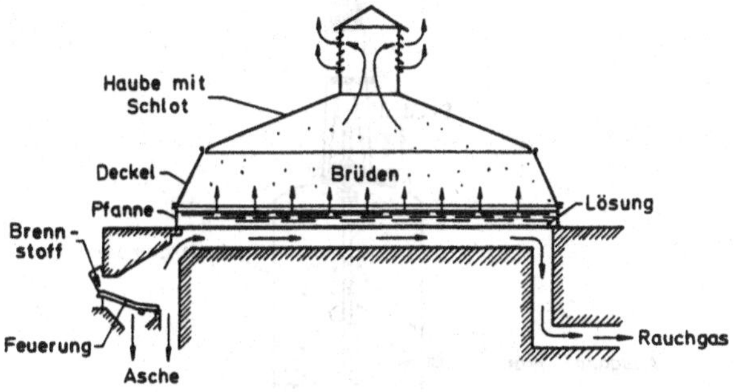

Abb. 1.5.2: Eindampfpfanne

Die Leistung solcher Verdampfungsapparate ist klein, weil die Wärmeübertragung trotz hoher Rauchgastemperaturen hauptsächlich wegen der Verschmutzung schlecht ist. Die Brüden entweichen ungenutzt in die Umgebung. Zudem ist die thermische Beanspruchung der Bleche groß, weshalb an ihnen häufig Schäden auftreten. Aus all diesen Gründen werden Kessel und Pfannen nahezu nicht mehr eingesetzt. Gelegentlich kann man Eindampfpfannen noch in Salinen neben modernen Eindampfanlagen finden.

1.5.2 Rührwerksverdampfer

Rührwerksverdampfer (siehe Abb. 1.5.3, 1.5.4 und 1.5.5) werden meist diskontinuierlich betrieben. Eine bestimmte Menge der Ausgangslösung wird vorgelegt und bis zur gewünschten Endkonzentration eingedampft. Wird während des Eindampfens ständig nachgefüllt, um den Flüssigkeitsinhalt konstant zu halten, so kommt man zur halbkontinuierlichen Betriebsweise und zur größtmöglichen Konzentratmenge je Charge.

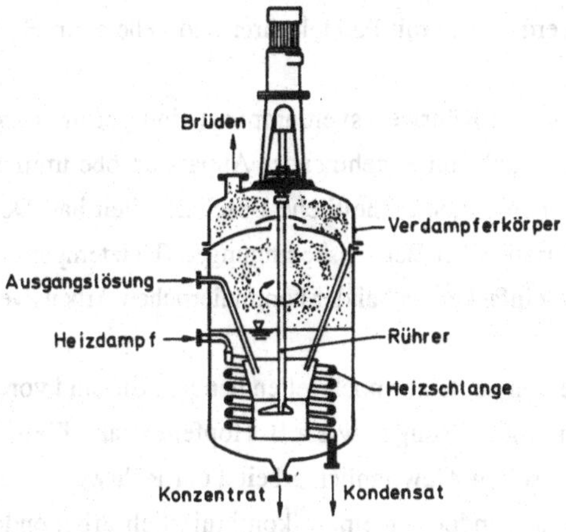

Abb. 1.5.3: Rührwerksverdampfer mit Propellerrührer und eingebauter Heizschlange [14]

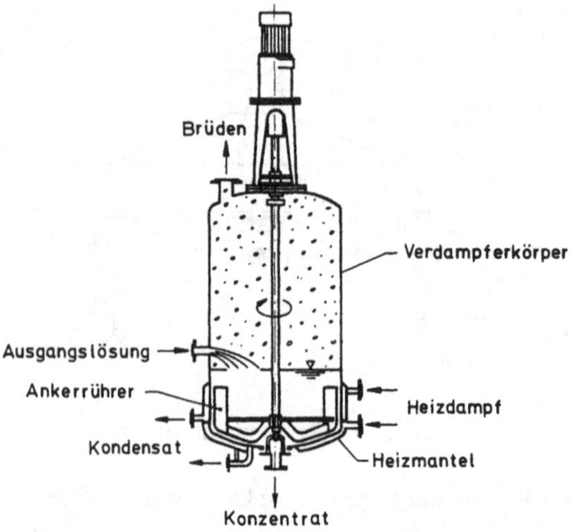

Abb. 1.5.4: Rührwerksverdampfer mit Ankerrührer und Heizmantel [14]

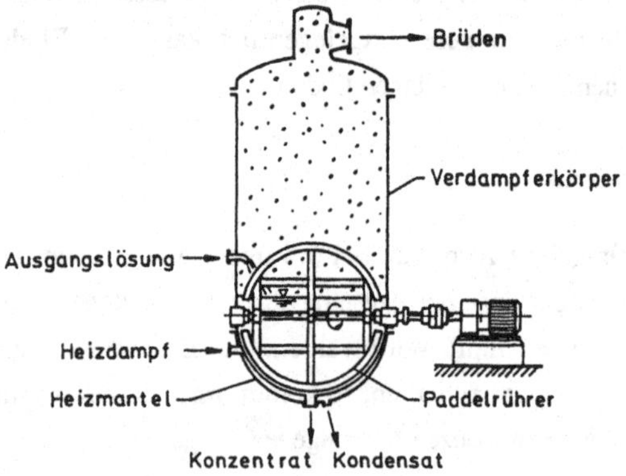

Abb. 1.5.5: Rührwerksverdampfer mit Paddelrührer und beheiztem Halbkugelboden [14]

Die Verdampferleistungen von Rührwerksverdampfern sind gering, da das Verhältnis von Wärmeaustauschfläche zu Inhalt mit zunehmender Apparategröße immer ungünstiger wird. Von Vorteil ist, daß die Charge eine einheitliche Beschaffenheit hat. Der gewünschte Endzustand läßt sich durch Variation der Betriebsbedingungen (Heiztemperatur, Druck, Drehzahl des Rührwerks) wesentlich einfacher als bei der kontinuierlichen Arbeitsweise erreichen.

Rührwerksverdampfer werden heute nur noch selten benutzt. Sie sind vorteilhaft, wenn hochviskose, pastöse oder breiartige Lösungen wie z.B. Hopfenextrakt, Fleischextrakt, Tomatenpulpe eingedampft werden sollen. Gewöhnlich arbeitet der Rührwerksverdampfer in solchen Fällen als Hochkonzentrator, indem er einem kontinuierlich arbeitenden Verdampfer als Endverdampfer nachgeschaltet wird.

1.5.3 Tauchrohrverdampfer

Der Tauchrohrverdampfer (siehe Abb. 1.5.6) besteht aus einem liegenden zylindrischen Verdampferkörper mit einem Heizkörper aus waagerechten Rohren. Die einzelnen Rohre haben meist Haarnadelform und ihre Enden sind in einen feststehenden Rohrboden eingewalzt. Dieses Rohrbündel ist seitlich in den Verdampferkörper eingesetzt.

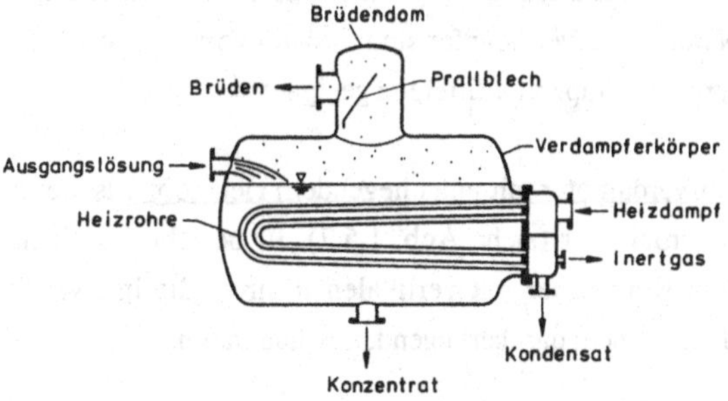

Abb. 1.5.6: Tauchrohrverdampfer

Die Ausgangslösung fließt dem Verdampfer stetig zu. Sie wird mittels Heizdampf, der in den Rohren kondensiert, eingedampft. Das Konzentrat wird am Boden des Verdampfers abgezogen. Ein Vorteil des Tauchrohrverdampfers besteht darin, daß bereits ein geringer Flüssigkeitsstand ausreicht, um die Rohre vollkommen zu fluten. Die Siedetemperatur der Lösung liegt infolge des geringen hydrostatischen Druckes nur wenig über der zum Druck im Brüdenraum gehörigen Siedetemperatur, so daß bezüglich der Temperaturdifferenz zwischen Heizdampf und siedender Lösung praktisch keine Verluste auftreten. Im Vergleich zur Bauart mit senkrechten Rohren ergibt sich eine kleinere Bauhöhe. Die mit Tauchrohrverdampfern erzielten Verdampferleistungen liegen unter denen mit senkrechten Rohren erzielten Werten. Da die Außenflächen der Rohre schwer zugänglich sind, ist der Tauchrohrverdampfer nicht zu empfehlen, falls mit Verkrustungen gerechnet werden muß.

Tauchrohrverdampfer werden eingesetzt bei begrenzter Bauhöhe für kleine Verdampferleistungen. Ein großes Anwendungsgebiet ist die Gewinnung von Trinkwasser und Kesselspeisewasser aus Meerwasser auf Schiffen.

1.5.4 Umlaufverdampfer

In Umlaufverdampfern mit senkrechten Rohren wird die einzudampfende Lösung umgewälzt. Dies kann durch Natur- oder Zwangsumlauf erfolgen. Die einzudampfende Lösung strömt hierbei durch die Rohre, der Heizdampf kondensiert an der Außenseite der Rohre. Der Heizkörper kann innerhalb oder außerhalb des Verdampferkörpers angeordnet sein. Umlaufverdampfer sind gekennzeichnet durch große Flüssigkeitsinhalte, hohe Flüssigkeitsbelastung, guten Wärmeübergang und lange Verweilzeit der Lösung im Verdampferbereich.

Naturumlaufverdampfer

Beim Naturumlaufverdampfer wird der Flüssigkeitsinhalt des Verdampfers durch den Auftrieb der beim Sieden entstehenden Dampfblasen ständig umgewälzt. Die Umwälzung ist umso besser, je niedriger die Viskosität der Lösung und je höher die Temperaturdifferenz zwischen Heiz- und Siederaum ist. Naturumlaufverdampfer sind deshalb vorwiegend für die Eindampfung dünner Lösungen bei großer Temperaturdifferenz geeignet.

Der bekannteste Naturumlaufverdampfer mit innenliegendem Heizkörper ist der nach seinem Erfinder benannte Robert-Verdampfer (siehe Abb. 1.5.7). Er besteht aus einem senkrecht angeordneten zylinderischen Heizkörper mit vertikalen Rohren, die in zwei feststehende Rohrböden eingewalzt sind, und einem darüberliegenden Brüdenraum.

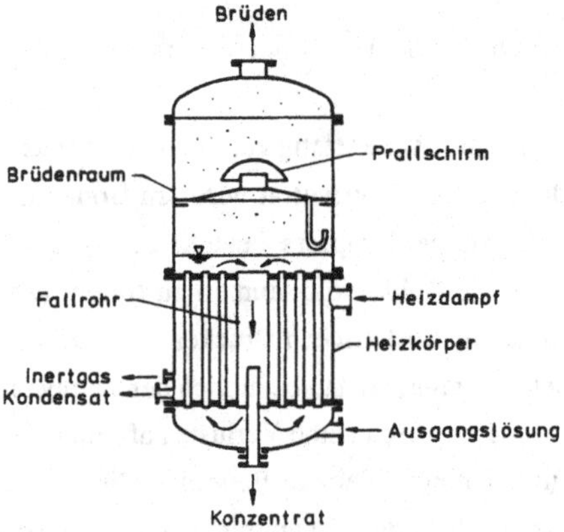

Abb. 1.5.7: Naturumlaufverdampfer mit innenliegendem Heizkörper (Robert-Verdampfer)

Die Ausgangslösung fließt dem Verdampfer stetig zu. In den Rohren wird sie erwärmt und steigt in ihnen nach oben. Auf diesem Weg wird sie, bis sie den Brüdenraum erreicht, zum Sieden gebracht. Dort scheiden sich Flüssigkeit und Brüden. Der Prallschirm hält mitgerissene Flüssigkeitströpfchen zurück. Die nichtverdampfte Flüssigkeit strömt durch das zentrale Fallrohr in den Bodenraum unterhalb des Heizkörpers zurück, so daß ein geschlossener Kreislauf zustandekommt. Das Konzentrat wird am Boden des Verdampfers kontinuierlich abgezogen. Der Durchmesser der Rohre beim Robert-Verdampfer beträgt 30 bis 80 mm, die Länge 750 bis 2000 mm. Der Querschnitt des Fallrohres beträgt gewöhnlich 40 bis 100 % des Gesamtquerschnittes der Heizkörperrohre; bei sehr zähen Lösungen kann das Fallrohr auch einen noch größeren Querschnitt haben.

Der Robert-Verdampfer ist einfach und billig in der Herstellung. Die robusten Rohre gewährleisten eine lange Lebensdauer und ermöglichen eine einfache mechanische Reinigung. Von Nachteil ist, daß der Naturumlauf nicht so intensiv ist, da das Fallrohr ringsum beheizt ist. Für zähe Lösungen und kleine Temperaturdifferenzen ist der Robert-Verdampfer nicht geeignet. Wegen seiner Einfachheit und Wartungsfreundlichkeit ist der Robert-Verdampfer auch heute noch weit verbreitet. Anwendungsbeispiele findet man in der Zuckerindustrie, bei der Verarbeitung von Magnesium- und Natriumsulfat sowie Barium- und Kalziumchlorid.

Beim Naturumlaufverdampfer mit außenliegendem Heizkörper (siehe Abb. 1.5.8) sind Abscheider und Heizkörper getrennt. Der Kopf des Heizkörpers ist mit dem Abscheider durch einen tangential einmündenden Gemischkanal von großem Querschnitt verbunden. Von hier aus führt ein Zirkulationsrohr mit kleinem Querschnitt zum Heizkörper zurück, so daß ein geschlossener Kreislauf entsteht.

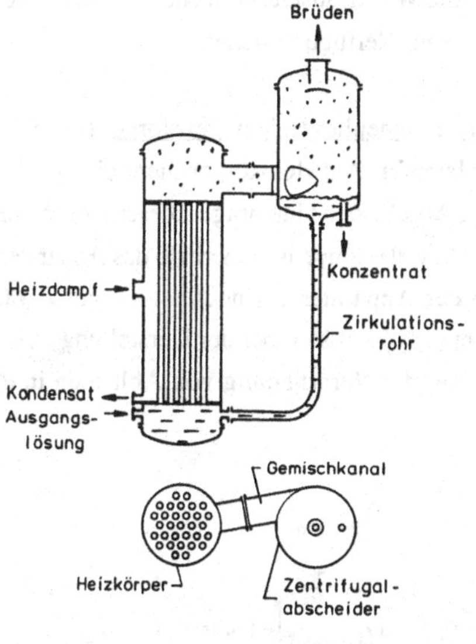

Abb. 1.5.8: Naturumlaufverdampfer mit außenliegendem Heizkörper [14]

Die Ausgangslösung fließt unterhalb des Heizkörpers dem Verdampfer zu. In den Rohren des Heizkörpers steigt die Lösung nach oben und beginnt schließlich zu sieden. Im Abscheider wird die eingedickte Lösung von den Brüden durch Zentrifugalkräfte getrennt. Ein Teil der eingedickten Lösung wird als Konzentrat abgezogen. Der andere Teil fließt als Rücklauf durch das Zirkulationsrohr dem Heizkörper wieder zu. Der Kreislauf ist geschlossen. Ein Vorteil des Naturumlaufverdampfers mit außenliegendem Heizkörper besteht darin, daß sich der scheinbare Flüssigkeitsstand in den Rohren des Heizkörpers selbständig einstellt. Durch die kurzen und engen Rohre ergibt sich ein kleiner Flüssigkeitsinhalt des Verdampfers. Dies hat zum einen kurze An- und Abfahrzeiten zur Folge. Zum anderen lassen sich hierdurch kurze Verweilzeiten (5 bis 10 Minuten) realisieren, was besonders bei temperaturempfindlichen Lösungen wichtig ist. Die Rohre des außenliegenden Heizkörpers sind außerdem für die Reinigung leicht zugänglich. Dies ist vor allem in der Lebensmittelindustrie, wo häufiges Reinigen notwendig ist, wichtig. Als Anwendungsbeispiel wäre hier die Konzentrierung von Würze zu nennen.

Zwangsumlaufverdampfer

Bei hochviskosen Lösungen und kleinen Temperaturdifferenzen zwischen Heiz- und Siederaum ist der Naturumlauf nur noch schwach ausgeprägt. In solchen Fällen ist es naheliegend, den Umlauf durch eine Umwälzpumpe zu unterstützen. Hierdurch werden hohe Flüssigkeitsgeschwindigkeiten und damit ein guter Wärmeübergang erzielt. Der Zwangsumlaufverdampfer ist daher besonders dort geeignet, wo es sich um die Eindampfung viskoser Lösungen handelt, wo kostspielige Werkstoffe für die Wärmeaustauschfläche verwendet werden müssen und wo nur kleine Temperaturdifferenzen zur Verfügung stehen.

Der Zwangsumlaufverdampfer mit innenliegendem Heizkörper (siehe Abb. 1.5.9) ist ähnlich aufgebaut wie der Robert-Verdampfer. Als Heizkörper dient ein vertikales Rohrbündel, das mit seinem oberen Ende in den Abscheider hineinragt. Dieser ist auf dem Heizkörper aufgesetzt. Das Zirkulationsrohr mit Umwälzpumpe ist außerhalb des Apparates angeordnet. Da sich die Umwälzpumpe außerhalb des Apparates befindet, ist sie gut zugänglich und jederzeit auswechselbar. Dieser Verdampfertyp hat sich bei der Herstellung von Ätznatron, Kochsalz und Magnesiumchlorid sowie bei der Verarbeitung von Ablaugen in der Zellstoffindustrie bewährt.

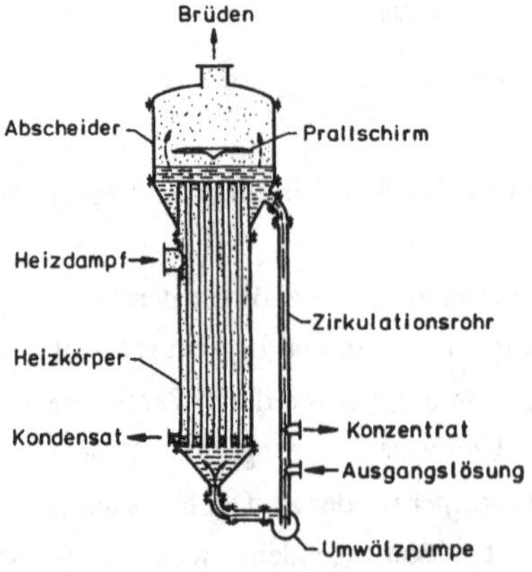

Abb. 1.5.9: Zwangsumlaufverdampfer mit innenliegendem Heizkörper

Zwangsumlaufverdampfer mit außenliegendem Heizkörper (siehe Abb. 1.5.10) werden mit überflutetem Heizkörper gefahren, d.h. der Flüssigkeitsstand liegt über dem oberen Ende der Rohre. Da die Lösung im Heizkörper unter einem entsprechend hohen hydrostatischen Druck steht, wird sie im Heizkörper zunächst überhitzt. Die Verdampfung setzt erst beim Eintritt in den Abscheider durch Entspannung auf den dort herrschenden Druck ein. Diesen Vorgang nennt man Entspannungsverdampfung. Die nichtverdampfte Lösung wird durch das Zirkulationsrohr mit der Umwälzpumpe wieder dem Heizkörper zugeführt. Das Konzentrat wird am Abscheider abgezogen.

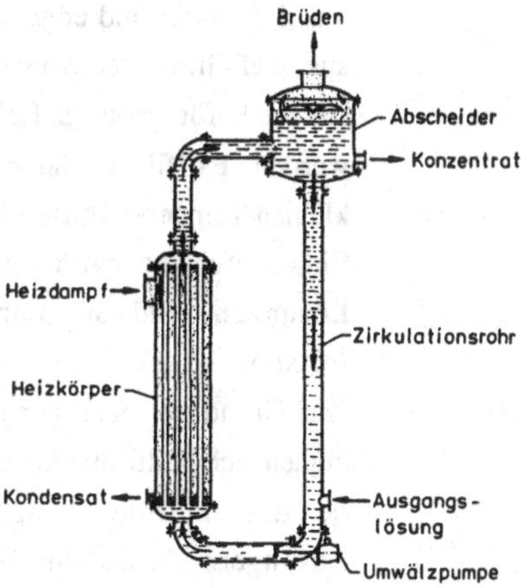

Abb. 1.5.10: Zwangsumlaufverdampfer mit außenliegendem Heizkörper

Die Entspannungsverdampfung ist vor allem für die Eindampfung salzabscheidender und belagbildender Lösungen geeignet, da das Sieden in den Rohren und damit die Ausbildung von Ablagerungen, die den Wärmeübergang verschlechtern, vermieden wird. Ist die Bauhöhe beschränkt, so kann der Heizkörper auch waagerecht angeordnet werden.
Zwangsumlaufverdampfer mit außenliegendem Heizkörper sind sehr weit verbreitet und finden u.a. in der chemischen Industrie Verwendung.

1.5.5 Durchlaufverdampfer

Viele einzudampfenden Lösungen neigen zu unerwünschten chemischen und physikalischen Veränderungen, wenn sie zu lange hohen Temperaturen ausgesetzt werden. Für die Eindampfung solcher Lösungen sind Verdampfer mit geringen Flüssigkeitsinhalten und kurzen Verweilzeiten erforderlich. Bei den Durchlaufverdampfern wird eine schonende Eindampfung dadurch erreicht, daß die Flüssigkeit schon nach einmaligem Durchgang durch den Verdampfer auf die geforderte Endkonzentration eingedampft wird.

Der Fallfilmverdampfer (siehe Abb. 1.5.11) besteht aus einem vertikalen Heizkörper, an dessen Ende der Abscheider seitlich versetzt angeordnet ist. Die vorgewärmte Ausgangslösung wird am Kopf des Heizkörpers aufgegeben und gleichmäßig auf die von außen beheizten Rohre verteilt. Von dort fließt sie als Film an den Innenwänden der 5 bis 15 m langen Rohre unter teilweiser Verdampfung nach unten. Die Flüssigkeitsströmung wird hierbei durch die Schleppwirkung der ebenfalls nach unten strömenden Brüden unterstützt. Konzentrat und Brüden werden im nachgeschalteten Abscheider voneinander getrennt.

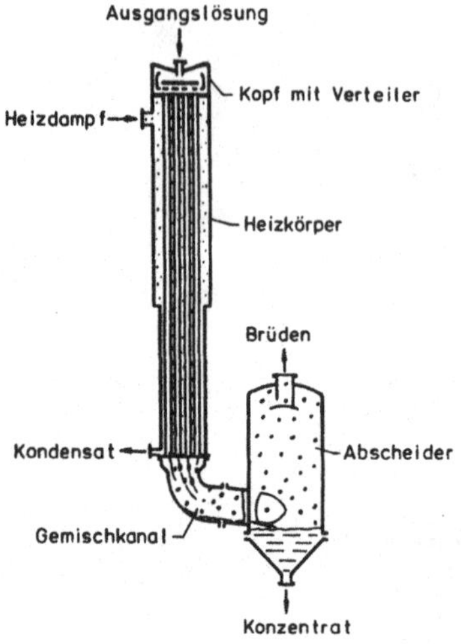

Abb. 1.5.11: Fallfilmverdampfer [14]

Fallfilmverdampfer zeichnen sich durch kleine Flüssigkeitsinhalte, kurze Verweilzeiten (maximal 1 Minute) und enge Verweilzeitverteilung aus. Auf Grund der großen Rohrlängen können sie auch für größere Leistungen konstruiert werden. Fallfilmverdampfer können bei sehr kleinen Temperaturdifferenzen arbeiten. Für die Eindampfung hochviskoser und belag- bildender Lösungen sind sie nur bedingt geeignet (maximal 1 Pas).

Auf Grund der oben genannten Eigenschaften eignen sich Fallfilmverdampfer für die schonende Eindampfung temperaturempfindlicher Lösungen. Anwendungsbeispiele sind die Eindampfung von Milchprodukten, Fruchtsäften, Pflanzenextrakten, Blutplasma und Pharmazeutika.

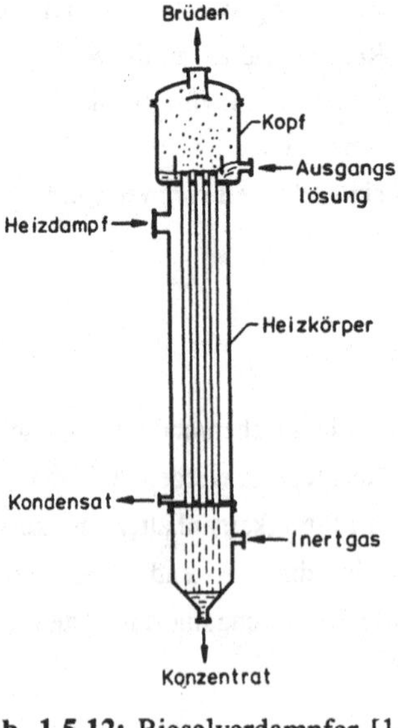

Abb. 1.5.12: Rieselverdampfer [14]

Der Rieselverdampfer (siehe Abb. 1.5.12) arbeitet ähnlich wie der Fallfilmverdampfer. Die vorgewärmte Ausgangslösung wird am Kopf gleichmäßig aufgegeben und läuft als Film an den beheizten Rohren ab, wobei sie teilweise eingedampft und am Boden als Konzentrat abgezogen wird. Im Gegensatz zum Fallfilmverdampfer fließt jedoch hier der Flüssigkeitsfilm allein unter dem Einfluß der Schwerkraft nach unten. Die entstehenden Brüden strömen in den Rohren entgegengesetzt zur Lösung von unten nach oben und werden am Kopf abgezogen.

Durch den Gegenstrom werden die Austauschvorgänge zwischen Dampf und Flüssigkeit begünstigt. Dies hat allerdings zur Folge, daß die Brüdenstromgeschwindigkeit nicht beliebig gesteigert werden darf, da sonst die Gefahr besteht, daß der Fallfilm aufgestaut wird. Rieselverdampfer werden eingesetzt, wenn aus einem schwerflüchtigen Produkt oder Rückstand eine in geringer Menge vorhandene leichterflüchtige Komponente entfernt werden soll. Durch Zufuhr von Schleppdampf kann die Trennung solcher Produkte noch begünstigt werden. Außerdem lassen sich in diesem Apparat auch Gas-Flüssigkeits-Reaktionen durchführen.

Der Kletterverdampfer (siehe Abb. 1.5.13) ist ähnlich aufgebaut wie der Zwangsumlaufverdampfer mit innenliegendem Heizkörper. Er besteht aus einem Heizkörper mit vertikalen Rohren von etwa 50 mm Durchmesser und 5 bis 7 m Länge, einem darauf aufgesetzten Abscheider und einem außenliegenden Zirkulationsrohr.

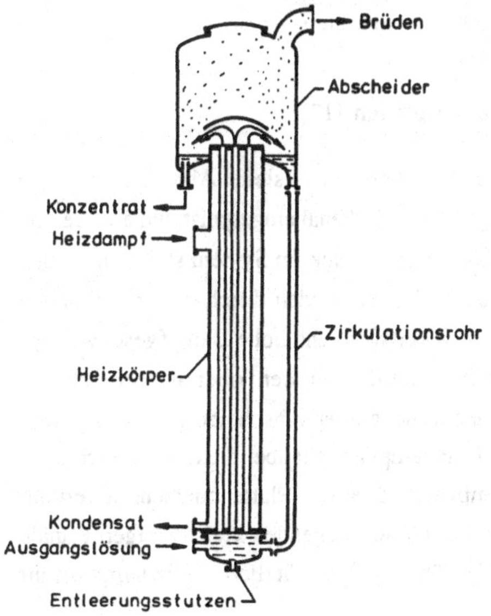

Abb. 1.5.13: Kletterverdampfer [14]

Die Ausgangslösung tritt in den Heizkörper von unten ein. Im Innern der dampfbeheizten Rohre verdampft die Lösung und klettert ab einer bestimmten Höhe, getrieben von den Brüden, an der Rohrwand als Film nach oben. Nach dem Verlassen des Heizkörpers gelangt das Flüssigkeits-Dampf-Gemisch in den Abscheider.

Die große Rohrlänge bedingt größere Temperaturdifferenzen zwischen Heiz- und Siederaum. Bei zu kleinen Temperaturdifferenzen genügt die Energie des Brüdenstromes nicht, um die Flüssigkeit ausreichend zu fördern und den Kletterfilm entstehen zu lassen. Auf Grund der großen Rohrlänge lassen sich große Eindampfbreiten erzielen, Kletterverdampfer können daher als Hochkonzentratoren mit einmaligem Durchgang arbeiten. Kletterverdampfer eignen sich für die Eindampfung temperaturempfindlicher, dickflüssiger und stark schäumender Lösungen.

Der Plattenverdampfer besteht aus einer Vielzahl gewellter Platten, die mit Öffnungen für die Zu- und Abfuhr der Medien und Dichtungen versehen sind. Die Platten werden in ein Gestell eingehängt und zwischen der festen Gestellplatte und der losen Druckplatte mittels Zuganker zusammengespannt. Im zusammengebauten Zustand bilden zwei benachbarte Platten Längskanäle mit wabenförmigem Querschnitt, die als einzelne "Rohre" bezeichnet werden können (siehe Abb. 1.5.14).

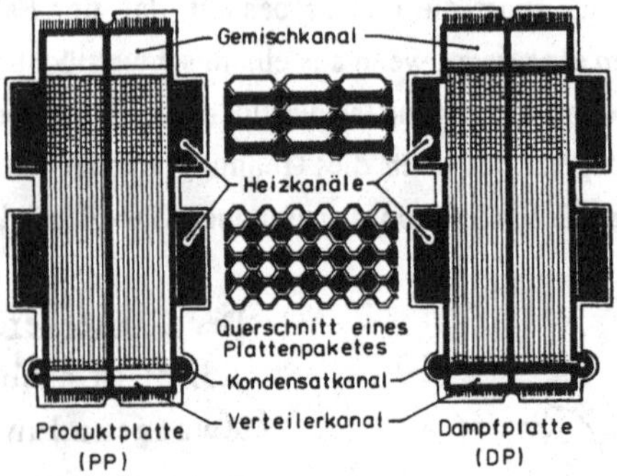

Abb. 1.5.14: Verdampferplatten [17]

Plattenverdampfer werden als Steigfilmverdampfer betrieben (siehe Abb. 1.5.15). Die Ausgangslösung wird über den unteren rechteckigen Verteilerkanal eingespeist und auf die von außen beheizten "Rohre" gleichmäßig verteilt. Durch den Druck im System steigt sie in den "Rohren" unter teilweiser Verdampfung nach oben. Dabei werden durch die entstehenden Brüden bereits im unteren Bereich ein dünner Flüssigkeitsfilm und hohe Dampfgeschwindigkeiten erzeugt. Das Flüssigkeits-Dampf-Gemisch wird über den oberen rechteckigen Gemischkanal abgezogen und gelangt in einen nachgeschalteten Abscheider, wo Konzentrat und Brüden getrennt werden. Die Beheizung mit Heizdampf erfolgt über die zwei seitlich oben liegenden rechteckigen Heizkanäle. Der Heizdampf wird über den Plattenquerschnitt verteilt, kondensiert und fließt als Kondensat über die seitlich unten liegenden kreisförmigen Kanäle ab. Die beiden unteren rechteckigen Heizkanäle können für zusätzliche Heizdampfzufuhr genutzt werden.

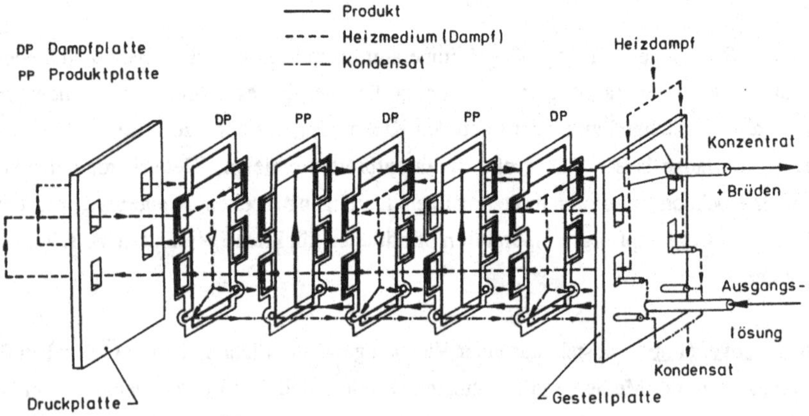

Abb. 1.5.15: Plattenverdampfer [17]

Plattenverdampfer zeichnen sich durch kompakte Bauweise, hohe Flexibilität in der Fahrweise, extrem kurze Verweilzeiten (bis unter 1 s) und damit schonende Produktbehandlung sowie gute Reinigungsmöglichkeiten aus. Dem Einsatz sind durch die ungenügende Dichtigkeit bei hohen Drücken und die Beständigkeit der Dichtungsmaterialien gegenüber agressiven Lösungen Grenzen gesetzt. Plattenverdampfer werden eingesetzt zur Konzentration von Fruchtsäften, Konzentration von Pflanzenöl, Eindampfung von Glucose, Eindampfung von Malzextrakt und Würze sowie Eindampfung von Abwasser.

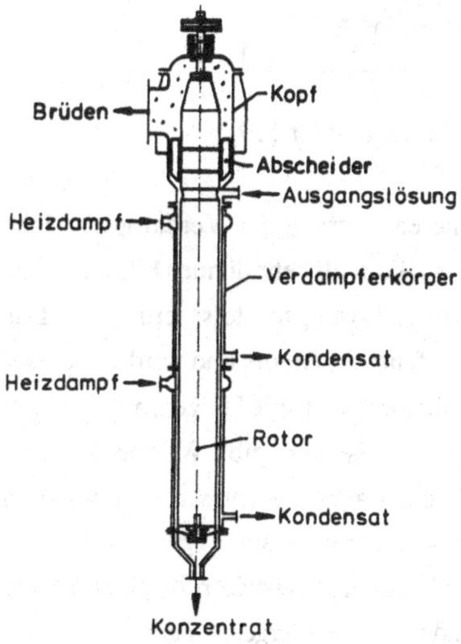

Abb. 1.5.16: Dünnschichtverdampfer [18]

Der Dünnschichtverdampfer (siehe Abb. 1.5.16) besteht aus einem senkrechten, zylindrischen Verdampferkörper mit Heizmantel, in dessen Innerem sich ein doppeltgelagerter Rotor mit starren Flügeln oder pendelnd aufgehängten Wischern dreht. Die Ausgangslösung wird oberhalb des Heizmantels aufgegeben und rieselt an der beheizten Wand herab. Die Flügel bzw. Wischer sorgen für die Ausbildung eines dünnen Flüssigkeitsfilmes, der längs des Heizmantels eingedampft und am Boden als Konzentrat abgezogen wird. Die Brüden werden am Kopf des Apparates abgezogen. Der oberhalb der Zulaufstelle mitrotierende Abscheider verhindert das Mitreißen von Flüssigkeitströpfchen oder Schaum durch die Brüden.

Der Dünnschichtverdampfer zeichnet sich durch kleine Flüssigkeitsinhalte, kurze Verweilzeiten (kleiner 1 Minute) und äußerst geringen Druckabfall aus. Er ist deshalb für die schonende Eindampfung temperaturempfindlicher Lösungen geeignet. Mit ihm lassen sich auch zähe Lösungen mitunter bis zur völligen Trockenheit eindampfen. Wegen der kleinen Heizflächen (bis etwa 40 m^2) und der aufwendigen Konstruktion ist seine Anwendung auf kleine und mittlere Verdampferleistungen beschränkt. Anwendungsbeispiele sind die Eindampfung von Fruchtsäften, Milch, Hefe, Pektinlösungen, Farbstofflösungen, Gelantinelösungen, Leimen, Gummi, Pflanzenextrakte und Sera.

Der Zentrifugal-Dünnschichtverdampfer (siehe Abb.1.5.17) besteht aus einem einen Brüdenraum bildenden Behälter. In dem Behälter läuft ein Rotor mit hoher Drehzahl um. Der Rotor besteht aus einer konischen Verdampferfläche sowie einem diese außenseitig mit Abstand umgebenden Mantel. Der Zwischenraum zwischen Verdampferfläche und Mantel dient als Heizraum.

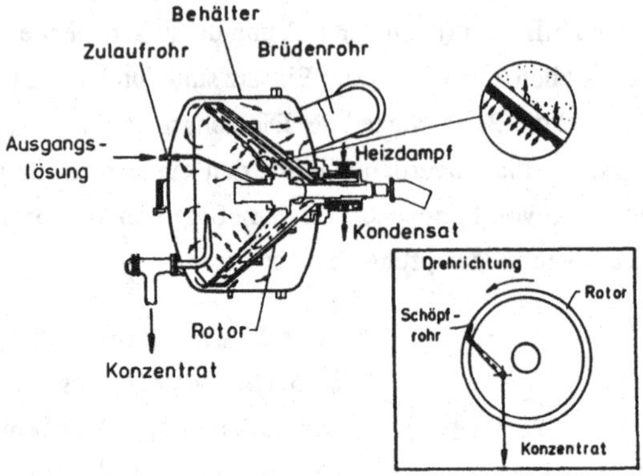

Abb. 1.5.17: Zentrifugal-Dünnschichtverdampfer [19]

Die Ausgangslösung wird über ein Zulaufrohr am inneren Umfang der Verdampferfläche aufgegeben. Von dort fließt sie unter Einfluß der Zentrifugalkraft als sehr dünner Film über die beheizte Verdampferfläche nach außen, wobei ein Teil des Lösungsmittels verdampft. Das Konzentrat sammelt sich in der Ringtasse am äußeren Umfang des Rotors und wird aus dieser mit einem Schöpfrohr abgezogen. Der Heizraum des Rotors wird mit Heizdampf beheizt. Dieser kondensiert auf der Innenseite der Verdampferfläche und gibt Wärme ab. Das anfallende Kondensat wird durch die Zentrifugalkraft nach außen getrieben und auf dem äußeren Umfang des Rotors abgenommen und über ein Leitung nach außen geführt. Die bei der Verdampfung entstehenden Brüden ziehen über das Brüdenrohr aus dem Apparat ab und werden in einem außerhalb des Apparates liegenden Kondensator niedergeschlagen.

Mit dem Zentrifugal-Dünnschichtverdampfer lassen sich sehr geringe Filmdicken (etwa 0,1 mm) sowohl von Lösung als auch Kondensat und damit sehr hohe Wärmeübergangskoeffizienten erzielen (4500 W/m^2K für Wasserverdampfung). Durch die sehr kurze Verweilzeit (kleiner 1 s) lassen sich temperaturempfindliche Produkte schonend eindampfen. Durch Abnahme des Deckels kann die Verdampferfläche inspiziert und gut gereinigt werden. Von Nachteil sind die gegenüber statischen Verdampfern hohen Herstellkosten und die beschränkte Verdampfungsleistung (maximal 2 t Wasser/h).

Der Zentrifugal-Dünnschichtverdampfer wird für die Eindampfung hochwertiger Produkte in der Pharmazie (Enzyme, Antibiotika), der Lebensmittelindustrie (Fruchtsäfte, Vitamine) und in der Medizin eingesetzt.

1.6 Anhang zum Abschnitt Verdampfung

1.6.1 Dampfdrücke der reinen Stoffe

Antoine-Gleichung (p^* in mbar, T in °C) $\log p^* = A - \frac{B}{T + C}$

Lfd. Nr.	Stoff	Temperaturbereich °C	A	B	C	Quelle
1	Aceton	- 13-55	7,24208	1210,595	229,664	24
		57-205	7,75624	1566,690	273,419	24
2	Ethanol	20-93	8,23714	1592,864	226,184	24
3	Ethylenchlorid	- 31-99	7,15024	1271,254	222,927	24
4	Ameisensäure	36-108	7,06953	1295,260	218,000	24
5	Ammoniak		7,67960	1002,711	247,885	25
6	Benzol	8-80	7,00481	1196,760	219,161	24
7	n-Butanol	- 1-118	7,96294	1558,190	196,881	24
		89-126	7,48860	1305,198	173,427	24
8	i-Butanol	72-107	7,32625	1157,000	168,270	24
9	Chloroform	- 10-60	7,07959	1170,966	226,232	24
10	Essigsäure	17-118	7,68454	1644,048	233,524	24
11	Essigsäureanhydrid	2-140	7,81795	1781,290	230,395	24
12	Essigsäurebutylester	60-126	7,25206	1430,418	210,745	24
13	Essigsäureethylester	16-76	7,22673	1244,951	217,881	24
14	Furfural	19-162	8,52694	2338,490	261,638	24
15	n-Heptan	- 3-127	7,01880	1264,370	216,640	24
16	n-Hexan	- 25-92	7,00270	1171,530	224,366	24
17	p-Kresol	53-202	7,22262	1526,210	160,168	24
18	Methanol	15-84	8,20591	1582,271	239,726	24
		25-56	7,89373	1408,360	223,600	24
19	Methylcyclohexan	- 36-102	6,96394	1278,570	222,168	24
20	n-Octan	- 14-126	7,05636	1358,800	209,855	24
21	i-Octan	24-100	6,92798	1252,590	220,119	24
22	n-Pentan	- 50-58	7,00126	1075,780	233,205	24
23	Phenol	63-182	7,05545	1382,650	159,493	24
24	Propan		6,95467	813,200	248,000	25
25	i-Propanol	- 26-83	9,00323	2010,330	252,636	24
26	Sauerstoff		7,11477	370,757	273,200	25
27	Schwefelkohlenstoff	4-80	7,06773	1169,110	241,593	24
28	Stickstoff		6,99100	308,365	273,200	25
29	Tetrachlorkohlenstoff	- 20-77	6,96577	1177,910	220,576	24
		- 14-77	7,00420	1212,021	226,409	24
30	Toluol	- 27-111	7,07581	1342,310	219,187	24
31	Trichlorethylen	17-86	6,64321	1018,603	192,731	24
32	Wasser	1-100	8,19625	1730,630	233,426	24

1.6.2 Dampfdrücke p in mbar über gesättigten wäßrigen Salzlösungen

Es sind die Temperaturen T in °C angegeben, bei denen der in der Kolonnenüberschrift angegebene Druck vorhanden ist.

Formel des gelösten Stoffes	p in mbar 27	40	67	133	667	1013	2027	5067	10133	Bodenkörper
CH_4N_2O Harnstoff	26,6	34,8	46,1							
$C_4H_6O_6$ Weinsäure	24,25	32,43	43,27							
$CaHPO_4 \cdot 2\,H_2O$	22,8	30,1	39							
$CdBr_2$	24	31,6	41,5							$CdBr_2 \cdot 4\,H_2O$
$CdSO_4$	23,9	31,4								$CdSO_4 \cdot 8/3\,H_2O$
$CuCl_2 \cdot 2\,H_2O$	28,9	36,1								
$CuSO_4$	22,6	29,5	38,7							$CuSO_4 \cdot 5\,H_2O$
$CuSO_4$					91,74					$CuSO_4 \cdot 3\,H_2O$
$C_4H_4O_6K_2 \cdot 1/2\,H_2O$ Kaliumtartrat	27,3	34,6								
KCl	24,5	32,3	41,8	55,4	95,5					
$KClO_3$				52,4	91,52					
KNO_3	24,8	30,6	39,3	55,3	99,9	115,6				
KH_2PO_4	22,7	30,2	39,3							
K_2SO_4	22,2	29,5	38,6	52	90,3					
$LiCl$	64,62	73,06	88,96	105,8	153,4	168,6	195,4	236,9	273,5	
Li_2SO_4	24,7	31,7	41,0	54,5	92,3	103,8				
$MgCl_2$	41,7	50,8	62,3	79,5						
$MgSO_4$		30	40,8	55,1	95,4					
$Mg(NO_3)_2$	33,9	42,6	54,8	76,3						$Mg(NO_3)_2 \cdot 6H_2O$
NH_4Br					95,6	116,5	141,6			
NH_4Cl	26,1	38,8	43,7							
NH_4NO_3	28	42	52,9	76						
$NH_4H_2PO_4$	23,3	30,4	40							
$(NH_4)_2SO_4$	25,6	32,6	42,3							
$C_4H_4O_6Na_2 \cdot 2\,H_2O$ Natriumtartrat	23,7	30,6								
$C_4H_4O_6NaK \cdot 4\,H_2O$	24,3	31,7	41							
Na_2CO_3						104,8	123,5	149,7	181,8	Na_2CO_3
Na_2CO_3		35	42,4	56,3	91,9					$Na_2CO_3 \cdot H_2O$
Na_2CO_3	24,5	32,8								$Na_2CO_3 \cdot 7H_2O$
Na_2CO_3		31,7								$Na_2CO_3 \cdot 10H_2O$
$NaCl$	26,82	34,2	43,71	57,49	96,8					
$NaNO_3$	27,4	35,1	44	59	102	119				
Na_2HPO_4	22,9									$Na_4HPO_4 \cdot 12H_2O$
$N_4P_2O_7$	22,6									$Na_4P_2O_7 \cdot 10H_2O$
Na_2SO_3	24,2	31,1	40,3	53,7	89,7	100,3	119,5	148,1	172,6	Na_2SO_3
Na_2SO_3	23,5	30,9	40,8	55,4	94,9	106,8	128,3	160,7	188,9	$Na_2SO_3 \cdot 7\,H_2O$
Na_2SO_4	25,3	31,9	40,9	53,9	91,5	104,8	123,1	154,2	182,9	Na_2SO_4
Na_2SO_4	23,4	31,3								$Na_2SO_4 \cdot 10\,H_2O$
$Na_2S_2O_3$			53,9							$Na_2S_2O_3 \cdot 5\,H_2O$
$TlNO_3$						104,5				

1.6.3 Aktivitätskoeffizienten

van Laar-Gleichung

$$\ln \gamma_1 = \frac{c_1\, x_2^2}{[x_2 + (c_1/c_2)\, x_1]^2}$$

$$\ln \gamma_2 = \frac{c_2\, x_1^2}{[x_1 + (c_2/c_1)\, x_2]^2}$$

Gemisch	c_1	c_2	Quelle
Aceton(1) - Chloroform(2)	- 0,7352	- 0,5787	24
Aceton(1) - Methanol(2)	0,8245	0,6341	24
Aceton (1) - Wasser (2)	2,1349	1,5385	24
Ethanol (1) - Benzol (2)	1,8418	1,3287	24
Ethanol (1) - Trichlorethylen (2)	2,0235	1,5652	24
Ethanol (1) - Wasser (2)	1,7010	0,9425	24
Ethylenchlorid (1) - Toluol (2)	0,0352	0,1463	24
Benzol (1) - Ethylenchlorid (2)	0,0224	0,0142	24
Benzol (1) - n-Heptan (2)	0,2454	0,3584	24
Benzol (1) - Toluol (2)	- 0,0214	- 0,0299	24
n-Butanol (1)-Essigsäurebutylester (2)	0,4343	0,8088	24
Chloroform (1) - Benzol (2)	- 0,3413	- 1,8448	24
Essigsäureethylester (1) - Ethanol (2)	0,8101	0,8571	24
n-Heptan (1) - Methylcyclohexan (2)	0,0115	0,0120	24
n-Heptan (1) - Toluol (2)	0,3366	0,2677	24
n-Hexan (1) - Benzol (2)	0,4672	0,3856	24
Methanol (1) - Ethanol (2)	0,0415	0,0155	24
Methanol (1) - Benzol (2)	2,2756	1,9626	24
Methanol (1) - Wasser (2)	0,8906	0,5139	24
i-Octan (1) - n-Octan (2)	- 0,1350	- 0,3441	24
i-Propanol (1) - Wasser (2)	2,4807	1,0937	24
Schwefelkohlenstoff (1) - Aceton (2)	1,2421	1,8471	24
Tetrachlorkohlenstoff (1) - Ethanol (2)	1,6211	2,0534	24
Tetrachlorkohlenstoff (1) - Benzol (2)	0,1034	0,0954	24
Tetrachlorkohlenstoff (1) - Toluol (2)	0,0086	0,2312	24
Toluol (1) - n-Octan (2)	0,1337	0,2859	24
Wasser (1) - Essigsäure (2)	0,4536	0,3034	24

1.6.4 Enthalpie-Zusammensetzungs-Diagramme

h = spezifische Enthalpie, kcal/kg bzw. kJ/kg

x_2 = Massenanteil an gelöstem Stoff, kg gelösten Stoff/kg Lösung

Die Hilfslinien in der linken oberen Ecke der Diagramme dienen zur Konstruktion der Brüdenisothermen bei verschiedenen Drücken [12].

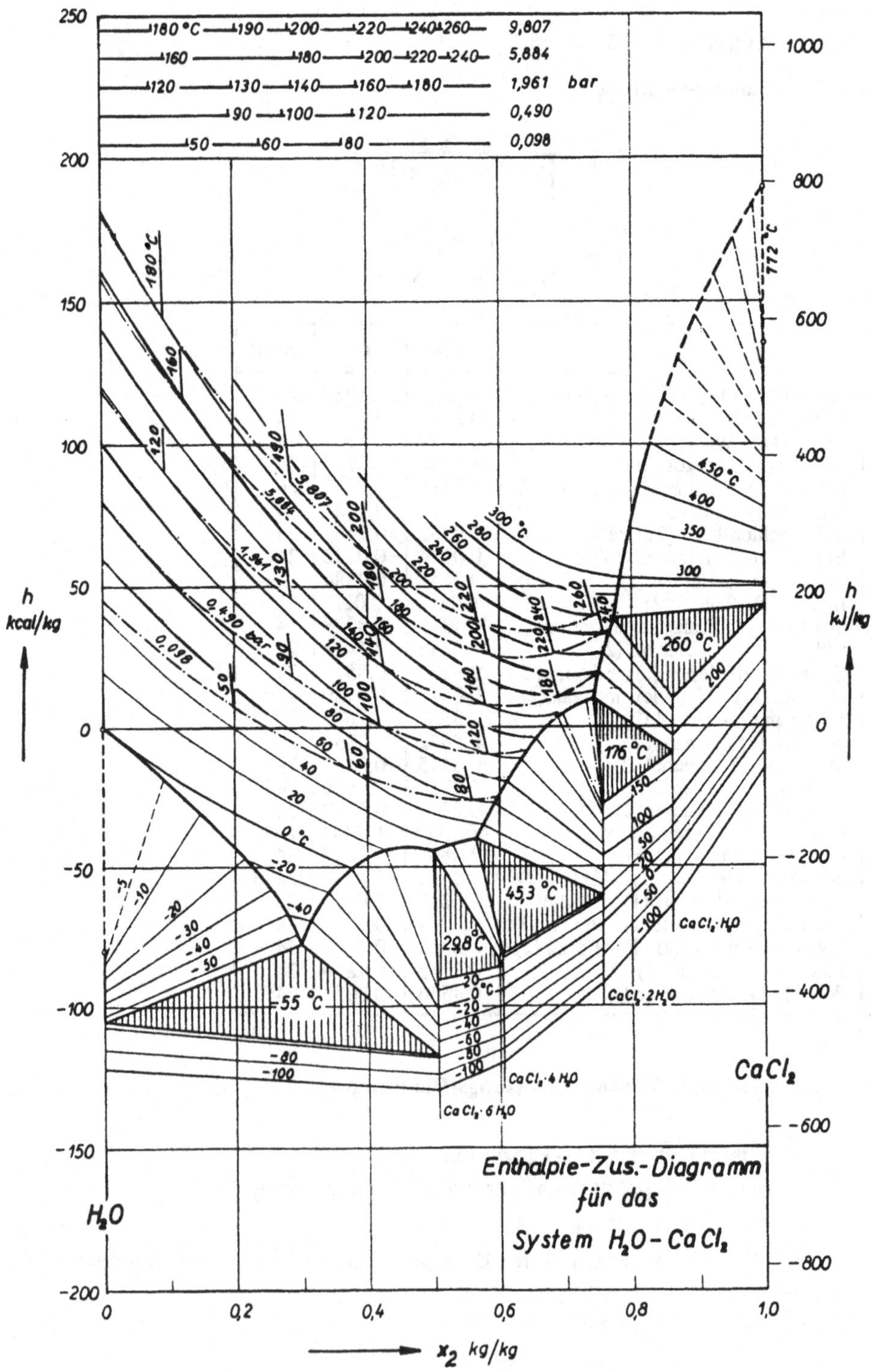

9,807
5,884
1,961 bar
0,490
0,098
h kcal/kg
h kJ/kg
x2 kg/kg
H2O
CaCl2
260 °C
176 °C
45,3 °C
29,8 °C
-55 °C
772 °C
450 °C
300 °C
CaCl2 · H2O
CaCl2 · 2H2O
CaCl2 · 4 H2O
CaCl2 · 6 H2O
Enthalpie-Zus.-Diagramm
für das
System H2O - CaCl2

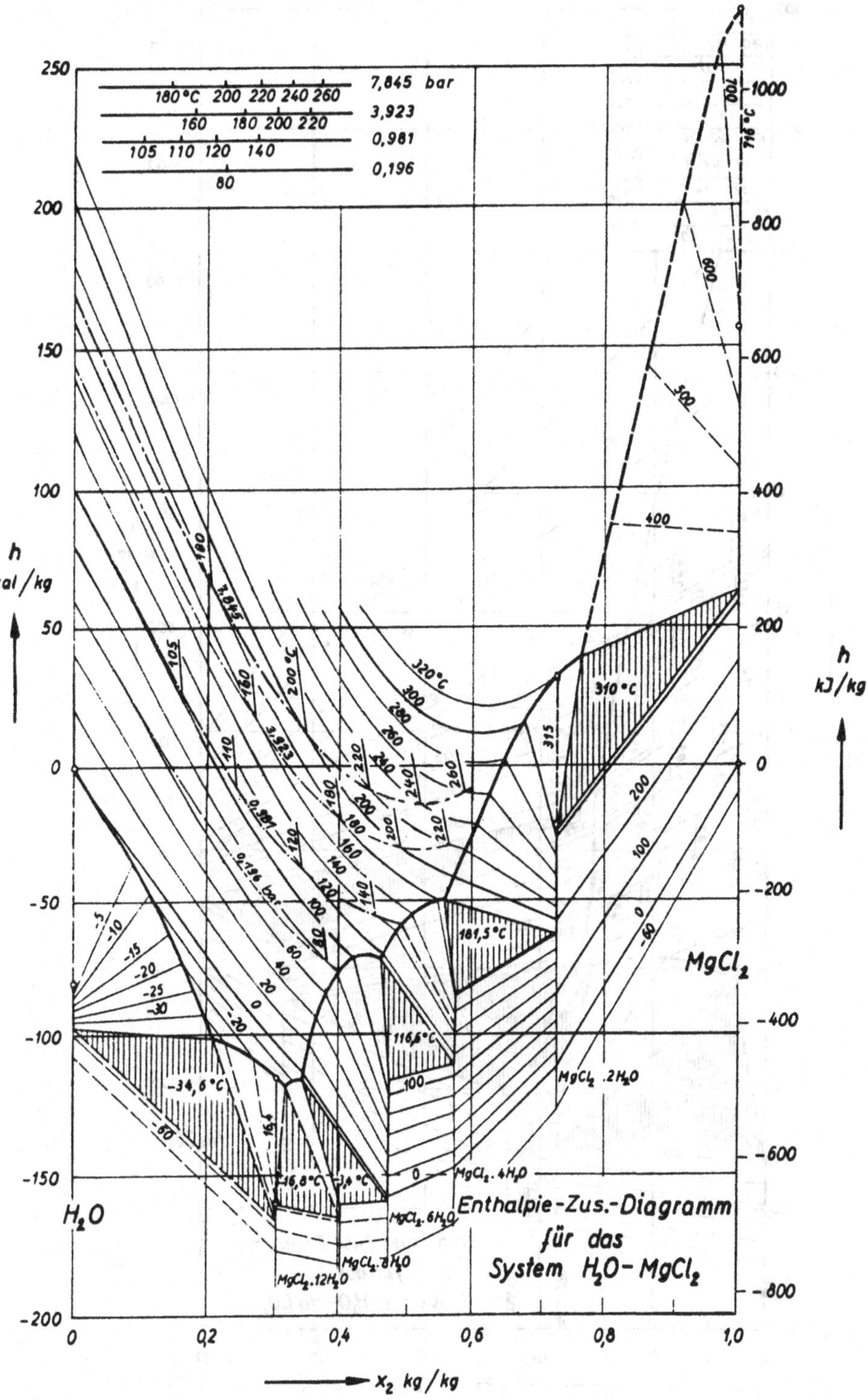

Enthalpie-Zus.-Diagramm für das System H₂O-MgCl₂
h kcal/kg
h kJ/kg
x₂ kg/kg
H₂O
MgCl₂
7,845 bar
3,923
0,981
0,196
180 °C 200 220 240 260
160 180 200 220
105 110 120 140
80
MgCl₂.2H₂O
MgCl₂.4H₂O
MgCl₂.6H₂O
MgCl₂.8H₂O
MgCl₂.12H₂O
-34,6 °C
-16,8 °C
-3,4 °C
116,6 °C
181,5 °C
310 °C
320 °C
716 °C

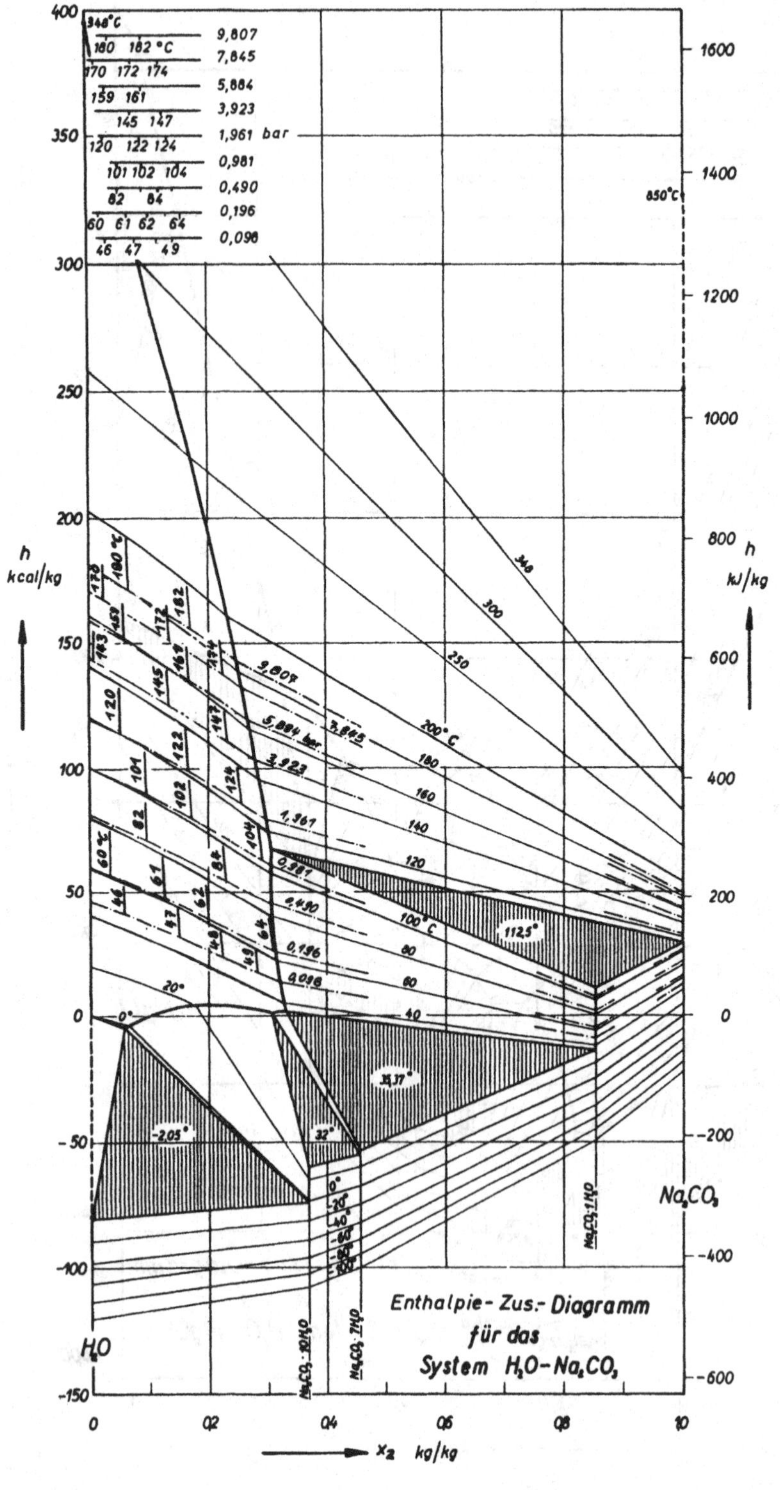

h kcal/kg
h kJ/kg
x2 kg/kg
9,807
7,845
5,884
3,923
1,961 bar
0,981
0,490
0,196
0,098
348°C
850°C
112,5°
35,37°
32°
-2,05°
H2O
Na2CO3
Na2CO3·10H2O
Na2CO3·7H2O
Na2CO3·1H2O
Enthalpie-Zus.-Diagramm
für das
System H2O-Na2CO3

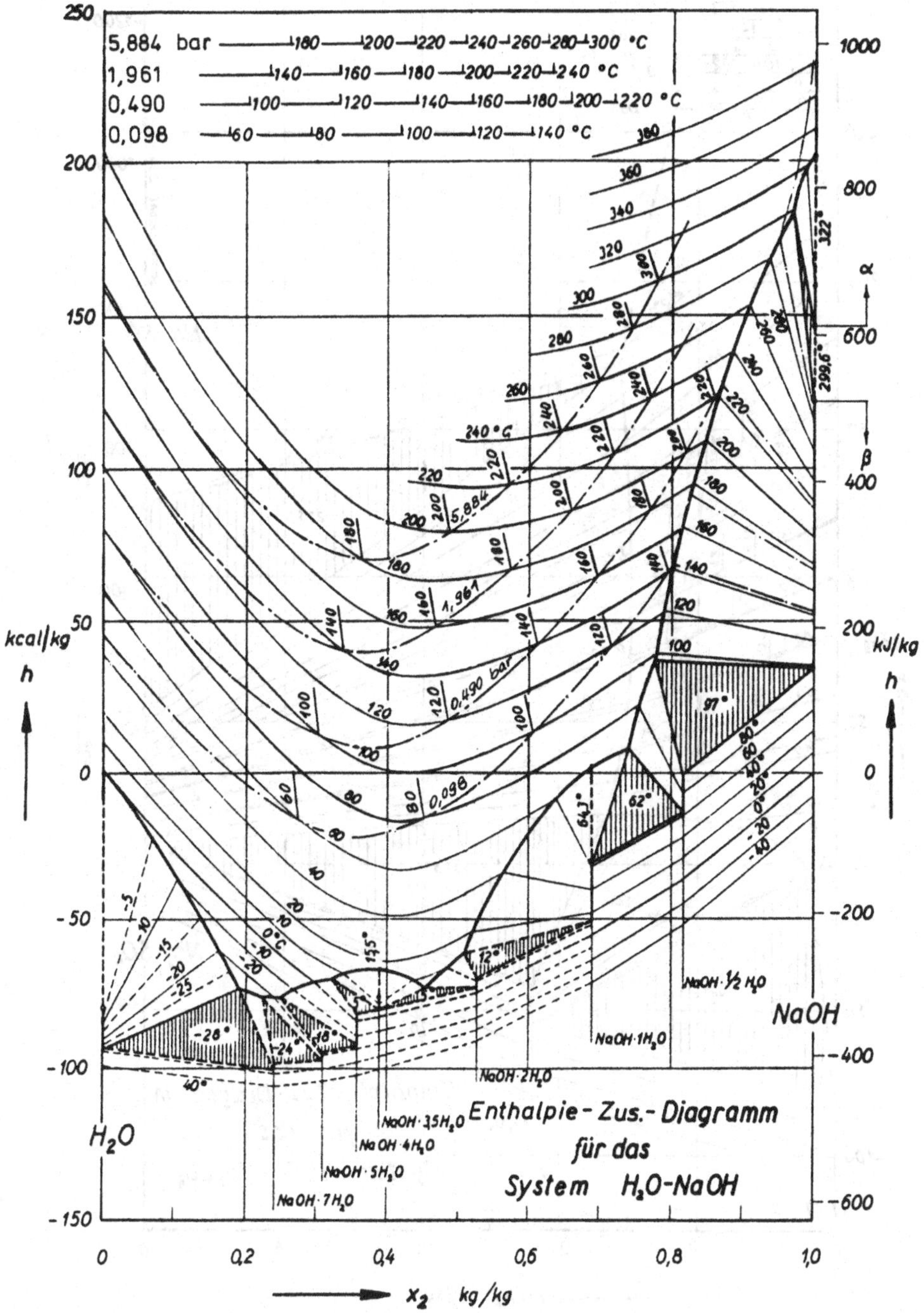

5,884 bar 180 200 220 240 260 280 300 °C
1,961 140 160 180 200 220 240 °C
0,490 100 120 140 160 180 200 220 °C
0,098 60 80 100 120 140 °C
kcal/kg
h
kJ/kg
h
α
β
NaOH·½H₂O
NaOH
NaOH·1H₂O
NaOH·2H₂O
NaOH·3,5H₂O
NaOH·4H₂O
NaOH·5H₂O
NaOH·7H₂O
H₂O
Enthalpie-Zus.-Diagramm
für das
System H₂O-NaOH
x₂ kg/kg

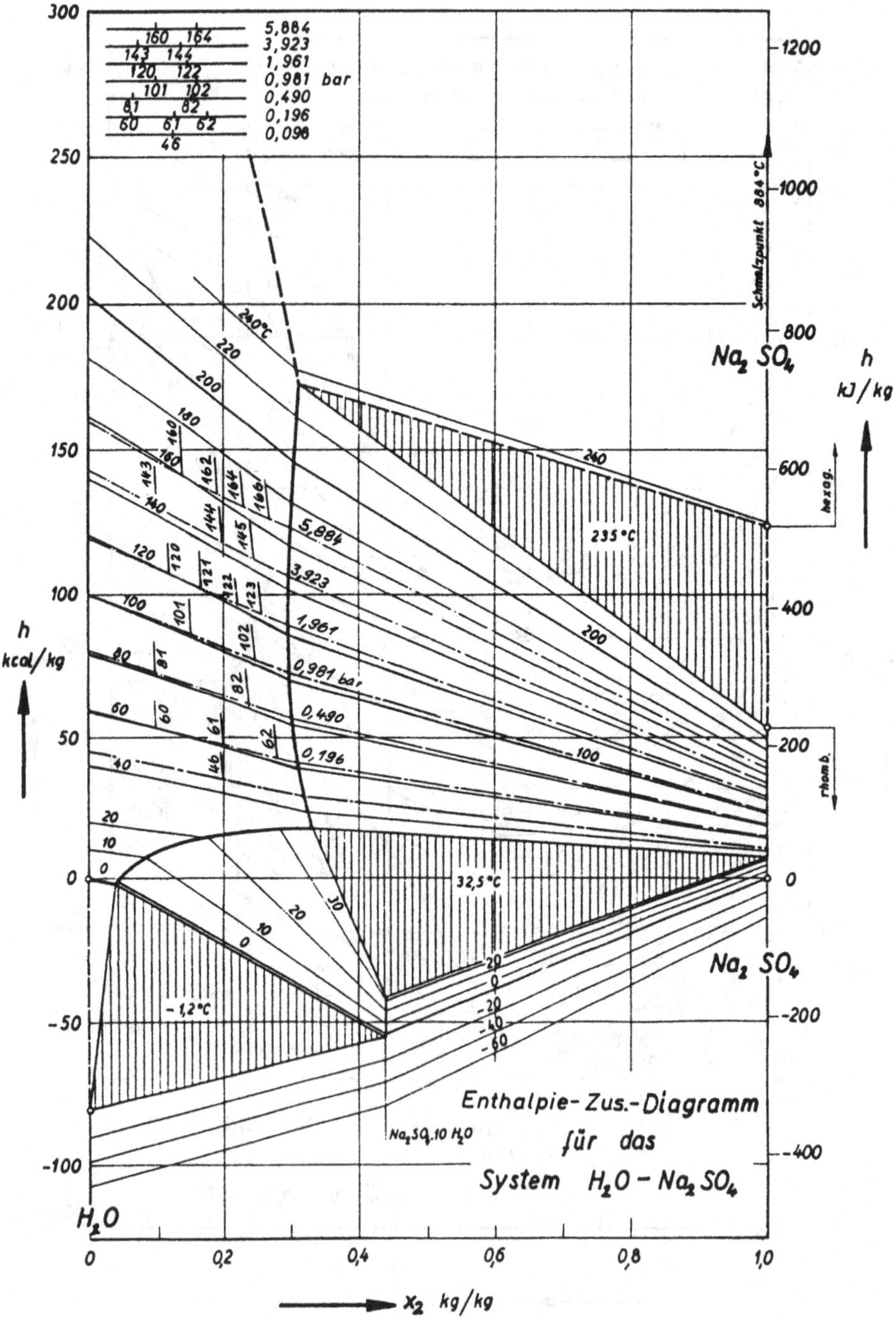
Enthalpie-Zus.-Diagramm
für das
System $H_2O - Na_2SO_4$
h kcal/kg
h kJ/kg
x_2 kg/kg
H_2O
Na_2SO_4
Schmelzpunkt 884 °C
$Na_2SO_4 \cdot 10\,H_2O$
235 °C
32,5 °C
-1,2 °C
hexag.
rhomb.
5,884
3,923
1,961
0,981 bar
0,490
0,196
0,098

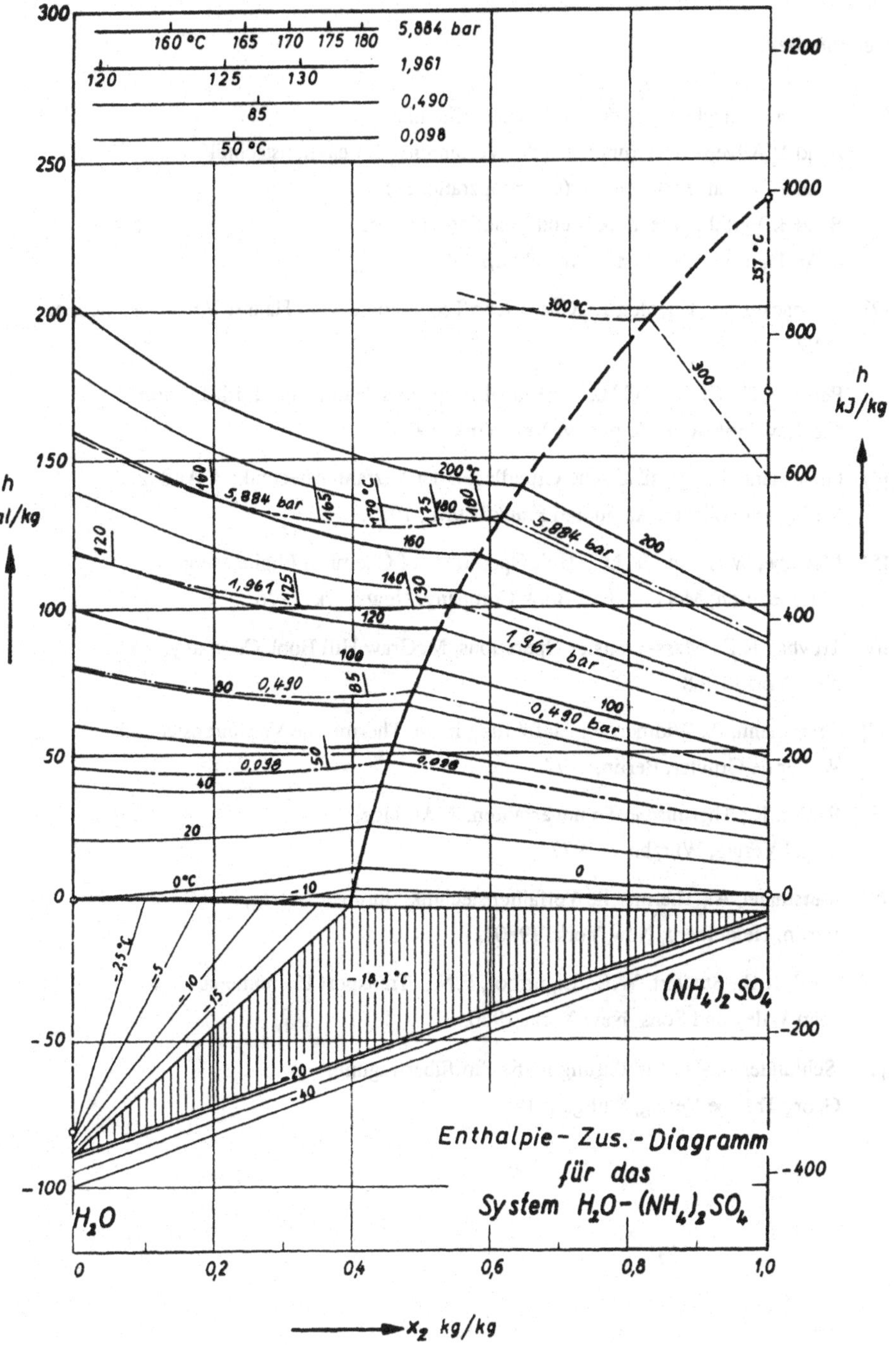
5,884 bar
1,961
0,490
0,098
160 °C 165 170 175 180
120 125 130
85
50 °C
h
kcal/kg
h
kJ/kg
357 °C
300 °C
300
200 °C
5,884 bar
1,961 bar
0,490 bar
0,098
-18,3 °C
(NH4)2SO4
H2O
Enthalpie-Zus.-Diagramm
für das
System H2O-(NH4)2SO4
x2 kg/kg

Literaturverzeichnis zu Abschnitt 1

Lehrbücher:

[1] Ullmanns Encyklopädie der technischen Chemie:
Band 1: Allgemeine Grundlagen der Verfahrens- u. Reaktionstechnik,
Band 2: Verfahrenstechnik I (Grundoperationen),
Band 3: Verfahrenstechnik II und Reaktionsapparate;
4. Auflage, Verlag Chemie, Weinheim, 1972.

[2] Winnacker, K., Küchler, L.: Chemische Technologie; Carl Hanser Verlag, München, 1982.

[3] Perry, R.H., Chilton, C.H.; Chemical Engineers' Handbook, Fifth Edition, McGraw Hill Book Company, New York, 1973.

[4] Grassmann, P.; Physikalische Grundlagen der Verfahrenstechnik; 3. Auflage, Verlag Sauerländer, Aarau und Frankfurt/M., 1983.

[5] McCabe, W.L., Smith, J.C.; Unit Operations of Chemical Engineering, Third Edition, McGraw Hill Book Company, New York, 1976.

[6] Treybal, R.E.; Mass-Transfer Operations, McGraw Hill Book Company, New York, 1968.

[7] Grassmann, P., Widmer, F.; Einführung in die Thermische Verfahrenstechnik, Walter de Gruyter, Berlin, 1974.

[8] Sattler, K.; Thermische Trennverfahren, 1. Auflage, Vogel Verlag, Würzburg, 1977.

[9] Mersmann, A.; Thermische Verfahrenstechnik, Springer Verlag, Berlin, Heidelberg, New York, 1980.

[10] Bird, R.B., Stewart, W.E., Lightfoot, E.N.; Transport Phenomena, John Wiley and Sons, New York, 1960.

[11] Schlünder, E.-U.; Einführung in die Stoffübertragung, Georg Thieme Verlag, Stuttgart; 1984

Spezielle Literatur über Verdampfung:

[12] Rant, Z.; Verdampfen in Theorie und Praxis. Verlag von Theodor Steinkopff, Dresden, Leipzig, 1959.

[13] Billet, R.; Verdampfertechnik; Bibliographisches Institut, Mannheim, 1965.

[14] Firmenprospekt, Verdampfer; GEA-Wiegand, Karlsruhe.

[15] Firmenprospekt, Eindampfanlagen mit mechanischer Brüdenverdichtung GEA-Wiegand, Karlsruhe.

[16] Firmenprospekt, Strahlpumpen und Gaswäscher; GEA-Wiegand, Karlsruhe.

[17] Firmenprospekt, Plattenwärmeaustauscher; W. Schmidt GmbH & Co. KG, Bretten.

[18] Firmenprospekt, Dünnschichtverdampfer; Buss-SMS GmbH, Butzbach.

[19] Firmenprospekt, Centrifugal-Flow Thin-Film Vacuum Evaporator. Okawara Mfg. Co., Ltd., Kando, Japan.

Stoffdatensammlungen:

[20] Landoldt-Börnstein, Zahlenwerte und Funktionen aus Physik, Chemie, Astronomie, Geophysik und Technik. 6. Auflage, Springer Verlag, Berlin, Heidelberg, New York, 1969.

[21] D'Ans-Lax, Taschenbuch für Chemiker und Physiker. 3. Auflage, Springer Verlag, Berlin, Heidelberg, New York, 1967.

[22] VDI-Wärmeatlas, 6. Auflage, VDI-Verlag, Düsseldorf, 1991.

[23] Reid, R.C., Prausnitz, J.M., Sherwood, T.K.; The Properties of Gases and Liquids, Third Edition, McGraw-Hill Book Company, New York, 1977.

[24] Gmehling, J., Onken, U.; Vapor-Liquid Equilibrium Data Colection. Chemistry Data Series, DECHEMA, Frankfurt/Main, 1977.

[25] Hirata, M., Ohe, S., Nagahama, K.; Computer Aided Data Book of Vapor-Liquid Equilibria, Elsevier Scientific Publishing Company, Amsterdam, Oxford, New York,1975.

2 Kristallisation

2.1 Beschreibung und Bedeutung des Verfahrens

Kristallisieren ist das Überführen eines Stoffes oder mehrerer Stoffe aus dem amorphfesten, flüssigen oder gasförmigen Zustand in den kristallinen Zustand. Bedeutung hat die Kristallisation vor allem als thermisches Trennverfahren zur Konzentrierung oder Reindarstellung von Stoffen aus Lösungen, Schmelzen oder aus der Gasphase.

Eine Phase, z.B. eine Lösung, muß übersättigt werden, damit Kristalle entstehen oder vorhandene Kristalle wachsen können. Die Übersättigung läßt sich z.B. durch Abkühlen der Lösung oder durch Verdampfen von Lösungsmitteln erreichen. Man spricht dann von Kühlungs–bzw. der Verdampfungskristallisation. Bei der Vakuumkristallisation wird der Vorgang der Entspannungsverdampfung benützt, um eine Übersättigung zu erzielen. Abkühlen und Verdampfen überlagern sich.

Manchmal wird einer Lösung ein dritter Stoff, ein sogenanntes Verdrängungsmittel, zugegeben, welches die Löslichkeit des gelösten Stoffes vermindert und somit zu einer Übersättigung führt. Man spricht von Verdrängungskristallisation. So lassen sich die Löslichkeiten vieler wässriger Lösungen anorganischer Salze durch die Zugabe von organischen Lösungsmitteln (z.B. Aceton, Methanol) vermindern. Bei der Reaktionskristallisation reagieren zwei oder mehr Reaktanden miteinander zu einem Produkt, welches dann übersättigt vorliegt und deshalb auskristallisiert. So führen Reaktionen zwischen einer Säure und einer Lauge zum Ausfall eines festen Salzes. Man spricht von Fällungskristallisation. Allerdings ist anzumerken, daß dieser Begriff weder eindeutig definiert noch einheitlich benutzt wird.

Obwohl es keine strenge und allgemein gültige Grenze zwischen einer "Lösung" und einer "Schmelze" gibt, ist es üblich und auch zweckmäßig, zwischen der Kristallisation aus der Lösung und der Schmelzkristallisation zu unterscheiden. Kristallisiert nur der häufig in niedriger Konzentration vorliegende gelöste Stoff aus, spricht man von Kristallisation aus der Lösung. Wenn jedoch beide Komponenten (bei einem Mehrkomponenten–System alle Komponenten) von der flüssigen in die feste Phase übergehen, hat sich dafür der Begriff Schmelzkristallisation eingebürgert. Während die Kinetik bei der Lösungskristallisation häufig durch den Stofftransport bestimmt wird, ist bei der Schmelzkristallisation in vielen Fällen der Wärmetransport die limitierende Größe.

Wenn aus einer binären Schmelze beide Komponenten rein gewonnen werden sollen, bietet sich die fraktionierende Kristallisation an, bei welcher Schmelze und Kristalle zweckmäßig im Gegenstrom geführt werden.

Manchmal besteht der Wunsch, den oder die gelösten Stoffe in einer Lösung dadurch zu konzentrieren, daß das Lösungsmittel ausgefroren, also kristallisiert wird (und nicht wie bei der Lösungskristallisation der gelöste Stoff). Dann spricht man von Ausfrieren oder Gefrierkristallisation oder auch von Gefrierkonzentration. Mit Rücksicht auf unterschiedliche verfahrenstechnische Ziele und verschiedene zum Einsatz kommende Verfahren und Apparate soll demnach zwischen Lösungs–, fraktionierender und Gefrierkristallisation unterschieden werden.

Ist kein Zufallsprodukt, sondern ein bestimmtes Kristallisat mit einer bestimmten Korngrößenverteilung, Kornform und Reinheit erwünscht, so sind die lokale und mittlere Übersättigung sowie die Verteilung und die Verweilzeit des Feststoffes in der übersättigten Lösung zu steuern. Dies läßt sich am besten über die Strömungsführung erreichen. Im allgemeinen haben die Kristalle eine größere Dichte als die Lösung. Deshalb ist eine Aufwärtsströmung im Kristallisator erforderlich, um die Kristalle in Schwebe zu halten. Diese Strömung läßt sich durch ein Umwälzorgan im Kristallisator oder eine externe Umwälzung durch eine Pumpe erreichen. Es wird später gezeigt, daß u.a. die Strömungsmechanik die Korngröße von Kristallen beeinflußt.

2.2 Physikalische Grundlagen

Zunächst wird erörtert, was Kristalle von amorphen Feststoffen unterscheidet. Dann folgen Angaben zum Phasengleichgewicht von fest–flüssig–Systemen und es werden Löslichkeits– und Schmelzdiagramme vorgestellt. Es wird gezeigt, wie sich Kristallisationsvorgänge vorteilhaft in Enthalpie–Konzentrations–Diagrammen darstellen lassen. Nach wichtigen thermodynamischen Grundlagen wird auf die beiden bedeutenden kinetischen Vorgänge eingegangen, nämlich die Geschwindigkeiten der Keimbildung und des Kristallwachstums. Diese kinetischen Größen entscheiden letzten Endes über die Korngrößenverteilung eines Produktes mit einer großen Zahl von Kristallen.

2.2.1. Kristallstruktur und –systeme

Kristalle sind Festkörper mit dreidimensional–periodischer Anordnung von Elementarbausteinen (Atome, Ionen, Moleküle) in Raumgittern. Durch seine hochgeordnete Struktur unterscheidet sich der Kristall vom amorphen Körper. Der geordnete Aufbau kommt durch unterschiedliche Bindungskräfte zustande, s. Tab. 2.2.1. Dort sind für verschiedene Kristallarten typische Eigenschaften sowie einige Stoffe als Beispiel angegeben.

Tab. 2.2.1: Kristallarten und Bindungskräfte

Kristall-art	Bausteine	Gitterkräfte	Eigenschaften	Beispiele (Bindungsenergie in kJ/mol)
Metall-gitter	Atomrumpf mit freien Außenelektronen	metallische Bindung	schwerflüchtig, hohe elektr.– und Wärmeleitfähigkeit	Fe (400) Na (110) Messing
Ionen-gitter	Ionen	Ionenbindung (Coulombsche Kräfte)	schwerflüchtig, Nichtleiter leitfähig in der Schmelze; meist löslich	NaCl (750) LiF (1000) CaO (3440)
Atom-gitter	Atome	Atombindung= Valenzbindung (gemeinsame Elektronen-paare)	schwerflüchtig, Nichtleiter, unlöslich, große Härte	Diamant (710) SiC (1190) Si, BN
Molekül-gitter	Moleküle	Van der Waals-sche Kräfte (induzierte Dipole)	leichtflüchtig Nichtleiter	CH_4 (10) J_2, $SiCl_4$
		feste Dipole (z.B. Wasser-stoffbrücken)		Eis (50) HF (29)

Das Kristallgitter des Idealkristalls ist vollkommen regelmäßig aus Elementarzellen aufgebaut, an deren Ecken oder auch an deren Flächen und Raumzentren Gitterbausteine angeordnet sind. Die Elementarzelle legt ein Koordinatensystem mit den Achsen x, y und z sowie den Winkeln α, β und γ fest. Kristalle verschiedener Stoffe unterscheiden sich in den Elementarlängen a, b und c und durch die Größe der Winkel. Abb. 2.2.1. zeigt eine derartige Elementarzelle. Je nach der räumlichen periodischen Anordnung der Bausteine unterscheidet man sieben verschiedene Kristallsysteme, welche in Tab. 2.2.2 angegeben sind.

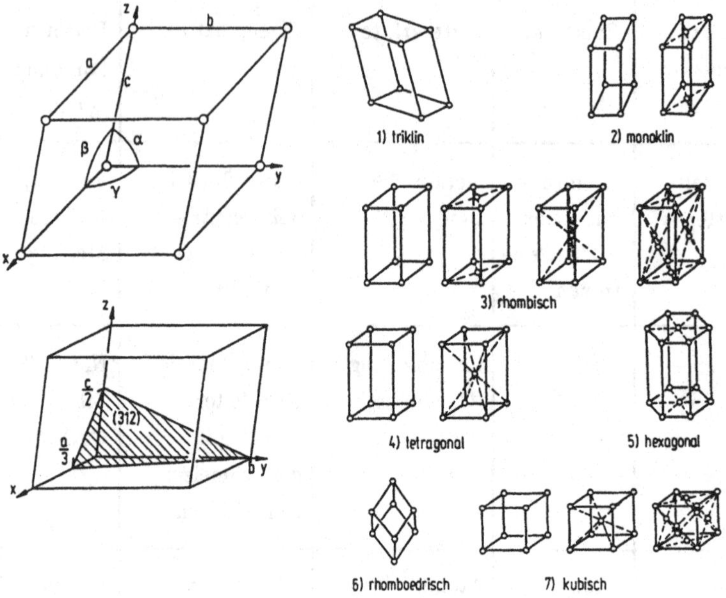

Abb. 2.2.1: Elementarzelle (links oben); Verschiedene Kristallsysteme (rechts); Erläuterung der Millerschen Indizes (links unten)

Tab. 2.2.2: Kristallsysteme

Kristallsystem	Elementarlängen	Achsenwinkel
1) triklin	a ≠ b ≠ c	$\alpha \neq \beta \neq \gamma$
2) monoklin	a ≠ b ≠ c	$\alpha = \gamma = 90° \neq \beta$
3) (ortho)rhombisch	a ≠ b ≠ c	$\alpha = \beta = \gamma = 90°$
4) tetragonal	a = b ≠ c	$\alpha = \beta = \gamma = 90°$
5) hexagonal	a = b ≠ c	$\alpha = \beta = 90°$; $\gamma = 120°$
6) trigonal–rhombo–edrisch	a = b = c	$\alpha = \beta = \gamma \neq 90°$
7) kubisch	a = b = c	$\alpha = \beta = \gamma = 90°$

Die äußere Form des gleichmäßig ausgebildeten Kristalls ist durch den Gittertyp noch nicht vollständig festgelegt. Es sind Angaben über die Begrenzungsflächen nötig, die Netzebenen mit einer hohen Belegungsdichte an Elementarbausteinen darstellen. Auch bei der Ausbildung der gleichen Begrenzungsflächen können die Wachstumsbedingungen den äußeren Gesamteindruck oder Habitus von Kristallen des gleichen Stoffes unterschiedlich prägen. Man spricht von prismatischem, nadligem, dendritischem, tafligem oder bei gleichmäßigem Wachsen in alle Raumrichtungen von isometrischem Habitus.

Durch geeignete Wahl von Temperatur, Übersättigung, Art des Lösungsmittels und Zusatzstoffen ist es häufig möglich, unerwünschten Kristallhabitus zu vermeiden und Kristalle zu erhalten, von denen die anhaftende Mutterlösung sich gut trennen läßt und die gut schütt–, dosier– und verpackbar sind. Die Lage einer Netzebene wird im allgemeinen durch das kleinste ganzzahlige Verhältnis h:k:l der Kehrwerte ihrer Achsenabschnitte festgelegt, s. Abb. 2.2.1. Die Größen h, k und l sind die sog. Millerschen Indices, für die die Schreibweise (hkl) üblich ist. Falls eine Substanz unter verschiedenen Wachstumsbedingungen andere Flächenkombinationen ausbildet (z.B. Kuben oder Oktaeder), bezeichnet man die unterschiedlichen Kristallformen als Trachten.

Realkristalle enthalten i.a. Inhomogenitäten (Einschlüsse von Gas, Flüssigkeiten oder festen Fremdstoffen) und Gitterfehler (Fehlstellen, Versetzungen, Korngrenzen und Verwerfungen). Von den Idealformen weichen sie auch dadurch ab, daß sich die Ecken und Kanten durch mechanische Beanspruchung im Kristallisator abschleifen. Oft sind die Oberflächen durch Reste der Mutterlösung, die beim Trocknen auskristallisieren kann, verunreinigt.

2.2.2 Löslichkeit und Löslichkeitsdiagramme

Die Sättigungskonzentration eines Stoffes in einem Lösungsmittel wird experimentell dadurch ermittelt, daß die maximal lösliche Menge bestimmt wird. Abb. 2.2.2 zeigt einige Löslichkeitskurven für Anhydrate, und in Abb. 2.2.3 sind weitere Kurven für Hydrate dargestellt. Häufig nimmt die Löslichkeit mit der Temperatur zu, doch gibt es auch Systeme, bei welchen die Sättigungskonzentration ungefähr konstant bleibt oder mit steigender Temperatur fällt. Im Falle von Hydraten besitzt die Löslichkeitskurve einen Knick, wenn sich die Zahl der pro Molekül an gelöstem Stoff eingebauten Lösungsmittelmoleküle ändert.

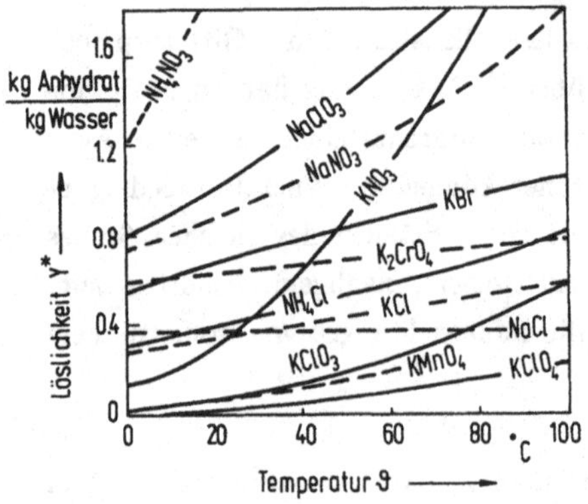

Abb. 2.2.2: Löslichkeitskurve einiger Anhydrate

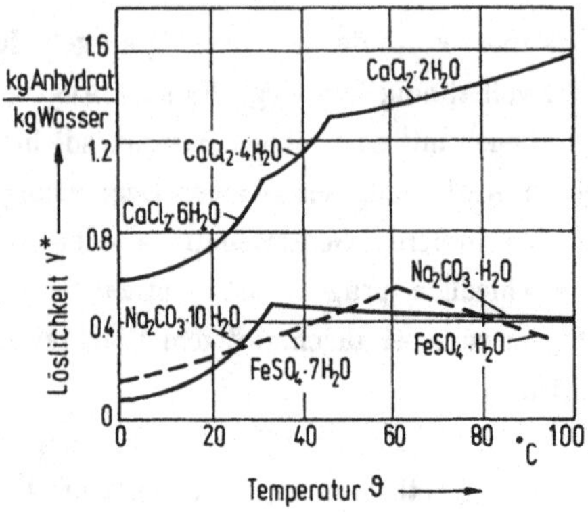

Abb. 2.2.3: Löslichkeitskurve einiger Hydrate

Sind in einem Lösungsmittel zwei Stoffe gelöst, bietet sich eine Darstellung in einem gleichseitigen Dreieckskoordinatennetz an. An den Seitenlinien werden Mol– oder Massenbrüche der drei Komponenten aufgetragen. In Abb. 2.2.4 ist das Dreistoffsystem Natriumcarbonat und Natriumsulfat in Wasser dargestellt. Das Gebiet oberhalb der Sättigungsisotherme bis zur Wasserecke ist das Untersättigungsfeld, in welchem eine klare Lösung vorliegt.

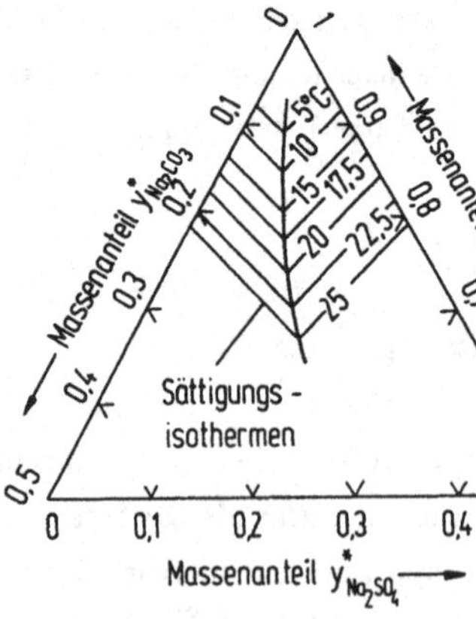

Abb. 2.2.4: Dreiecksdiagramm des Systems Natriumcarbonat-Natriumsulfat-Wasser

Da es keine klare Trennungslinie zwischen den Kristallisationen aus Lösungen und Schmelzen gibt, zeigen sich solche Abgrenzungsschwierigkeiten auch bei der Diskussion von Phasen–Zustandsdiagrammen. Fällt aus einem binären, realen flüssigen Gemisch nur eine Komponente rein aus, spricht man von einer Kristallisation aus einer Lösung. Wenn sich allerdings ein Zweistoffgemisch nahezu ideal verhält, fallen bei der Kristallisation Mischkristalle an. Dann ist es üblich, von Schmelzkristallisation zu sprechen. Die Begriffe Eutektikum (Lateinisch: wohlgeformt) und Peritektikum (Lateinisch: umhüllt) sollen anhand von Gleichgewichts–Diagrammen näher erklärt werden. Nach [1] können bei binären Gemischen zwei Hauptgruppen unterschieden werden (siehe Abb. 2.2.5):

a) Systeme mit Eutektikum E
b) Systeme mit Mischkristallbildung,

wobei die zuletzt genannten nach Roozeboom [2] nochmals in fünf Untergruppen gegliedert werden:

- Typ I: A und B bilden eine lückenlose Reihe von Mischkristallen (z.B. Anthracen/ Carbazol) [3],
- Typ II: A und B bilden eine lückenlose Reihe von Mischkristallen, jedoch modifiziert durch ein Maximum (z.B. D–Carvoxim/ L–Carvoxim) [4],
- Typ III: A und B bilden eine lückenlose Reihe von Mischkristallen, jedoch modifiziert durch ein Minimum (z.B.m–Chlornitrobenzol / m–Fluornitrobenzol) [5],
- Typ IV: A und B bilden eine Mischkristallreihe, unterbrochen durch ein Peritektikum (z.B. Eikosanol/Hexakosanol) [6],
- Typ V: A und B bilden eine Mischkristallreihe, unterbrochen durch ein Eutektikum (z.B. Azobenzol/Azoxybenzol) [7].

Ein Gemisch mit der Konzentration des Eutektikum kristallisiert bei der Unterschreitung der eutektischen Temperatur unter Bildung von einheitlichen Mischkristallen, d.h. die beiden Mischkristallarten kristallisieren gleichzeitig aus. Bei einer peritektischen Erstarrung kristallisiert zuerst eine Phase, um die dann die andere erstarrt.

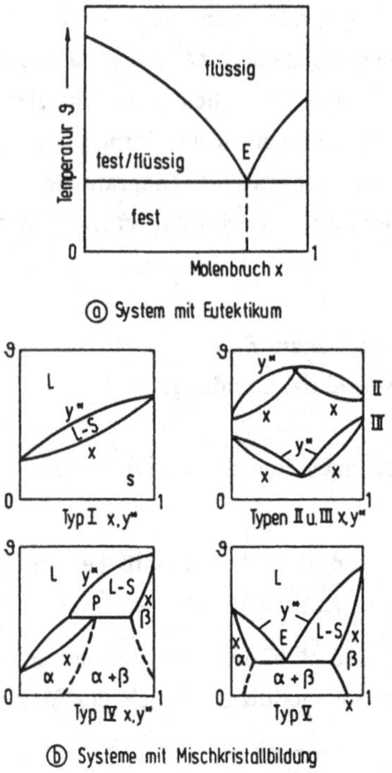

Abb. 2.2.5: Phasendiagramme von binären eutektischen (a) und mischkristallbildenden (b) Systemen; α, β: Kristallmodifikationen; E: Eutektikum; P: Peritektikum

In der Praxis treten überwiegend eutektische Systeme auf, gefolgt von Stoffpaaren mit lückenloser Mischkristallbildung (Typ I). Die Systeme sollen anhand der Abb. 2.2.6 an einigen konkreten Beispielen etwas näher erläutert werden.

Die Übersichtstafel dieses Bildes enthält einige Flüssigkeits–Feststoff–Gleichgewichte. Links im Bild ist jeweils das Schmelzdiagramm abhängig vom Mol– oder Massenanteil dargestellt, während rechts das Gleichgewicht angegeben ist, also der Zusammenhang zwischen der Konzentration y^* in der flüssigen und der Konzentration x in der festen Phase. Die obere Zeile gilt für ein nahezu ideales Gemisch mit vollkommener Löslichkeit, die mittlere Zeile für ein Gemisch mit einer Teillöslichkeit, während das untere Gemisch keinerlei Löslichkeit der Komponenten besitzt. Die links stehenden Löslichkeitsdiagramme enthalten eine Schmelzlinie gemäß der Konzentration y^* und eine Erstarrungslinie entsprechend der Konzentration x.

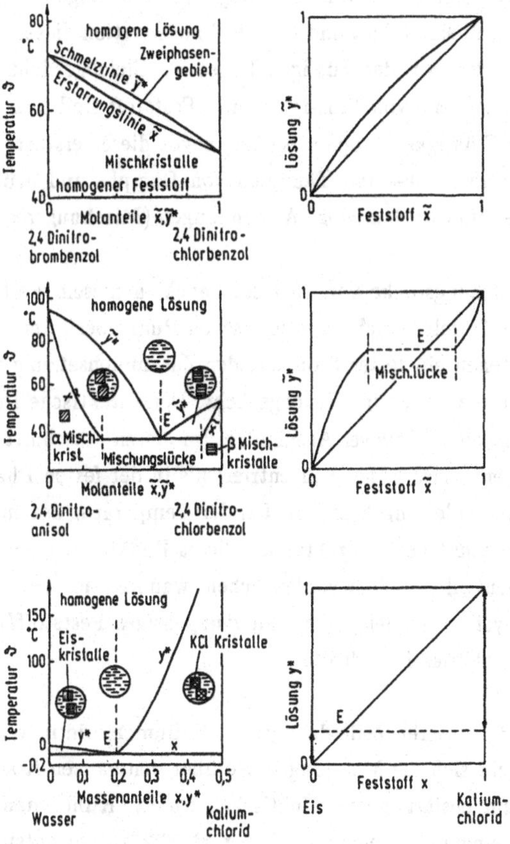

Abb. 2.2.6: Linke Spalte:

Schmelz- und Erstarrungstemperatur abhängig vom Anteil x in der festen und y* in der flüssigen Phase

Rechte Spalte:

Gleichgewichtsdiagramme, in denen der Anteil in der Flüssigkeit abhängig vom Anteil im Feststoff dargestellt ist; obere Zeile: Ideales Verhalten; mittlere Zeile: System mit Mischungslücke; untere Zeile: System mit vollständiger Unlöslichkeit im ganzen Konzentrationsbereich

Da ein im Gleichgewicht befindliches System in beiden Phasen die gleiche Temperatur besitzen muß, kann man zu jedem Wert y* den dazugehörigen Wert x ablesen und dann im rechts stehenden Gleichgewichtsdiagramm darstellen. Kühlt man eine homogene Lösung ab, läßt sich aus dem linken Diagramm z.B. angeben, bei welcher Temperatur der erste Kristall sich bildet und welche Konzentration dieser aufweist. Weiterhin folgt, welche Konzentration der flüssigen Phase im Gleichgewicht mit der Festphase steht, wie groß die Anteile von Flüssigkeit und Feststoff sind und welche Zusammensetzung der letzte Flüssigkeitstropfen besitzt, bevor dieser erstarrt. Diese Diagramme erinnern nicht nur an Siede– und Taulinien von Dampf– und Flüssigkeits–Gleichgewichten, sondern erlaubt auch analoge Anwendungen (Mischungsregel, "Hebelgesetz").

Liegt nun eine Mischungslücke vor, so treten auch in diesem Fall eine Erstarrungs– und Schmelzlinie auf, welche sich im eutektischen Punkt berühren. Bei einer bestimmten Temperatur stehen ein fester Stoff mit der Zusammensetzung x und ein flüssiger mit der Zusammensetzung y^* im Gleichgewicht. Der eutektische Punkt teilt den ganzen Konzentrationsbereich in zwei Abschnitte. Im ersten Abschnitt ist ein bestimmter Stoff in der flüssigen Phase höher konzentriert als in der festen Phase, während es im zweiten Abschnitt gerade umgekehrt ist. Bei der Temperatur des eutektischen Punktes liegt eine Flüssigkeit mit der Konzentration dieses Punktes vor. Die in Abb. 2.2.6 eingezeichneten kleinen Bilder sollen verdeutlichen, wann es sich um ein einphasiges flüssiges oder festes System handelt, wann ein zweiphasiges Feststoff/Flüssigkeit–System vorliegt und ob Mischkristalle auftreten.

Schließlich ist in der unteren Zeile das System Kaliumchlorid in Wasser dargestellt. In diesem Fall erstreckt sich die Mischungslücke über den ganzen Konzentrationsbereich. Auch dieses System besitzt einen eutektischen Punkt. Kühlt man z.B. eine wäßrige KCl–Lösung mit einem Massenanteil kleiner als 0,2 ab, so entstehen unterhalb der Schmelzlinie Kristalle mit $x \approx 0$, also nahezu reine Wasserkristalle. Dieses Verhalten wird z.B. bei der Meerwasserentsalzung durch Ausfrieren ausgenutzt. Das rechts angegebene Gleichgewichtsdiagramm zeigt, daß sich die Mischungslücke über den ganzen Konzentrationsbereich erstreckt. Bezüglich der thermischen Trennung ist zu bemerken, daß bei einem eutektischen System zwar jeweils nur eine Komponente rein ausfällt, bei Systemen mit lückenloser Mischkristallbildung aber grundsätzlich beide Komponenten rein zu erhalten sind.

Handelt es sich um ein eutektisches Gemisch, kann zu beiden Seiten des eutektischen Punktes (vgl. Abb. 2.2.5) jeweils eine Komponente in einer einzigen theoretischen Trennstufe rein gewonnen werden.

Beispiel 2.2-1: Stoffbilanzen mit einem Löslichkeitsdiagramm

10 000 kg Na_2CO_3–H_2O Lösung mit einem Massenanteil an Na_2CO_3 von 0,3 werden von 90 °C auf 20 °C langsam abgekühlt. Während der Kristallisation gehen 3% des Lösungsmittels durch Verdunstung verloren.

a) Zeichnen Sie den Prozeß in das Temperatur–Löslichkeitsdiagramm ein.

b) Bei welcher Temperatur beginnt der Kristallisationsvorgang und in welcher Form fällt das Natriumcarbonat aus?

c) Welche Kristallmasse fällt bei dem Prozeß an?

$$\tilde{M}_{Na_2CO_3} = \tilde{M}_{anh} = 106 \text{ kg/kmol} \; ; \quad \tilde{M}_{H_2O} = \tilde{M}_r = 18 \text{ kg/kmol}$$

Lösung:

a) $y_\alpha = 0{,}3$ kg Salz/kg Lösung

Umrechnung in Beladung: $Y = \dfrac{y}{1 - y}$

$$Y_\alpha = \frac{0{,}3}{1 - 0{,}3} = 0{,}43 \text{ kg Salz/kg } H_2O$$

Der Kristallisationsvorgang verläuft entlang der Strecke 1–2–3.

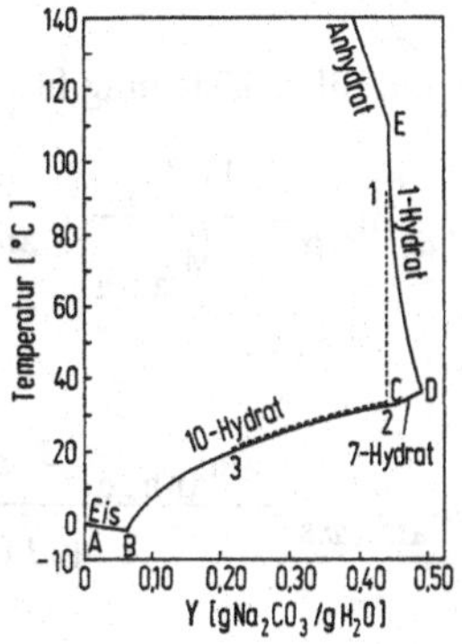

Abb. 2.2.7: Löslichkeitsdiagramm des Stoffsystems Na_2CO_3–H_2O

b) Der Kristallisationsvorgang beginnt bei ca. 30 °C. Es entsteht das Decahydrat des Na_2CO_3.

c) Massen- und Stoffbilanz:

Vor der Kristallisation ($t = t_\alpha$):

Gesamtmasse: $m_{L,\alpha} = 10^4$ kg

Masse Lösungsmittel: $m_{r,\alpha} = (1 - y_\alpha)\, m_{L,\alpha} = 0{,}7 \cdot 10^4$ kg

Masse Feststoff: $m_{anh,\alpha} = y_\alpha \cdot m_{L,\alpha} = 0{,}3 \cdot 10^4$ kg

Nach der Kristallisation ($t = t_\omega$):

Sättigungsbeladung bei 20 °C: $Y_\omega = 0{,}22$ kg Anh./kg Wasser (Abb. 2.2.7)

Gesamtmasse: $m_{L,\omega} = m_{L,\alpha} = 10^4$ kg

Stoffbilanz für Lösungsmittel(r):

- in der Lösung $m_{r,\omega,L} = m_{r,\alpha} - m_{r,\omega,s} - m_{r,\omega,v}$
- als Kristallwasser $m_{r,\omega,s} = 10 \cdot \tilde{M}_r / \tilde{M}_{anh} \cdot m_{anh,\omega,s}$
- verdampft $m_{r,\omega,v} = v \cdot m_{r,\alpha} = 210$ kg mit $v = 0{,}03$

Stoffbilanz für Anhydrat (anh):

- als Kristallisat $m_{anh,\omega,s} = m_{anh,\alpha} - m_{anh,\omega,l}$
- in der Lösung $m_{anh,\omega,L} = Y_\omega \cdot m_{r,\omega,L}$

Einsetzen aller Größen in die Bilanzgleichung für Anhydrat ergibt:

$$m_{anh,\omega,s} = m_{anh,\alpha} - Y_\omega \left[m_{r,\alpha} - \frac{10\,\tilde{M}_r}{\tilde{M}_{anh}} \cdot m_{anh,\omega,s} - v \cdot m_{r,\alpha} \right]$$

Auflösen nach $m_{anh,\omega,s}$:

Masse Anhydrat: $$m_{anh,\omega,s} = \frac{m_{anh,\alpha} - m_{r,\alpha}\, Y_\omega (1 - v)}{1 + 10\tilde{M}_r / \tilde{M}_{anh} \cdot Y_\omega} = \underline{1096} \text{ kg}$$

Masse Hydrat: $$m_{hyd,\omega,s} = m_{anh,\omega,s} + m_{r,\omega,s}$$

$$= m_{anh,\omega,s}(1 + 10\tilde{M}_r / \tilde{M}_{anh})$$

$$= 1096(1 + 1{,}69) = \underline{2957} \text{ kg}$$

2.2.3 Enthalpie–Konzentrations–Diagramm (Lösungs– und Kristallisationswärme)

Kristallisationsvorgänge in Zweistoffsystemen lassen sich vorteilhaft in Enthalpie-Konzentrations–Diagrammen darstellen, in welchen die molare Enthalpie $\tilde{h}$ oder die spezifische Enthalpie h eines Gemisches über dem Molen– bzw. Massenbruch aufgetragen wird. Der Vorteil solcher Diagramme besteht darin, daß sich Massen–, Stoff– und Energiebilanzen bequem ohne größeren Rechenaufwand formulieren und lösen lassen. Handelt es sich um ideale Gemische, also Gemische ohne positive oder negative Mischungswärmen, lassen sich Isothermen dadurch einzeichnen, daß die Enthalpien der reinen Stoffe bei $x = 0$ und $x = 1$ bei derselben Temperatur miteinander verbunden werden.

Viele wässrige Systeme zeigen ein stark reales Verhalten. Als Beispiel sind in Abb. 2.2.8 oben das Temperatur–Konzentrations–Diagramm für das System Magnesiumsulfat–Wasser dargestellt und unten das Enthalpie–Konzentrations–Diagramm.

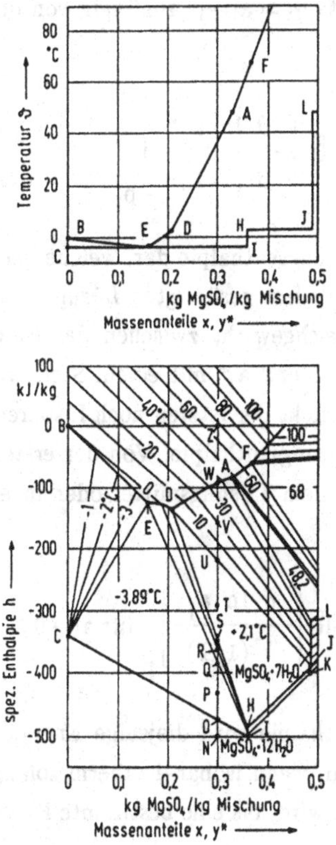

Abb. 2.2.8: Löslichkeits- und Enthalpie-Konzentrations-Diagramm einer wässrigen Magnesiumsulfatlösung.

Die Linie EB ist die Schmelzlinie und die Gerade EC die Erstarrungslinie (oder Solidus–Linie) im Bereich bis zur Konzentration des eutektischen Punktes E. Die Schmelzlinie verschiedener Hydrate setzt sich vom Punkt E aus über EDF fort. Im Feld EBC stehen festes Wasser (Eis) und Magnesiumsulfatlösungen miteinander im Gleichgewicht. Das isotherme Dreieck ECI von –3.89 ^{0}C kennzeichnet ein Dreiphasensystem mit Magnesiumsulfatlösung der Zusammensetzung E mit darin befindlichem festen Wasser (Eis) sowie Magnesiumsulfatkristallen, welche auf ein Molekül $MgSO_4$ zwölf Moleküle Wasser enthalten. Das Dreieck DHJ repräsentiert ebenfalls ein Dreiphasensystem, nämlich festes $MgSO_4 \cdot 12H_2O$ und $MgSO_4 \cdot 7H_2O$ und gesättigte Magnesiumsulfatlösung mit einem Massenanteil von $y^* = 0.21$. Die Flächen EDHI und DJLA enthalten Zweiphasensysteme, in welchen sich $MgSO_4 \cdot 12H_2O$ bzw. $MgSO_4 \cdot 7H_2O$ – Kristalle in gesättigten Lösungen befinden. Weitere Angaben finden sich in [8]. Der Wärmeeffekt beim Auflösen eines Feststoffes i in Flüssigkeiten oder auch beim Auskristallisieren eines Stoffes i aus Lösungen läßt sich berechnen, wenn die Aktivität a_i oder der Aktivitätskoeffizient $\gamma_i = a_i/\tilde{y}_i$ abhängig von der Temperatur bekannt ist. Die Größe

$$\Delta\tilde{h}_i^* = -\tilde{R}\left[\frac{\partial \ln a_i^*}{\partial (1/T)}\right]_p \qquad (2.2.1)$$

stellt die molare Phasenänderungsenthalpie dar, welche den Wärmeeffekt beim Auflösen dieses Feststoffes i in einer fast gesättigten Lösung beschreibt. In solchen Lösungen herrscht angenähert Gleichgewicht zwischen der festen und der fluiden Phase. Deshalb sind die Größen $\Delta\tilde{h}_i^*$ und a_i^* mit einem Stern versehen. Da es sich bei der Größe $\Delta\tilde{h}_i^*$ um den Wärmeeffekt der letzten noch lösbaren Moleküle handelt, spricht man auch von der letzten Lösungsenthalpie. Von der ersten Lösungsenthalpie spricht man, wenn ein Stoff i in reinem Lösungsmittel oder in einer unendlich verdünnten Lösung aufgelöst wird:

$$\Delta\tilde{h}_i^\infty = -\tilde{R}\left[\frac{\partial \ln a_i}{\partial (1/T)}\right]_p \quad \text{für } a_i \to 0 \qquad (2.2.2)$$

Unter der ganzen Lösungsenthalpie wird diejenige Energie verstanden, welche freigesetzt oder aufgenommen wird, wenn isobar–isotherm solange gelöster Stoff einem reinen Lösungsmittel zugegeben wird, bis eine bestimmte Konzentration erreicht wird.

In jedem Fall setzt sich die Lösungsenthalpie aus zwei Anteilen zusammen, nämlich der endothermen Schmelzenthalpie und der exothermen Hydratationsenthalpie. Je nachdem, welcher Anteil überwiegt, kann die Lösungsenthalpie größer oder kleiner null sein, wie z.B. aus Tab. 2.2.3 ersichtlich ist. Wenn man $Al_2(SO_4)_3$ in Wasser auflöst, wird die Lösung warm; bei der Auflösung von $Na_2SO_4 \cdot 10H_2O$ hingegen wird sie kalt.

Tab. 2.2.3: Lösungsenthalpie von Salzen

Salz	$\Delta\tilde{h}^{\infty}_{SL}$ in kJ/mol (Lösungsenthalpie)
$Al_2(SO_4)_3$	− 500
Na_2SO_4	− 1.18
NaCl	+ 5.0
$Na_2SO_4 \cdot 10H_2O$	+ 78

Handelt es sich um ideale Gemische, ist $a_i = y_i$ oder $\gamma_i = 1$. Gl. (2.2.1) geht dann über in

$$\Delta\tilde{h}_i^* = -\tilde{R}\left[\frac{\partial \ln \tilde{y}_i^*}{\partial (1/T)}\right]_p . \qquad (2.2.3)$$

In diesem Fall ist die Lösungsenthalpie gleich der Schmelzenthalpie des reinen Stoffes, vgl. Kap.2.5.

2.2.4 Keimbildung und metastabiler Bereich

Kristalle entstehen dann, wenn zunächst Keime gebildet werden und diese anschließend wachsen. Die kinetischen Vorgänge Keimbildung und Kristallwachstum setzen eine Übersättigung voraus, welche grundsätzlich durch eine Temperaturänderung (Kühlen bei positiver Steigung $dc^*/d\vartheta$ oder Heizen bei negativer Steigung der Löslichkeitskurve), den Entzug von Lösungsmittel (meistens durch Verdampfen) oder durch die Zugabe eines Verdrängungsmittels oder von Reaktionspartnern erzielt werden kann. Das System ist dann über Keimbildung und Wachstum der Keime bestrebt, das thermodynamische Gleichgewicht einzustellen. Befinden sich in einer Lösung weder feste Fremdpartikel noch arteigene Kristalle, können Keime nur durch homogene Keimbildung entstehen. In Anwesenheit von Fremdstoffteilchen wird die Keimbildung erleichtert. Hierbei spricht man von heterogener Keimbildung. Sowohl die homogene wie auch heterogene Keimbildung finden in Abwesenheit arteigener Kristalle statt und werden unter dem Oberbegriff "Primäre Keimbildung" zusammengefaßt. Sie tritt nur auf, wenn eine gewisse Übersättigung, die metastabile Übersättigung $\Delta c_{met,hom}$, im System überschritten wird. Nun ist aber gerade in halbtechnischen und industriellen Kristallisatoren immer wieder beobachtet worden, daß schon bei sehr kleinen Übersättigungen $\Delta c < \Delta c_{met,hom}$ Keime dann auftreten, wenn arteigene Kristalle in Form z.B. von Abriebsteilchen oder zugegebenen Impfkristallen vorliegen. Solche Keime werden als sekundäre Keime bezeichnet. Hierauf wird in Kap. 2.4.4 eingegangen. Abb. 2.2.9 zeigt die Übersättigung abhängig von der Löslichkeit für verschiedene Keimbildungsarten [9, 10].

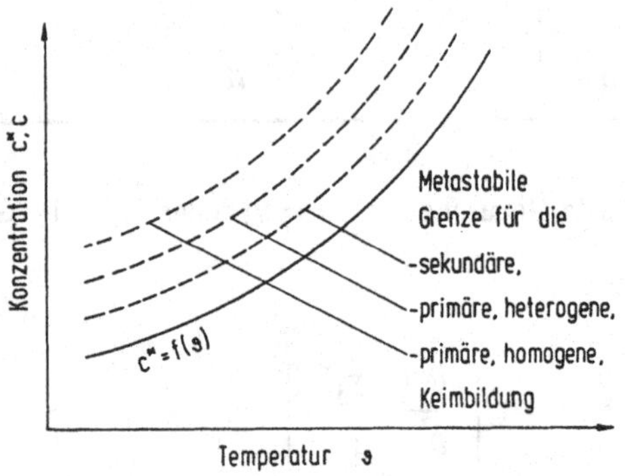

Abb. 2.2.9: Metastabile Übersättigung abhängig von der Löslichkeit für verschiedene Keimbildungsarten.

a) Homogene Keimbildung

Nach der klassischen Keimbildungstheorie entstehen Keime durch sukzessive Aneinanderlagerung von Elementarbausteinen A nach dem Bildungsschema

$$A_1 + A = A_2; \quad A_2 + A = A_3; \; \dots \; ; \quad A_n + A \underset{k_Z}{\overset{k_A}{\rightleftarrows}} A_{n+1} \; . \qquad (2.2.4)$$

Hierin ist die Größe k_A die Geschwindigkeitskonstante der Anlagerung und k_Z diejenige des Zerfalls. Da es sich bei der Anlagerung um einen stochastischen Vorgang handelt, können sich bei einer hinreichend großen Übersättigung immer mehr Elementarbauteile anlagern und somit immer größere Keime, sog. Cluster, entstehen. Die Änderung der positiven freien Oberflächenenthalpie $\Delta\tilde{g}_A$ nimmt mit der Grenzflächenspannung γ_{CL} zwischen der festen Kristalloberfläche und der umgebenden Lösung sowie mit der Oberfläche des Keimes zu. Sie ist dem System zuzuführen und deshalb positiv. Dagegen wird die Änderung der freien Volumenenthalpie $\Delta\tilde{g}_V$ bei der Festphasenbildung freigesetzt und ist negativ.

Die Änderung der freien Volumenenthalpie ist dem Volumen des Keimes proportional und ist umso größer, je größer die Energie $\tilde{R}T \cdot \ln(a/a^*)$ oder in idealen Systemen $\tilde{R}T \cdot \ln(c/c^*)$ bei der Verdünnung der Elementarbausteine von der Konzentration c auf die kleinere Konzentration $c^* = c - \Delta c$ ist.

Die freien Enthalpien $\Delta\tilde{g}_A$ und $\Delta\tilde{g}_V$ sowie die Gesamtenthalpie $\Delta\tilde{g} = \Delta\tilde{g}_A + \Delta\tilde{g}_V$ in Abhängigkeit von der Keimgröße sind in Abb. 2.2.10 aufgetragen. Somit erhält man mit der Keimoberfläche A_K und dem Keimvolumen V_K:

$$\Delta\tilde{g} = \Delta\tilde{g}_A + \Delta\tilde{g}_V = A_K \gamma_{CL} - V_K \frac{\rho_c}{\tilde{M}} \tilde{R}T \ln \frac{c}{c^*} \quad . \tag{2.2.5}$$

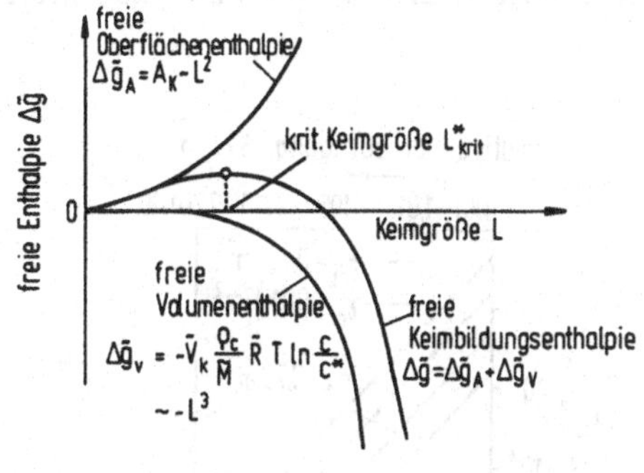

Abb. 2.2.10: Freie Enthalpie $\Delta\tilde{g}$ in Abhängigkeit von der Keimgröße L.

Die Änderung der Gesamtenthalpie $\Delta\tilde{g}$ abhängig von der Keimgröße L durchläuft ein Maximum. Ein thermodynamisch stabiler Keim liegt dann vor, wenn sich die Gesamtenthalpie $\Delta\tilde{g}$ weder bei einem Anlagern noch beim Entfernen von Elementarbausteinen ändert, also

$$\frac{\partial \Delta\tilde{g}}{\partial L} = 0 \tag{2.2.6}$$

ist.

Bei solchen Keimen ist die Geschwindigkeitskonstante k_A der Anlagerung so groß wie diejenige des Zerfalls k_Z. Es liegt also weder ein Wachsen noch ein Auflösen vor. Die beiden letzten Gleichungen liefern dann folgende Beziehung für den kritischen Keimdurchmesser L^*_{krit}, wenn es sich um kugelige Keime handelt:

$$L^*_{krit} = \frac{4\,\gamma_{CL}\tilde{M}}{\tilde{R}T\,\rho_c\,\ln\left[\frac{c}{c^*}\right]} = \frac{4\,\gamma_{CL}\,\tilde{M}}{\tilde{R}T\,\rho_c\,\ln\left[1+\frac{\Delta c}{c^*}\right]}\,, \quad (2.2.7)$$

oder mit dem Moleküldurchmesser $d_m = \sqrt[3]{\frac{\tilde{M}}{N_A\rho_c}}$ und (2.2.8)

der relativen Übersättigung $\sigma \equiv \frac{\Delta c}{c^*}$, sowie $S \equiv 1 + \sigma$:

$$\frac{L^*_{krit}}{d_m} = \frac{4\,d_m^2\,\gamma_{CL}}{kT\,\ln S}\,. \quad (2.2.9)$$

In Abb. 2.2.11 ist das Verhältnis L^*_{krit}/d_m abhängig von der Übersättigung für zwei verschiedene Moleküldurchmesser d_m und zwei verschiedenen Grenzflächenspannungen für 20 °C dargestellt.

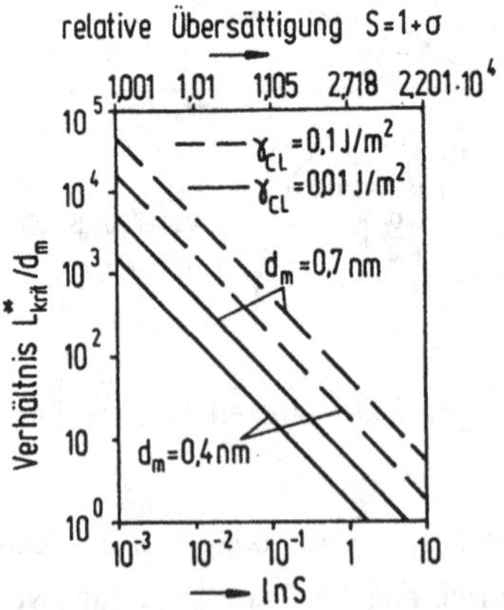

Abb. 2.2.11: Verhältnis L^*_{krit}/d_m abhängig vom natürlichen Logarithmus der Übersättigung S für verschiedene Grenzflächenspannungen und Moleküldurchmesser

Da die freie Enthalpie $\Delta\tilde{g}$ für Keimgrößen $L > L^*_{krit}$ mit der Keimgröße abnimmt, läuft die Anlagerungsreaktion aufgrund der Gesetzmäßigkeiten für gestörte Gleichgewichte von allein ab, d.h. der Keim kann weiter wachsen. Im Bereich $L < L^*_{krit}$ nimmt dagegen die Änderung der freien Enthalpie mit steigender Keimgröße zu. Dies bedeutet, daß die Geschwindigkeitskonstante des Zerfalls größer ist als die des Wachsens; der Keim löst sich auf.

Zur Berechnung der Rate der primären homogenen Keimbildung multipliziert man einen Stoßfaktor s, der die Anzahl der pro Flächen– und Zeiteinheit auftreffenden Moleküle angibt, mit der Gesamtoberfläche der im Volumen V enthaltenen Cluster n_c. Die Gesamtoberfläche aller kritischen Cluster berechnet sich aus der Zahl n_c dieser Cluster im Volumen V und der Oberfläche A_c eines solchen Clusters. Die Keimbildungsrate $B_{o,hom}$ beträgt dann:

$$B_{o,hom} = s \cdot A_c \cdot \frac{n_c}{V} \cdot Z \ . \tag{2.2.10}$$

Der Ungleichgewichtsfaktor Z berücksichtigt, daß der Clusterverteilung immer die gerade überkritisch gewordenen Cluster entnommen werden, so daß die einzelnen Größenklassen der Cluster sich im dynamischen Gleichgewicht befinden. Nach Becker und Döring [11] beträgt die Größe Z:

$$Z = \sqrt{\frac{\Delta \tilde{g}_c}{3\pi \cdot kT \cdot i_c^2}} \ . \tag{2.2.11}$$

Hierin ist die Größe $\Delta \tilde{g}_c$ die freie Keimbildungsenthalpie eines kritischen Clusters aus i_c Elementarbausteinen. Nach Volmer und Weber [12] ergibt sich die freie Keimbildungsenthalpie zu:

$$\Delta \tilde{g}_c = \frac{1}{3} A_c \cdot \gamma_{CL} \ . \tag{2.2.12}$$

Man nimmt nun an, daß die Clusterverteilung n_i/V durch zufällige Molekülzusammenstöße hervorgerufen wird und sich durch eine Boltzmann–Verteilung beschreiben läßt. Dann ergibt sich:

$$\frac{n_i}{V} = \frac{n_S}{V} \exp\left[-\frac{\Delta \tilde{g}_i}{kT}\right] , \tag{2.2.13}$$

oder für den kritischen Cluster:

$$\frac{n_c}{V} = \frac{n_S}{V} \exp\left[-\frac{\Delta\tilde{g}_c}{kT}\right] . \qquad (2.2.14)$$

Unter Berücksichtigung von $\Delta\tilde{g}_c = 1/3 \cdot A_c \cdot \gamma_{CL}$ und der Gl. (2.2.7) für den kritischen Clusterdurchmesser

$$L_c^* = \pi \cdot \sqrt{A_c} \qquad \text{(Gl. 2.2.7)}$$

erhält man dann:

$$\frac{n_c}{V} = \frac{n_S}{V} \exp\left[-\frac{16\,\pi}{3}\left[\frac{\gamma_{CL}}{kT}\right]^3 \cdot \left[\frac{\tilde{M}}{N_A \rho_c}\right]^2 \frac{1}{(\ln S)^2}\right] . \qquad (2.2.15)$$

Die Zahl i_c der Elementarbausteine eines Cluster ergibt sich mit dem Clusterdurchmesser L_c zu:

$$i_c = \frac{\pi}{6} L_c^3 \frac{\rho_c N_A}{\tilde{M}} . \qquad (2.2.16)$$

Eine Kombination der Gl. (2.2.10) und (2.2.15) liefert schließlich:

$$B_{o,hom} = 2 \cdot s \cdot (c \cdot N_a) \cdot \sqrt{\frac{\gamma_{CL}}{kT} \cdot \left[\frac{\tilde{M}}{\rho_c N_A}\right]}$$

$$\cdot \exp\left[-\frac{16\,\pi}{3}\left[\frac{\gamma_{CL}}{kT}\right]^3 \cdot \left[\frac{\tilde{M}}{N_A \rho_c}\right]^2 \frac{1}{(\ln S)^2}\right] . \qquad (2.2.17)$$

Der Stoßfaktor s beträgt nach Kind [13] mit dem Diffusionskoeffizient D_{AB}:

$$s = \frac{3}{4} (c \cdot N_A)^{4/3} \cdot D_{AB} . \qquad (2.2.18)$$

Dann erhält man schließlich:

$$B_{o,hom} = 1{,}5 \cdot D_{AB} \cdot (c \cdot N_A)^{7/3} \sqrt{\frac{\gamma_{SL}}{kT} \cdot \left[\frac{\tilde{M}}{\rho_c N_A}\right]}$$

$$\cdot \exp\left[-\frac{16\,\pi}{3}\left[\frac{\gamma_{CL}}{kT}\right]^3 \cdot \left[\frac{\tilde{M}}{N_A \rho_c}\right]^2 \frac{1}{(\ln S)^2}\right] \qquad (2.2.19)$$

oder

$$\phi = \exp\left[-\frac{\Gamma}{(\ln S)^2}\right] \quad \text{mit} \qquad (2.2.20)$$

$$\phi = \frac{B_{o,hom}}{1{,}5 \cdot D_{AB} \cdot (c \cdot N_A)^{7/3} \sqrt{\frac{\gamma_{CL}}{kT} \cdot \left[\frac{\tilde{M}}{\rho_c N_A}\right]}} \qquad (2.2.21)$$

$$\Gamma = \frac{16\,\pi}{3}\left[\frac{\gamma_{CL}}{kT}\right]^3 \cdot \left[\frac{\tilde{M}}{N_A \rho_c}\right]^2 . \qquad (2.2.22)$$

In Abb. 2.2.12a ist diese Beziehung dargestellt, wobei der Arbeitsbereich angegeben ist, welcher mit Rücksicht auf die Stoffwerte und die in Kristallisatoren auftretenden Keimbildungsraten (siehe Kap. 2.4.5) technisch interessant ist.

Je nach Grenzflächenspannung γ_{CL}, Moleküldurchmesser $d_m = (\tilde{M}/N_A \rho_c)^{1/3}$ und Temperatur muß eine bestimmte Übersättigung $\Delta c_{met,hom}$ erreicht werden, um homogene Keime zu erzeugen. Diese Übersättigung $\Delta c_{met,hom}$ wird als Weite des metastabilen Bereichs bei homogener Keimbildung bezeichnet. Im Bereich $0 < \Delta c < \Delta c_{met,hom}$ entstehen keine homogenen Keime, obwohl Kristalle bei $\Delta c > 0$ wachsen. Die Kurve $(c^* + \Delta c_{met,hom})$ als Funktion der Temperatur ϑ wird als Überlöslichkeitskurve bezeichnet; sie hängt sowohl von Stoffwerten wie auch grundsätzlich von der Konzentration c ab.

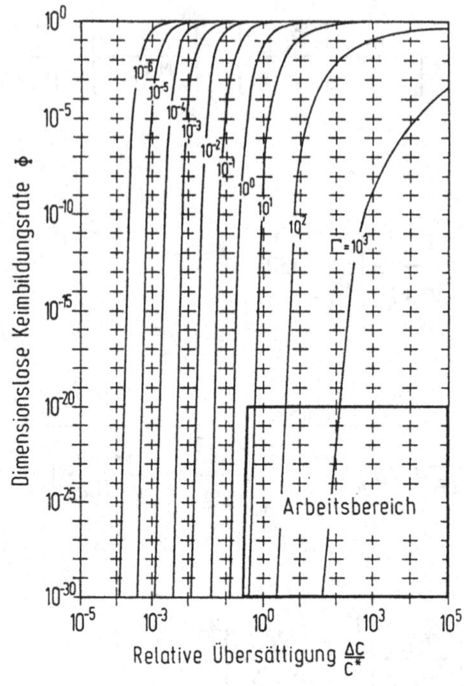

Abb. 2.2.12a: Dimensionslose primäre Keimbildungsrate in Abhängigkeit von der relativen Übersättigung für verschiedene Stoffwert-Kennzahlen Γ.

Mit der Beziehung [10]

$$\gamma_{CL} = 0.414\,kT \left[\rho_c \frac{N_A}{\tilde{M}}\right]^{2/3} \cdot \ln \left[\frac{c_c}{c^*}\right] \qquad (2.2.23)$$

läßt sich die metastabile Übersättigung $\Delta c_{met,hom}$ für vorgegebene Keimbildungsraten aus Gl. (2.2.19) berechnen. Abb. 2.2.12b zeigt diese Übersättigung abhängig von der Löslichkeit c* für beliebige Stoffsysteme, wobei c* auf die molare Kristalldichte c_c bezogen ist.

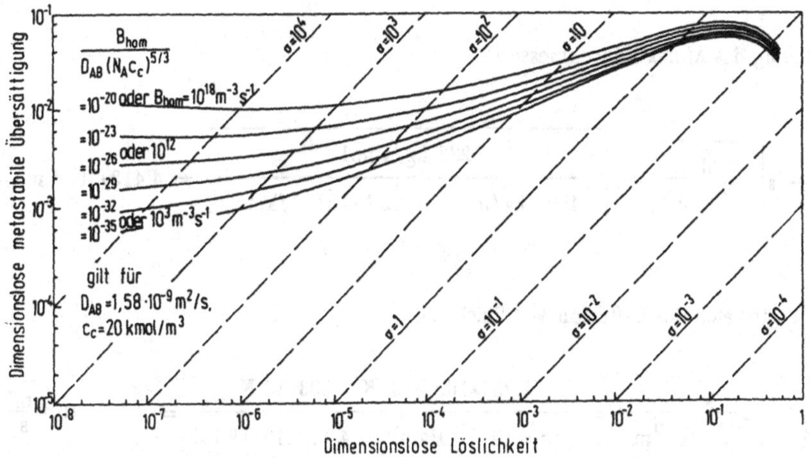

Abb. 2.2.12b: Abhängigkeit der dimensionslosen Übersättigung $\Delta c_{met}/c_C$ von der dimensionslosen Löslichkeit c^*/c_C

Beispiel 2.2-2: Homogene Keimbildung

Es soll für die Fällungskristallisation von $BaSO_4$ aus wässriger Lösung die Rate der homogenen Keimbildung nach Gl. (2.2.19) für einen Übersättigungswert von $S = 2000$ berechnet werden. Es sind folgende Größen gegeben:

Temperatur:	$\vartheta = 30$ °C
dynamische Viskosität der Lösung:	$\eta_L = 10^{-3}$ Pa s
Molmasse von $BaSO_4$:	$\tilde{M} = 233$ kg/kmol
Dichte von $BaSO_4$:	$\rho_C = 4502$ kg/m^3
Löslichkeit von $BaSO_4$ bei 30 °C:	$c^* = 1{,}2\cdot10^{-5}$ kmol/m^3

Der Diffusionskoeffizient D_{AB} läßt sich nach Nernst-Einstein zu

$$D_{AB} = \frac{k\ T}{2\ \pi\ \eta_L\ d_m}$$

berechnen, wobei der Moleküldurchmesser aus Gl. (2.2.8) abgeschätzt werden kann.

Lösung:

Berechnung des Moleküldurchmessers:

$$d_m = \sqrt[3]{\frac{\tilde{M}}{N_A \rho_c}} = \sqrt[3]{\frac{233\ \text{kg/kmol}}{4502\ \text{kg/m}^3 \cdot 6{,}022 \cdot 10^{26}\ \text{1/kmol}}} = 4{,}413 \cdot 10^{-10}\ \text{m}$$

Damit ergibt sich der Diffusionskoeffizient zu:

$$D_{AB} = \frac{k\ T}{2\ \pi\ \eta_L\ d_m} = \frac{1{,}381 \cdot 10^{-23}\ \text{J/K} \cdot 303{,}15\ \text{K}}{2\pi \cdot 10^{-3}\ (\text{Pa s}) \cdot 4{,}413 \cdot 10^{-10}\ \text{m}} = 1{,}509 \cdot 10^{-9}\ \frac{\text{m}^2}{\text{s}}$$

Berechnung der Grenzflächenspannung aus Gl. (2.2.23):

$$\gamma_{CL} = 0{,}414\ kT \left[\frac{\rho_c\ N_A}{\tilde{M}}\right]^{2/3} \ln\left[\frac{\rho_c}{\tilde{M}\ c^*}\right]$$

$$= 0{,}414 \cdot 1{,}381 \cdot 10^{-23}\ \text{J/K} \cdot 303{,}15\ \text{K}$$

$$\cdot \left[\frac{4502\ \text{kg/m}^3 \cdot 6{,}022 \cdot 10^{26}\ \text{1/kmol}}{233\ \text{kg/kmol}}\right]^{2/3}$$

$$\cdot \ln\left[\frac{4502\ \text{kg/m}^3}{233\ \text{kg/kmol} \cdot 1{,}2 \cdot 10^{-5}\ \text{kmol/m}^3}\right]$$

$$\Rightarrow \quad \gamma_{CL} = 0{,}127\ \text{J/m}^2$$

Mit $c = S \cdot c^*$ und $(\tilde{M}/\rho_c N_A) = d_m^{\ 3}$ kann Gl. (2.2.19) auch folgendermaßen umgeschrieben werden:

$$B_{o,hom} = 1{,}5 \cdot D_{AB} \cdot (S \cdot c^* \cdot N_A)^{7/3} \sqrt{\frac{\gamma_{CL}}{kT}} \cdot d_m^{\ 3}$$

$$\cdot \exp\left[-\frac{16\ \pi}{3}\left[\frac{\gamma_{CL}}{kT}\right]^3 \cdot d_m^{\ 6} \cdot \frac{1}{(\ln S)^2}\right]$$

Die Rate der homogenen Keimbildung ist dann:

$$B_{o,hom} = 1{,}5 \cdot 1{,}509 \cdot 10^{-9} \frac{m^2}{s}$$

$$\cdot \left[2000 \cdot 1{,}2 \cdot 10^{-5} \frac{kmol}{m^3} \cdot 6{,}022 \cdot 10^{26} \frac{1}{kmol} \right]^{7/3}$$

$$\cdot \left[\frac{0{,}127 \;\; J/m^2}{1{,}381 \cdot 10^{-23} \;\; J/K \;\cdot\; 303{,}15 \;\; K} \right]^{1/2} \cdot (4{,}413 \cdot 10^{-10} \; m)^3$$

$$\cdot \exp \left(-\frac{16\pi}{3} \cdot \left[\frac{0{,}127 \;\; J/m^2}{1{,}381 \cdot 10^{-23} \;\; J/K \;\cdot\; 303{,}15 \;\; K} \right]^3 \cdot (4{,}413 \cdot 10^{-10} \; m)^6 \cdot \frac{1}{(\ln 2000)^2} \right)$$

$$\Rightarrow \; B_{o,hom} = 5{,}85 \cdot 10^5 \frac{1}{m^3 s} .$$

Dieser Wert kann auch aus Abb. 2.2.12b für $c^*/c_C = 6{,}22 \cdot 10^{-7}$ und $S \approx \sigma = 2000$ abgelesen werden.

b) Heterogene Keimbildung

Im Unterkapitel a) wurde angenommen, daß durch Zusammenstöße von Elementarbausteinen Cluster unterschiedlicher Größe entstehen und daß das Entstehen von Keimen dadurch zustande kommt, daß Cluster oberhalb der kritischen Keimgröße L^*_{krit} zu Kristallen weiter wachsen können. Dabei wird die Ausgangslösung als vollkommen sauber, also frei von Feststoffteilchen, angenommen. Diese Voraussetzung ist bei technischen Lösungen im allgemeinen nicht erfüllt. Wie wirken sich nun kleine Fremdpartikel (wie z.B. Rost, Sand etc.) auf die Keimbildung aus? Dies soll anhand der Abb. 2.2.13 erläutert werden, in welcher oben ein in einer übersättigten Lösung befindliches Fremdpartikel dargestellt ist.

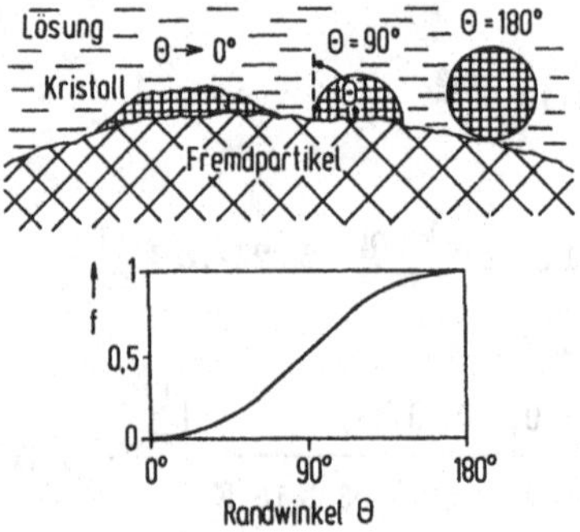

Abb. 2.2.13: Keimbildung auf einem Fremdpartikel für verschiedene Randwinkel θ (oben); Faktor f abhängig vom Randwinkel θ (unten).

Abhängig von der Oberflächen– und Gitterstruktur dieses Körpers und der Übersättigung der Lösung können darauf Elementarbausteine aufwachsen, wobei sich zwischen der Fremdpartikeloberfläche und dem aufwachsenden Kristall der Randwinkel θ ausbildet. Je nach "Benetzung" des Fremdpartikels durch Elementarbausteine liegt dieser Winkel zwischen 0^0 und 180^0. Ein Randwinkel von 180^0 (Punktberührung) entspricht der Unbenetzbarkeit und damit der homogenen Keimbildung. Wenn der Winkel θ zwischen 0^0 und 180^0 liegt, wird die Keimbildungsarbeit durch die benetzende Fremdstoffoberfläche herabgesetzt, was sich in Gl. (2.2.24) durch den Faktor f berücksichtigen läßt. In Abb. 2.2.13 ist der Faktor f abhängig vom Randwinkel θ nach Vorstellungen aufgetragen, wie sie von Volmer [14] entwickelt wurden:

$$\Delta \tilde{g}_{c,het} = f \cdot \Delta \tilde{g}_c = f \cdot \frac{A_c}{3} \gamma_{CL} \quad . \tag{2.2.24}$$

Im Falle $\theta \to 0$ wird das Partikel vollständig benetzt, und sowohl die Keimbildungsarbeit wie auch die für die Entstehung von heterogenen Keimen notwendige Übersättigung gehen gegen Null. Die Übersättigung $\Delta c_{met,het}$, welche in Anwesenheit von Fremdstoffteilchen diese als Keime wachsen läßt und damit die Keimbildung auslöst, wird als metastabiler Bereich bei heterogener Keimbildung bezeichnet. Es gilt:

$$\Delta c_{met,\,het} < \Delta c_{met,\,hom} \quad . \tag{2.2.25}$$

Der Faktor f in Gl. (2.2.24) hängt von Zahl, Größe und Art der Fremdstoffteilchen ab und ist der Vorausberechnung nicht zugänglich. Der Sonderfall $\theta \to 0^0$ könnte auch vorliegen, wenn sich auf arteigenen Kristallen mit "sauberer" Kristalloberfläche und vollständiger Benetzung durch Elementarbausteine Cluster bilden; werden solche Cluster mechanisch entfernt und sind sie größer als die kritische Keimgröße, können sie zur Keimbildung beitragen.

Auf das Problem der Keimbildung in Anwesenheit arteigener Kristalle wird in Kap. 2.4.3 "Kornzahlbilanz" näher eingegangen.

2.2.5 Kristallwachstum

Nach der alten Modellvorstellung von Berthoud und Valeton [15, 16] wächst eine Kristalloberfläche so, daß in einer übersättigten Lösung (oder allgemein in einem übersättigten Fluid) aufgrund der Übersättigung Δc als Triebkraft, Elementarbausteine (Atome, Moleküle, Ionen) zunächst durch Diffusion und Konvektion herantransportiert und diese dann durch Integration oder eine Einbaureaktion an der Oberfläche des Kristalls eingebaut werden. Je nach Stoffsystem, Strömungszustand und Übersättigung, kann der erste oder der zweite Schritt den Gesamtprozeß bestimmen, oder es können auch beide Schritte im unterschiedlichen Maße das Wachstum kontrollieren. Dies soll anhand von Abb. 2.2.14 erläutert werden, in welcher eine Kristalloberfläche und eine daran angrenzende Lösung mit Konzentrationsprofilen dargestellt sind.

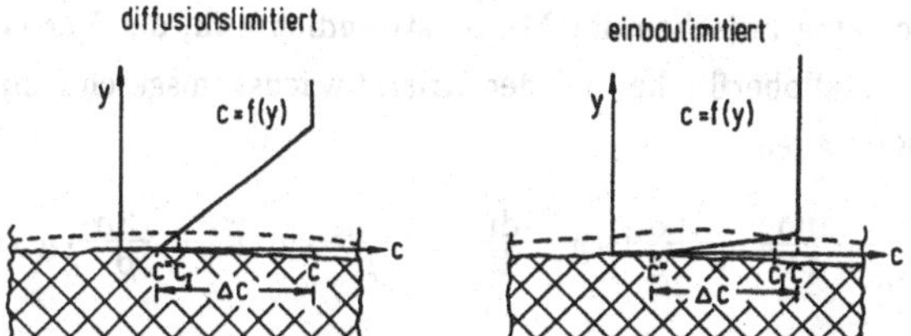

Abb. 2.2.14: Konzentrationsverlauf bei diffusions- und einbaulimitiertem Wachstum

Danach wird das ganze Konzentrationsgefälle $\Delta c = c - c^*$ in zwei Anteile aufgeteilt: der erste Anteil $(c - c_I)$ innerhalb einer diffusiv–konvektiven Grenzschicht bewirkt den diffusiv–konvektiven Antransport, während der zweite $(c_I - c^*)$ innerhalb einer Reaktionsgrenzschicht (I = Interface) für die Einbaureaktion maßgeblich ist. Bei vollständig durch Diffusion und Konvektion bestimmtem Wachsen ist $(c_I - c^*) << (c - c_I)$ oder $(c_I - c^*)/(c - c_I) << 1$. Dagegen ist $(c - c_I)/(c_I - c^*) << 1$, wenn die Einbaureaktion das Kristallwachstum kontrolliert. Die auf die Kristalloberfläche gerichtete Stoffstromdichte $\dot{n}$ beträgt:

$$\dot{n} = k_d(c - c_I) = k_r(c_I - c^*)^r \ . \qquad (2.2.26)$$

Hierin ist k_d der Stoffübergangskoeffizient, die Größe k_r die Reaktionsgeschwindigkeitskonstante und r die Ordnung der Einbaureaktion. Die Temperaturabhängigkeit der Geschwindigkeitskonstante wird in der Regel mit dem Ansatz nach Arrhenius beschrieben:

$$k_r = k_{ro} \exp\left[-\frac{\Delta E_r}{RT}\right] \ . \qquad (2.2.27)$$

Hierin ist k_{ro} die Aktionskonstante und ΔE_r die Aktivierungsenergie.

Anstelle der Stoffstromdichte $\dot{n}$ kann das Kristallwachstum auch mit der Verschiebungsgeschwindigkeit $\bar{v}$ einer Kristalloberfläche (bei mit (111) indizierten Flächen mit v_{111} bezeichnet usw.) beschrieben werden.

Bei kugelförmigen Kristallen ist dann die Wachstumsgeschwindigkeit entweder gleich der zeitlichen Änderung $v = dr/dt$ des Partikelradius r oder der zeitlichen Ableitung $G = dL/dt$ einer kennzeichnenden Länge L, in der Regel der Partikeldurchmesser. Mit dem Volumenfaktor $\alpha = V_p/L^3$ und dem Oberflächenfaktor $\beta = A_p/L^2$ erhält man folgende Umrechnung zwischen der Massenstromdichte $\dot{m}$, der Verschiebungsgeschwindigkeit $\bar{v}$ der Kristalloberfläche und der Kristallwachstumsgeschwindigkeit G von partikelförmigen Kristallen:

$$\dot{m} = \frac{1}{A_p} \cdot \frac{dm}{dt} = \frac{6\alpha}{\beta} \cdot \rho_c \cdot \frac{dr}{dt} = \frac{6\alpha}{\beta} \cdot \rho_c \cdot \bar{v} = \frac{3\alpha}{\beta} \cdot \rho_c \cdot G \ . \qquad (2.2.28)$$

Zur Vorausberechnung der Wachstumsgeschwindigkeit müßte das Konzentrationsprofil nach Abb. 2.2.14 bekannt sein, was nicht zutrifft. Bevor das Profil allgemein erläutert wird, sollen zunächst die beiden Sonderfälle betrachtet werden, daß nämlich das Kristallwachstum entweder nur durch Diffusion/Konvektion oder nur durch die Einbaureaktion bestimmt ist.

a) Diffusionskontrolliertes Kristallwachstum

Wenn die Einbaureaktion beliebig schnell ist, also $k_r \to \infty$ geht, wird das Kristallwachstum nur durch den diffusiv/konvektiven Antransport der Elementarbausteine bestimmt. In diesem Fall ist $(c - c_I) \approx (c - c^*) = \Delta c$, und man erhält, wenn es sich um kleine Stoffstromdichten handelt:

$$\dot{n} = k_d \cdot \Delta c \tag{2.2.29}$$

oder

$$G = \frac{\beta}{3\alpha} \cdot k_d \cdot \frac{\Delta c}{c_c} \; . \tag{2.2.30}$$

Bei den in der Literatur mitgeteilten Stoffübergangskoeffizienten k_d und den dafür angegebenen Gleichungen ist zu prüfen, ob es sich um eine äquimolare Diffusion oder um den Stoffübergang an einer halbdurchlässigen Phasengrenzfläche handelt. Außerdem ist zu klären, ob ein rein diffusiver Transport vorliegt oder diffusive und konvektive Transporte zusammengefaßt sind. Der Unterschied nimmt mit der Größe der Stoffstromdichte zu und kann bei gut löslichen Stoffen nennenswert sein. Bezeichnet man mit k_d den rein diffusiven oder wahren Stoffübergangskoeffizienten und mit $k_{d,h}$ den Stoffübergangskoeffizienten an einer halbdurchlässigen Wand, was in der Regel beim Kristallwachstum zutrifft, so folgt:

$$k_{d,h} = \frac{k_d}{(1 - \tilde{y})} \; . \tag{2.2.31}$$

Im Falle $\tilde{y} \to 0$ wird $k_{d,h} = k_d$.

b) Integrationskontrolliertes Kristallwachstum

Wenn der Stoffübergangskoeffizient k_d sehr große Werte annimmt (wenn also sowohl die Anströmgeschwindigkeit des Kristalls durch die übersättigte Lösung und deren Diffusionskoeffizient sehr groß sind), ist das Kristallwachstum nur noch durch die Integration oder Einbaureaktion der Elementarbausteine bestimmt. Die Kristallwachstumsgeschwindigkeit hängt dann unter anderem davon ab, ob die Kristalloberfläche glatt oder rauh ist, was seinerseits wieder von der Übersättigung abhängig ist. Darüber hinaus kann die Reinheit des Systems eine Rolle spielen, ob nämlich in der Lösung Fremdstoffe oder bewußt zugegebene Additive vorhanden sind und diese auf der Kristalloberfläche adsorbieren. Das "Birth–and–Spread–Modell" (B+S) beschreibt die Bildung kritischer Keime auf einer glatten Oberfläche und deren anschließendes Wachstum. Dieses sogenannte Keim–über–Keim–Modell führt zu der Gleichung [17]:

$$\bar{v} = k_{BS} \cdot \left[\frac{\Delta c}{c^*}\right]^{5/6} \cdot \exp\left[-\frac{K_{BS}}{T^2}\left(\frac{c^*}{\Delta c}\right)\right] \tag{2.2.32}$$

Diese Beziehung liefert sehr kleine Wachstumsgeschwindigkeiten $\bar{v}$, wenn die relative Übersättigung σ sehr klein ist und eine Hemmung durch eine niedrige Bildungsrate zweidimensionaler Keime vorliegt. Mit ansteigender Übersättigung wird die Kristalloberfläche rauher, was deren Wachstum begünstigt. Das sogenannte BCF (Burton, Cabrera, Frank) – Modell oder Stufenmodell beschreibt die Addition von Wachstumseinheiten an Eckplätzen auf der Kristalloberfläche auf einer endlosen Folge von Stufen mit gleichen Abständen. Als Quelle dieser Stufen werden Schraubenversetzungen und weit entfernt von den Zentren dieser Schraubenspiralen parallele und abstandgleiche Stufen betrachtet. Die lineare Wachstumsgeschwindigkeit einer Fläche wird durch die Oberflächendiffusion bestimmt und läßt sich durch folgende Gleichung beschreiben [18]:

$$\bar{v} = k_{BCF} \cdot T \cdot \left[\frac{\Delta c}{c^*}\right]^2 \cdot \tanh\left[\frac{K_{BCF}}{T} \cdot \left(\frac{c^*}{\Delta c}\right)\right] . \qquad (2.2.33)$$

Sowohl das BCF–Modell wie auch das B+S–Modell sagen bei kleinen relativen Übersättigungen σ eine starke (ungefähr quadratische) und bei großen Werten von σ eine lineare Abhängigkeit von der Triebkraft σ voraus. Allerdings sind die in den Gleichungen auftretenden Konstanten k_{BS} und K_{BS} sowie k_{BCF} und K_{BCF} für beliebige Stoffsysteme nicht allgemein vorauszuberechnen. Dies ist der wesentliche Grund dafür, daß Kristallwachstumsgeschwindigkeiten $\bar{v}$ häufig durch folgende einfache Gleichung beschrieben werden:

$$\bar{v} = k_g' \cdot \sigma^g \quad , \qquad (2.2.34)$$

wobei in der Regel $1 < g < 2$ ist. Der kinetische Koeffizient k_g' für ein bestimmtes Stoffsystem ist dann experimentell zu bestimmen und hängt von der Temperatur ab.

c) Wachstum mit Diffusions– und Integrationswiderstand

In der Mehrzahl der Fälle ist das Kristallwachstum weder allein durch Diffusion noch allein durch Integration bestimmt, sondern beide Mechanismen wirken limitierend. Dann geht man zweckmäßig von folgendem Ansatz für die Stoffstromdichte $\dot{n}$ aus:

$$\dot{n} = k_g \cdot (\Delta c)^g \quad , \qquad (2.2.35)$$

wobei wieder $1 < g < 2$ gilt. Unter Berücksichtigung der oben angegebenen Beziehung

Herrn/Frau

____

____

____

Bitte füllen Sie den Absender mit der Schreibmaschine oder in Druckschrift aus, da er für unsere Adressenkartei verwendet wird. Danke!

Ich bin:
- ☐ Dozent/in
- ☐ Student/in
- ☐ Lehrer/in
- ☐ Praktiker/in

Sonst.: ______________________

an der:
- ☐ Uni/TH
- ☐ Gymn.
- ☐ FH
- ☐ FS
- ☐ Berufsschule
- ☐ Bibl./Inst.

Sonst.: ______________________

Bitte informieren Sie mich über Ihre Neuerscheinungen auf dem Gebiet:

- ☐ (10) Mathematik (H5)
- ☐ (11) Mathematik-Didaktik (H5)
- ☐ (12) Informatik/DV (H55)
- ☐ Computerliteratur/Software
- ☐ (13) Physik (H7)
- ☐ (14) Chemie (H2)
- ☐ (15) Biowissenschaften/Medizin (H2)
- ☐ (16) Geologie/Geophysik (H7)
- ☐ (17) Astronomie (H77)
- ☐ (20) Elektrotechnik/Elektronik (H6)
- ☐ (21) Maschinenbau (H6)
- ☐ (23) Mechanik (H6)
- ☐ (24) Werkstoffkunde (H6)
- ☐ (25) Metalltechnik (H6)
- ☐ (26) Kfz-Technik (H6)
- ☐ (30) Architektur (H9)
- ☐ (31) Bauwesen (H4)
- ☐ (32) Philosophie/Wissenschaftstheorie (H7)

Ich möchte zugleich folgende Bücher bestellen:

Anzahl	Autor und Titel	Ladenpreis

____

Datum Unterschrift

$$\dot{n}_d = k_d \cdot (c - c_I) \tag{2.2.36}$$

für reine Diffusionshemmung in Kombination mit der Beziehung für reine Integrationshemmung erhält man, wenn die unbekannte Konzentration c_I an der Grenzfläche (Interface) eliminiert wird (siehe Abb. 2.2.14):

$$\dot{n} = k_r \left(\Delta c - \frac{\dot{n}}{k_d} \right)^r . \tag{2.2.37}$$

Diese Gleichung läßt sich für die Sonderfälle r=1 und r=2 nach der Stoffstromdichte $\dot{n}$ auflösen:

$$r = 1: \quad \dot{n} = \frac{\Delta c}{1/k_d + 1/k_r} \tag{2.2.38}$$

$$r = 2: \quad \dot{n} = k_d \cdot \Delta c + \frac{k_d^2}{2k_r} - \left[\frac{k_d^4}{4k_r^2} + \frac{k_d^3 \cdot \Delta c}{k_r} \right]^{1/2} . \tag{2.2.39}$$

Ein Vergleich der Reaktionsgeschwindigkeitskonstanten k_r von ungefähr vierzig verschiedenen Stoffsystemen hat ergeben, daß sich das integrationsbestimmte Kristallwachstum in grober Nährerung und für Zwecke der Abschätzung genügend genau mit folgender Gleichung berechnen läßt, wenn $\sigma < 0{,}5$ ist [10]:

$$v_{int} = 2{,}25 \cdot 10^{-3} \cdot \frac{D_{AB}}{d_m} \left[\frac{c_c}{c^*} \right]^{2/3} \frac{1}{\ln(c_c/c^*)} \left[\frac{\Delta c}{c_c} \right]^2 \nu^2 . \tag{2.2.40}$$

Hierin ist ν die Zahl der Ionen eines dissoziierenden Stoffes. Wenn diese Beziehung in Gl. (2.2.39) eingesetzt wird, kommt man zu der allgemeinen Aussage nach Abb. 2.2.15, in welcher die dimensionslose Kristallwachstumsgeschwindigkeit $G/(2k_d)$ abhängig von der dimensionslosen Übersättigung $\Delta c/c_c$ mit dem Kristallisationsparameter P^* entsprechend

$$P^* = \frac{k_d \cdot d_m}{D_{AB}} \cdot \left[\frac{c^*}{c_c} \right]^{2/3} \cdot \ln\left[\frac{c_c}{c^*} \right] \tag{2.2.41}$$

aufgetragen ist. Die Diagonale beschreibt das rein diffusionslimitierte Kristallwachstum, welches nicht überschritten werden kann. Je nach Größe der dimensionslosen Übersättigung $\Delta c/c_c$ und des Parameters P^* ist die Kristallwachstumsgeschwindigkeit kleiner als im Falle eines reinen Diffusionswiderstands, weil eine zusätzliche Hemmung durch den Einbau oder die Integration der Wachstumseinheiten auftritt. Im dunkel angelegten Gebiet, welches mehr als eine Zehnerpotenz unterhalb der Diagonalen für reine Diffusionshemmung liegt, wird das Kristallwachstum praktisch nur noch durch die Einbaureaktion an der Kristalloberfläche limitiert. Es muß jedoch betont werden, daß die Aussage von Abb. 2.2.15 nur Anhaltswerte für eine Temperatur von ungefähr 20 °C und für den Fall liefert, daß das Kristallwachstum weder durch Fremdstoffe noch durch Additive beeinflußt wird. Es gibt zahlreiche Hinweise, daß solche Stoffe das Wachstum stark vermindern oder sogar ganz blockieren können. Hinzu kommt, daß die Gleichung (2.2.40) die Häufigkeit von Versetzungen oder ganz allgemein die Rauhigkeit der Kristalloberfläche nicht berücksichtigt, obwohl nach dem BCF–Modell die Wachstumsgeschwindigkeit wesentlich davon abhängt. Schließlich haben Versuche ergeben, daß der Spannungs– und Deformationszustand des Kristalls das Wachstum beeinflußt [19]. So läßt sich erklären, daß eine verschieden große Wachstumsgeschwindigkeit gleich großer Kristalle auftritt, die sog. Wachstumsdispersion, obwohl alle makroskopischen Umgebungsbedingungen wie Übersättigung, Temperatur, Anströmgeschwindigkeit und Turbulenzgrad vollkommen gleich sind.

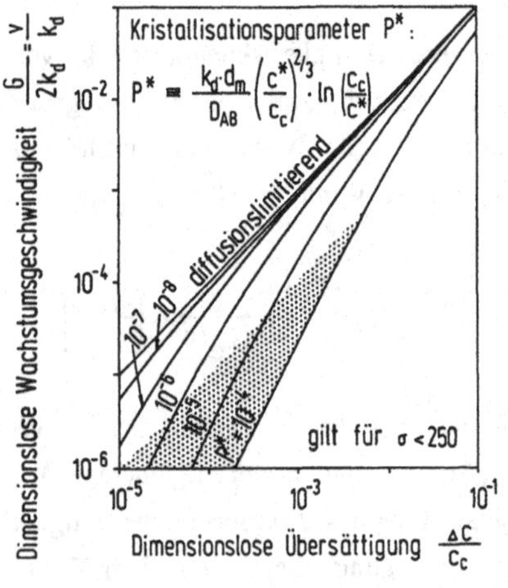

Abb. 2.2.15: Allgemeine Darstellung der dimensionslosen Wachstumsgeschwindigkeit

In erster Näherung kann davon ausgegangen werden, daß das Wachstum von Kristallen in einer Lösung isotherm verläuft. Beim Einbau einer Wachstumseinheit wird zwar die negative Kristallisationsenthalpie frei oder die positive Enthalpie verbraucht, doch ist die Wärmekapazität der Lösung so groß, daß die Temperaturänderung i.a. sehr klein ist.

Beispiel 2.2-3: Kristallwachstum

In einem Rührwerkskristallisator wurden Auflöse– und Wachstumsgeschwindigkeiten an einer engen Fraktion von Kalialaunkristallen ($KAl(SO_4)_2 \cdot 12H_2O$) mit einem mittleren Durchmesser von $\bar{L}$ =0,5 mm bei einer Temperatur von 25 °C experimentell bestimmt.

In Abb. 2.2.16a ist die Wachstums– bzw. Auflöserate abhängig von der Konzentrationsdifferenz aufgetragen.

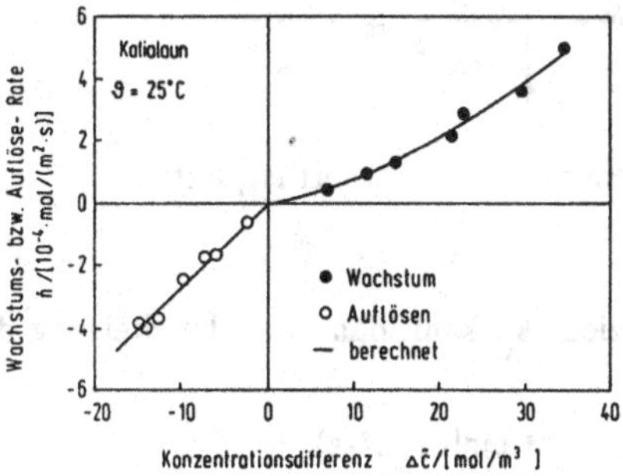

Abb. 2.2.16a: Wachstums- bzw. Auflöserate von Kalialaunkristallen.

Folgende Stoffdaten sind gegeben:

Feststoffdichte des Hydrats :	ρ_{hyd}	=	1757 kg/m³
Sättigungskonzentration bei 25 °C :	y^*	=	0,1144 kg Hyd./kg Lösung
Molmasse des Hydrates :	$\tilde{M}_{hyd}$	=	474,4 kg/kmol
Dichte der Lösung :	ρ_L	=	1050 kg/m³

Der Auflösevorgang sei rein diffusionslimitiert und der Einbau folgt einer Reaktion zweiter Ordnung.

1. Es sollen die Stoffübergangskoeffizienten und Reaktionsgeschwindigkeitskonstanten aus den Ergebnissen von Abb. 2.2.16a ermittelt werden.

2. Wie groß sind die Reaktionsgeschwindigkeitskonstante k_g und die Ordnung g des Ansatzes $G = k_g \cdot \sigma^g$ (Gl. 2.2.34)?

Lösung:

1) Anhand der Abb. 2.2.14 können folgende Ansätze formuliert werden:

Diffusion: $\dot{n} = k_d\,(c - c_I)$

Einbau: $\dot{n} = k_r\,(c_I - c^*)^2$

mit $[\dot{n}]$ = mol Hydrat/m²s und $[c]$ = mol/m³

Durch Eliminieren von c_I ergibt sich:

$$\dot{n} = k_d \cdot \Delta c + \frac{k_d^2}{2 \cdot k_r} - \sqrt{\frac{k_d^4}{4 \cdot k_r^2} + \frac{k_d^3 \cdot \Delta c}{k_r}} \quad . \qquad \text{(Gl. 2.2.39)}$$

Da der Auflösevorgang rein diffusionslimitiert ist, gilt:

$$\dot{n} = k_d\,(c - c^*) \quad .$$

Der Stoffübergangskoeffizient k_d kann dann aus der Steigung der Auflösekurve ermittelt werden:

$$k_d = \frac{\dot{n}}{\Delta c} = \frac{4 \cdot 10^{-4}\ \text{mol}/(\text{m}^2 \cdot \text{s})}{15\ \text{mol/m}^3}$$

$$k_d = 2{,}67 \cdot 10^{-5}\ \text{m/s} \quad .$$

Quadrieren der Wurzel in Gl.2.2.39 ergibt:

$$\dot{n}^2 - 2\dot{n} \cdot k_d \cdot \Delta c - \frac{\dot{n} \cdot k_d^2}{k_r} + k_d^2 \cdot \Delta c^2 = 0 \quad .$$

Durch Einsetzen von k_d in obige Gleichung kann der k_r-Wert durch Anpassen der Meßpunkte ermittelt werden. Der Einfachheit halber wird nur ein Meßpunkt herangezogen:

$$\dot{n} = 4{,}8 \cdot 10^{-4}\ \text{mol/m}^2 \cdot \text{s}$$

$$\Delta c = 35\ \text{mol/m}^3 \quad .$$

Einsetzen der Werte einschließlich k_d aus der Teilaufgabe 1 ergibt:

$$k_r = \frac{\dot{n} \cdot k_d^2}{\dot{n}^2 - 2\dot{n} \cdot k_d \cdot \Delta c + k_d^2 \cdot \Delta c^2} = \frac{\dot{n} \cdot k_d^2}{(\dot{n} - k_d \cdot \Delta c)^2}$$

$$= \frac{4{,}8\cdot 10^{-4}\ \mathrm{mol/(m^2\cdot s)}\ \cdot\ (2{,}67\cdot 10^{-5}\ \mathrm{m/s})^2}{(4{,}8\cdot 10^{-4}\ \frac{\mathrm{mol}}{\mathrm{m^2 s}} - 2{,}67\cdot 10^{-5}\ \frac{\mathrm{m}}{\mathrm{s}}\cdot 35\cdot \frac{\mathrm{mol}}{\mathrm{m^3}})^2}$$

$$= 1{,}66\cdot 10^{-6}\ \mathrm{m^4/(mol\cdot s)}\ .$$

Die durchgezogene Linie ist nach Gl.2.2.39 mit den ermittelten Parametern k_d und k_r berechnet worden.

2) Für die Bestimmung der Parameter k_g und g werden die experimentellen Ergebnisse halblogarithmisch aufgetragen.

Die Massenstromdichte $\dot{m}$ ergibt sich zu:

$$\dot{m} = \frac{1}{A}\cdot\frac{dM}{dt} = \frac{1}{\beta\cdot L^2}\cdot\frac{d}{dt}(\rho_{hyd}\cdot\alpha\cdot L^3)\ .$$

Für Kugeln beträgt der Volumenfaktor $\alpha = \pi/6$ und der Oberflächenfaktor $\beta = \pi$. Dann ergibt sich:

$$\dot{m} = \frac{3\alpha}{\beta}\cdot\rho_{hyd}\cdot\frac{dL}{dt} = \rho_{hyd}/2\cdot G \quad \text{oder} \quad G = \frac{2\cdot\dot{m}}{\rho_{hyd}} = \frac{2\cdot\dot{n}\cdot\tilde{M}_{hyd}}{\rho_{hyd}}$$

$$\text{und} \quad \sigma = \frac{\Delta c}{c^*} = \frac{\Delta c\cdot\tilde{M}_{hyd}}{y^*\cdot\rho_L}\ .$$

In Abb. 2.2.16b ist die lineare Wachstumsgeschwindigkeit G über der relativen Übersättigung σ in einem doppelt-logarithmischen Netz aufgetragen.

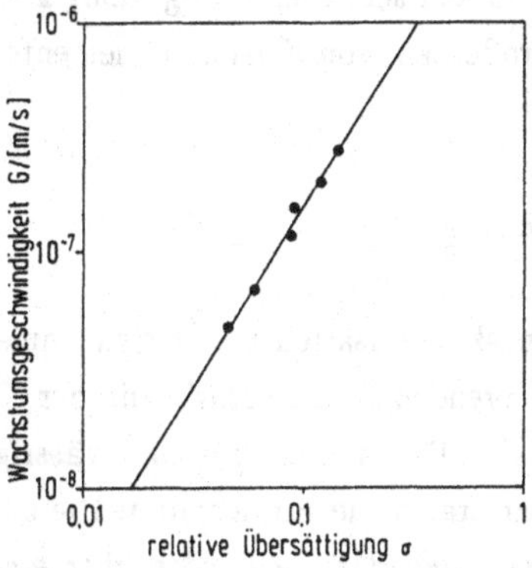

Abb. 2.2.16b: Wachstumsgeschwindigkeit G über relativer Übersättigung σ.

Durch lineare Regression können die Parameter k_g und g ermittelt werden, und es ergeben sich $k_g = 6 \cdot 10^{-6}$ m/s und $g = 1{,}41$, also:

$$G = 6 \cdot 10^{-6} \cdot \sigma^{1,41} \text{ m/s} \quad .$$

Man beachte, daß der Parameter g ungleich eins ist, d.h., daß das Kristallwachstum sowohl von der Diffusion wie auch von der Einbaureaktion abhängt.

2.3 Kristallisationsverfahren und –apparate

Es ist üblich, bei der Kristallisation aus Lösungen je nach Art und Weise der Übersättigungseinstellung zwischen

- Kühlungskristallisation
- Verdampfungskristallisation
- Verdrängungskristallisation
- Reaktionskristallisation

zu unterscheiden. Die sog. Vakuumkristallisation ist eine Überlagerung von Kühlungs– und Verdampfungskristallisation. Manchmal führen Temperaturerhöhungen verbunden mit starken Druckerhöhungen zu einer Übersättigung von Lösungen. Ein Beispiel hierfür sind wässrige Saccharose– und Magnesiumsulfatlösungen. Die Grenzen zwischen Verdrängungs– und Reaktionskristallisation können fließend sein, je nachdem, ob und in welchem Maße ein der Lösung zugegebener dritter Stoff mit einer oder mehreren Komponenten in der Lösung chemisch reagiert. So kann es zum Auskristallisieren kommen, wenn beim sog. Aussalzen einer organischen Lösung ein starker Elektrolyt zugegeben wird. Der Begriff "Fällungskristallisation" wird in der Literatur oft dann verwendet, wenn es sich um eine sehr schnelle, häufig wenig kontrollierbare Kristallisation handelt, bei welcher eine große Zahl von Kristallkeimen entsteht.

2.3.1 Kühlungskristallisation

Das Verfahren der Kühlungskristallisation bietet sich immer dann an, wenn die Löslichkeit des auszukristallisierenden Stoffes stark mit der Temperatur ansteigt, siehe Abb. 2.2.2 und 2.2.3. Typische Beispiele hierfür sind wässrige Lösungen von Kalium–, Natrium–, und Ammoniumnitrat sowie Kupfersulfat. Die untersättigte Lösung wird in den Kristallisator eingespeist und dann entweder über einen äußeren Doppelmantel oder einen innen angeordneten Kühler gekühlt. Beim kontinuierlichen Betrieb des Apparates wird eine optimale Übersättigung Δc angestrebt, welche einerseits eine möglichst große Wachstumsgeschwindigkeit bewirkt, andererseits aber die Rate der Keimbildung noch so niedrig hält, daß sich ein ausreichend grobes Kristallisat ergibt. In kleinen Produktionsanlagen werden Kristallisatoren meistens absatzweise betrieben. Eine einfache Betriebsweise besteht dann darin, die Lösung mit einer konstanten Kühlrate abzukühlen, doch ist dies deshalb nicht optimal, weil zu Beginn der Abkühlung entweder keine oder nach dem Impfen nur die kleine Impfgutoberfläche zur Verfügung steht, sodaß sich sehr hohe Übersättigungen mit anschließender starker Keimbildung ergeben. Am Ende der Abkühlung besitzt das Kristallisat zwar eine große Oberfläche, wächst aber angesichts kleiner Übersättigungen nur noch sehr langsam. Vorteilhaft ist es deshalb, die Abkühlrate so einzustellen, daß die Übersättigung während der Abkühlzeit angenähert konstant bleibt. Wenn der Kristallisatorinhalt gut durchgemischt ist und die Wärme räumlich gesehen gleichmäßig entzogen wird, herrscht überall angenähert die gleiche, im Hinblick auf die Korngrößenverteilung optimale Übersättigung.

Beispiel 2.3-1: Batch-Kühlungskristallisation (Vergl. Abschnitt 2.4.1)

Ein Batch-Kühlungskristallisator mit einem Arbeitsvolumen von 1 m^3 soll so abgekühlt werden, daß die Wachstumsgeschwindigkeit der Kristalle während der Abkühlphase näherungsweise konstant ist.

a) Leiten Sie die Beziehung für den Temperatur-Zeit Verlauf $\vartheta(t)$ für eine idealisierte Abkühlkurve ab, unter der Annahme einer vernachlässigbaren Keimbildungsrate. Der Kristallisator soll zum Zeitpunkt $t = 0$ mit der Impfkristallmasse m_s (L_s = 100 μm) angeimpft werden.

Stoffsystem: $(NH_4)_2SO_4$ / H_2O

$$W^* \left[\frac{\text{kg Salz}}{\text{kg } H_2O}\right] = 0{,}693 + 3{,}263 \cdot 10^{-3} \cdot \vartheta \ [^0C]$$

$$\rho_L \left[\frac{kg}{m^3}\right] = 1242{,}9 + 0{,}163 \cdot \vartheta \ [^0C]$$

$$\rho_C = 1769 \ kg/m^3$$

Die Lösung soll von $\vartheta_\alpha = 50\ ^0C$ am Anfang (Index α) auf $\vartheta_\omega = 20\ ^0C$ am Ende (Index ω) abgekühlt werden.

$$\alpha = \frac{\beta}{6} = \frac{\pi}{6} \quad \text{(kugelförmige Kristalle)}$$

$$G = 10^{-7}\ \text{m/s}$$

b) Welche Suspensionsdichte m_T (in kg Kristallisat pro m³ Suspension) wird am Ende des Kristallisationsprozesses erreicht?

c) Mit welcher Impfkristallmasse m_s muß angeimpft werden, um die Batchzeit auf 2 Stunden zu begrenzen? Welche mittlere Partikelgröße wird nach dieser Zeit erreicht?

d) Zeichnen Sie den Temperaturverlauf über der Zeit.

e) Vergleichen Sie den Abkühlverlauf mit einer konstanten Abkühlrate von 15 K/h. Welche Schlußfolgerung ziehen Sie bezüglich des Übersättigungsverlaufs bei einer konstanten Abkühlrate?

Lösung:

a) gesucht: $\vartheta(t)$

$$\vartheta(t) = \frac{W^*(t) - a}{b} = \frac{W^*(t) - 0{,}693}{3{,}263 \cdot 10^{-3}} \, [^\circ\text{C}]$$

mit $$W^*(t) = \frac{m_c(t)}{m_r} = \frac{m_c(t{=}0) - \rho_c \cdot (V_c - V_s)}{m_r} =$$

$$= W^*(t{=}0) - \rho_c \cdot \frac{V_c - V_s}{m_r}$$

mit V_c = Volumen der auskristallisierten Kristalle

V_s = Volumen der Impfkristalle ('seed')

es gilt: $$V_c - V_s = \int_{V_s}^{V_c} dV = \int_0^t \frac{dV_c}{dt}\, dt$$

$$\text{mit} \quad \frac{dV_c}{dt} = A(t)\cdot\frac{G}{2}$$

$$A(t) = \beta\cdot N(t)\cdot L^2(t)$$

$$L(t) = L_s + G\cdot t$$

$$\rightarrow \quad A(t) = \beta\cdot N(t)\cdot (L_s + G\cdot t)^2$$

$$\rightarrow \quad \frac{dV_c}{dt} = \beta\cdot N(t)\cdot (L_s + G\cdot t)^2\cdot\frac{G}{2}$$

Annahme: Zahl N der Kristalle pro Volumen $N(t) = N_s = \text{const.}$ und $G = \text{const.}$

$$\rightarrow \quad V_c - V_s = \alpha\cdot N_s\cdot\left[(L_s + G\cdot t)^3 - L_s^3\right] \quad \text{mit } \alpha = \frac{\beta}{6}$$

$$\rightarrow \quad \vartheta(t) = \frac{1}{b}\cdot\left[W^*(t{=}0) - \frac{\rho_c}{m_r}\cdot\alpha\cdot N_s\cdot\left[(L_s + G\cdot t)^3 - L_s^3\right]\right] - \frac{a}{b}$$

$$\text{mit} \quad W^*(t{=}0) = W^*(\vartheta_0 {=} 50\ ^0\text{C}) = 0{,}856\ \frac{\text{kg Salz}}{\text{kg } H_2O}$$

Die Lösungsmittelmasse m_r ergibt sich aus der Massenbilanz. Danach ist die Anfangsmasse m_α der Lösung stets gleich der Masse der Lösung plus der Kristallisatmasse zu einem beliebigen Zeitpunkt.

$$\left.\begin{aligned} m_\alpha &= m_c + m_r \\ \frac{m_c}{m_r} &= W^*(t{=}0) \end{aligned}\right\} \quad m_r = \frac{m_\alpha(t{=}0)}{1 + W^*(t{=}0)}$$

Die Dichte der gesättigten Lösung bei 50^0C beträgt:

$$\rho_L^* = 1251\ \frac{\text{kg}}{\text{m}^3} \quad .$$

Mit $m_\alpha = \rho_L^*(t{=}0)\cdot V = 1251$ kg ergibt sich $m_r = 674$ kg.

b) Die Suspensionsdichte m_T beträgt mit dem Volumen V_{Susp} der Suspension:

$$m_T = (W_\alpha^* - W_\omega^*) \cdot \frac{m_r}{V_{Susp}} \ .$$

Mit $W_\omega^* = W^*(\vartheta = 20\ ^\circ C) = 0{,}758$ kg/kg ergibt sich:

$$m_T = 66 \frac{kg}{m^3} \ .$$

c) Die Zahl N_s der erforderlichen Impfkristalle beträgt:

$$N_s = \left[-(b\cdot\vartheta + a) + W^*(t=0)\right] \cdot \frac{m_r}{\rho_c \cdot \alpha} \cdot \frac{1}{(L_s + G\cdot t)^3 - L_s^3}$$

$$= 1{,}29\cdot 10^8 \ .$$

Hieraus berechnet sich die Impfkristallmasse m_s zu:

$$m_s = \rho_c \cdot N_s \cdot \alpha \cdot L_s^3 = 0{,}12 \text{ kg} \ .$$

Nach zwei Stunden sind die Impfkristalle auf eine Größe von 820 μm gewachsen.

d) Der Temperaturverlauf über der Zeit ist in Abb. 2.3.1 dargestellt.

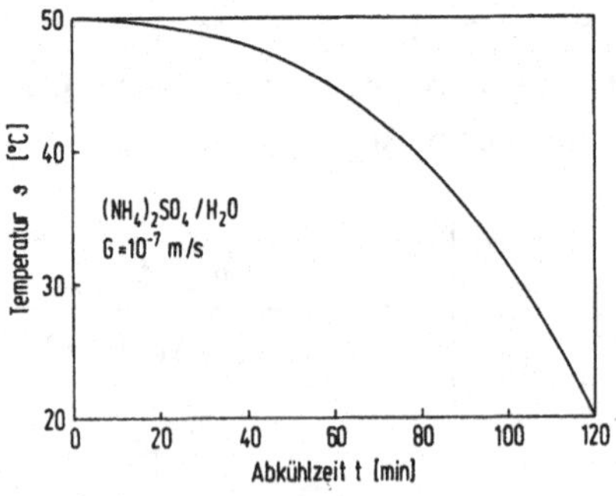

Abb. 2.3.1: Der zeitliche Temperaturverlauf

e) Eine konstante Abkühlgeschwindigkeit von 15 K/h führt zu starkem Übersättigungsanstieg zu Beginn des Prozesses, und die Übersättigung durchläuft ein Maximum mit der Gefahr einer unkontrollierten Keimbildung. Da eine große Zahl der Keime bei geringer Restübersättigung kaum wächst, ergibt sich ein feines, meistens unerwünschtes Kristallisat.

2.3.2 Verdampfungskristallisation

Die Verdampfungskristallisation ist dann vorteilhaft, wenn die Löslichkeit nur wenig mit der Temperatur ansteigt oder nahezu konstant ist oder sogar abfällt, siehe Abb. 2.2.2 und 2.2.3 . Typische Stoffsysteme hierfür sind wässrige Lösungen von Natriumchlorid, Ammoniumsulfat und Kaliumsulfat sowie methanolische Lösungen von Dimethylterephtalat. Die untersättigte Lösung wird in den Kristallisator eingespeist und darin auf die Siedetemperatur der Lösung erwärmt, so daß das Lösungsmittel verdampft. Da die Siedetemperatur der Lösung eine Funktion des Druckes ist, läuft der Siedevorgang vorzugsweise an der Flüssigkeitsoberfläche ab, was dort zu hohen Übersättigungen führen kann. Bei kontinuierlich betriebenen Kristallisatoren hängt die im Mittel sich einstellende Übersättigung von der Verdampfungsrate $\dot{M}_V = dM_V/dt$ ab. Wird der Apparat absatzweise betrieben, ist das bei der Kühlungskristallisation Ausgeführte weiterhin gültig. Bei einer konstanten Verdampfungsrate ergeben sich zu Beginn der Betriebszeit ungünstig große und am Ende unwirtschaftlich kleine Übersättigungen. Auch hier ist es vorteilhaft, die Verdampfungsrate abhängig von der Zeit so einzustellen, daß die Übersättigung angenähert konstant bleibt und den im Hinblick auf die Korngrößenverteilung optimalen Wert besitzt.

2.3.3 Vakuumkristallisation

Bei der Vakuumkristallisation wird die Lösung durch Druck– und Temperaturabsenkung gleichzeitig verdampft und gekühlt. Häufig wird das Vakuum durch Dampfstrahler mit bis zu sechs Stufen erzeugt und aufrecht erhalten. Da die Verdampfungsenthalpie der Lösung entzogen wird, kühlt sie sich dabei ab. Hierdurch ist es in vielen Fällen möglich, auf Kühlflächen mit der Gefahr einer Verkrustung zu verzichten. Allerdings reißt der an der Flüssigkeitsoberfläche austretende Dampf stark übersättigte Tröpfchen mit, welche an die Wand spritzen, nachverdampfen und dann dort zu heterogener Keimbildung und schließlich zum Verkrusten führen. Als Gegenmaßnahme empfiehlt sich das Spülen der Apparatewand mit Lösungsmittel oder untersättigter Lösung. Außerdem hält sich das Mitreißen von Tröpfchen in Grenzen, wenn ein von Gas–Flüssigkeitskolonnen bekannter F–Faktor ($F \equiv u_G \cdot \rho_G^{1/2}$ [$Pa^{1/2}$] mit u_G als der Dampfleerrohrgeschwindigkeit) von $F^2 < Pa$ nicht überschritten wird. Da bei einigen Lösungen Drücke von nur einigen hundert Pascal erforderlich sind, ist es notwendig, die Flansche des Kristallisators entsprechend auszuführen (z.B. mit Nut und Feder oder O–Ring).

2.3.4 Verdrängungs– und Reaktionskristallisation

Die Verdrängungskristallisation anorganischer Salze aus wässrigen Lösungen mit Hilfe von organischen Stoffen bietet möglicherweise gegenüber anderen Verfahren den Vorteil, den Energieverbrauch zu vermindern, denn die Verdampfungsenthalpie solcher Verdrängungsmittel ist meistens erheblich kleiner als die von Wasser. Allerdings konkurrieren solche Verfahren mit der mehrstufigen Verdampfungskristallisation oder Verfahren mit einer Brüdenverdichtung oder mit der Kombination solcher Prozesse, die eine Energieeinsparung bei der Kristallisation ermöglichen. Die Verdrängungskristallisation von Natriumsulfat und Kalialaun aus wässrigen Lösungen durch Methanol und von Ammoniumalaun mit Hilfe von Äthanol wurde bereits wissenschaftlich untersucht [20, 21, 22]. Ähnlich wie bei der Kühlungs– und Verdampfungskristallisation hängt auch hier die mittlere Korngröße u.a. von der Übersättigung ab.

Bei der homogenen Reaktionskristallisation reagieren ein oder mehrere Reaktanden mit einer oder mehreren Komponenten in einer flüssigen Phase. In Tab. 2.3.1 sind einige Beispiele angegeben. Im Falle einer heterogenen Reaktion wird häufig ein Reaktand gasförmig zugeführt. Verfahrenstechnische Aspekte bei der Reaktionskristallisation wie Makro– und Mikromischen sowie Art und Ort der Zugabe der Reaktanden werden in [9] diskutiert.

Tab. 2.3.1: Beispiele für Reaktionskristallisationen

Homogene Reaktionen		
$Ba(OH)_2 + H_2SO_4$	$\rightleftharpoons$	$BaSO_4 \downarrow + 2\,H_2O$
$BaCl_2 + Na_2SO_4$	$\rightleftharpoons$	$BaSO_4 \downarrow + 2\,NaCl$
$AgNO_3 + KCl$	$\rightleftharpoons$	$AgCl \downarrow + KNO_3$
$NaClO_4 + KCl$	$\rightleftharpoons$	$KClO_4 \downarrow + NaCl$
$Ti(OC_2H_5)_4 + 4\,H_2O$	$\overset{C_2H_5OH}{\rightleftharpoons}$	$TiO_2 \downarrow + 2\,H_2O + 4\,C_2H_5OH$
$MgCl_2 + Na_2C_2O_4$	$\rightleftharpoons$	$MgC_2O_4 \downarrow + 2\,NaCl$
$Ba(NO_3)_2 + 2\,NH_4F$	$\rightleftharpoons$	$BaF_2 \downarrow + 2\,NH_4NO_3$
$NiSO_4 + (NH_4)_2SO_4 + 6\,H_2O$	$\rightleftharpoons$	$NiSO_4 \cdot (NH_4)_2SO_4 \cdot 6\,H_2O \downarrow$
Heterogene Reaktionen		
$Ca(OH)_2 + CO_2$	$\rightleftharpoons$	$CaCO_3 \downarrow + H_2O$
$Ca(OH)_2 + 2\,HF$	$\rightleftharpoons$	$CaF_2 \downarrow + 2\,H_2O$
$K_2CO_3 + CO_2 + H_2O$	$\rightleftharpoons$	$2\,KHCO_3 \downarrow$
$Ca(OH)_2 + SO_3 + (x+y-1)H_2O$	$\rightleftharpoons$	$CaSO_4 \cdot x\,H_2O \downarrow + y\,H_2O$

Beispiel 2.3-2: Verdrängungskristallisation

Für die Verdrängungskristallisation von Kaliumchlorid (KCl: K) aus Wasser(W) mit Hilfe von Methanol(M) soll ein Punkt der Löslichkeitskurve des ternären Systems bei 30 °C bestimmt werden. Hierzu werden 26,0 g KCl in 74,0 g Wasser bei 30 °C vollständig aufgelöst und anschließend 55,6 g Methanol zugegeben. Die entstehende Kristall/Flüssigkeits–Suspension wird abgefiltert und der Filterrückstand zunächst in feuchtem Zustand und anschließend nach vollständiger Trocknung gewogen. Es werden folgende Werte ermittelt:

Tab. 2.3.2: Wertetabelle des Filters

Masse des feuchten Filterrückstandes [g]	45,14
Masse des getrockneten Filterrückstandes [g]	15,08

Berechnen Sie die Gleichgewichtszusammensetzung (Massenanteile der Komponenten) des Systems. Beachten Sie, daß während der Trocknung des Filterrückstandes zusätzlich gelöstes KCl auskristallisiert.

Lösung:

Massenbilanz:

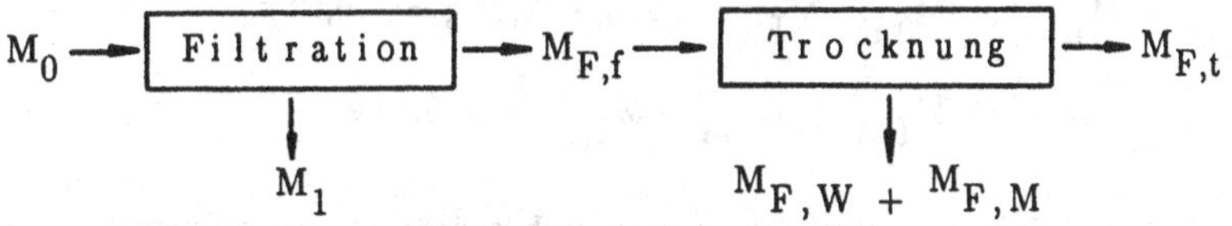

Abb. 2.3.2: Anlagenschema der Verdrängungskristallisation

M_0 Masse der KCl/Wasser/Methanol-Mischung
M_1 Masse des Filtrats
$M_{F,f}$ Masse des feuchten Filterrückstandes
$M_{F,t}$ Masse des getrockneten Filterrückstandes
$M_{F,W}$ Masse des verdampften Wassers

$M_{F,M}$ Masse des verdampften Methanols

Die Bilanz für den Trocknungsschritt liefert die Masse der verdampften Flüssigkeit:

$$M_{F,f} = M_{F,t} + M_{F,M} + M_{F,W}$$

$$M_{F,M} + M_{F,W} = M_{F,f} - M_{F,t} = 30{,}06\ g$$

Die verdampfte Flüssigkeit hat die gleiche Wasser/Methanol-Zusammensetzung wie die Ausgangsmischung:

$$\frac{M_{F,M}}{M_{F,W}} = \frac{M_{0,M}}{M_{0,W}} = \frac{55{,}6\ g}{74{,}0\ g} = 0{,}751$$

$$M_{F,M} = M_{F,W} \cdot 0{,}751$$

$$\Rightarrow \quad M_{F,W} + M_{F,W} \cdot 0{,}751 = 30{,}06\ g$$

$$M_{F,W} = 17{,}16\ g$$

$$M_{F,M} = 30{,}06\ g - 17{,}16\ g = 12{,}90\ g$$

Aus den Stoffbilanzen für die Filtration erhält man :

$$M_{1,W} = M_{0,W} - M_{F,W} = 74\ g - 17{,}16\ g = 56{,}84\ g$$

$$M_{1,M} = M_{0,M} - M_{F,M} = 55{,}6\ g - 12{,}90\ g = 42{,}70\ g$$

$$M_{1,K} = M_{0,K} - M_{F,t} = 26\ g - 15{,}08\ g = 10{,}92\ g$$

$$M_1 = M_{1,W} + M_{1,M} + M_{1,K} = 110{,}46\ g$$

Im Filtrat liegen die drei Komponenten im Gleichgewicht vor, so daß man aus der Filtratzusammensetzung den Punkt der Löslichkeitskurve erhält:

$$y_W = \frac{M_{1,W}}{M_1} = \frac{56{,}84\ g}{110{,}46\ g} = 0{,}514$$

$$y_M = \frac{M_{1,M}}{M_1} = \frac{42,70\ g}{110,46\ g} = 0,387$$

$$y_K = \frac{M_{1,K}}{M_1} = \frac{10,92\ g}{110,46\ g} = 0,099$$

Im Abschnitt 2.4.3 ist die Fällungskristallisation näher beschrieben.

2.3.5 Kristallisationsapparate

Die Auswahl und Auslegung von Kristallisationsapparaten hängt u.a. von den Eigenschaften der beteiligten Phasen und der zum Mischen und Suspendieren erforderlichen Strömung ab.

Grundsätzlich kann hinsichtlich der Kristallisationsapparate zwischen Lösungskristallisation und Kristallisation aus der Schmelze unterschieden werden. Die Verfahrensprinzipien der Schmelzkristallisation lassen sich wiederum in zwei Gruppen unterteilen [1]:

- Verfahren, bei denen meistens diskontinuierlich aus einer Schmelze an gekühlten Oberflächen zusammenhängende Kristallschichten abgeschieden werden, sodaß die restliche Flüssigkeit hiervon ohne weitere Trennoperation separiert werden kann.
- Verfahren, bei denen meistens kontinuierlich die gesamte Schmelze durch Abkühlen in eine Kristallsuspension überführt wird, die in einem weiteren Verfahrensschritt, oft durch eine mechanische Flüssigkeitsabtrennung, in Feststoff und Restschmelze getrennt wird.

a) Kristallisation aus Lösungen

Wenn in einem Kristallisator Kristalle aus der Lösung kristallisiert werden, muß die Suspension vermischt und das Absetzen verhindert werden. Bezüglich der Umwälzung ist grundsätzlich zu unterscheiden, ob die ganze Suspension einschließlich grober Kristalle durch ein Umwälzorgan (Rührer, Axial– oder Radialpumpe) umgewälzt wird oder nur ein Teilstrom mit kleinen Kristallen unter ungefähr 100 μm. Im ersten Fall kommt es nämlich in der Regel zu mehr oder weniger starkem Abrieb insbesondere großer Kristalle. Da Abriebsteilchen als effektive sekundäre Kristallkeime wirken können (vgl. Kap. 2.4.3), wird die Korngrößenverteilung eines technischen kristallinen Produktes und damit auch die mittlere Korngröße häufig von den Abriebsvorgängen mitbestimmt. Von den in Abb. 2.3.3 dargestellten typischen industriellen Kristallisatoren [23] zeichnet sich der Fließbettkristallisator dadurch aus, daß ein Suspensionsstrom mit nur kleinen Kristallen z.B. unter 100 μm über das Umwälzorgan (Pumpe) geleitet wird. Deshalb liefern Fließbettkristallisatoren in der Regel gröbere Kristallisate als Rührwerks– und Forced circulation (FC)–Apparate. FC– und Fließbettkristallisatoren bieten gegenüber Rührwerken den Vorteil, daß bei ihnen wegen der externen Wärmeaustauscher das Verhältnis aus Wärmeaustauschfläche zu Kristallisatorvolumen bei der Maßstabsvergrößerung beibehalten werden kann.

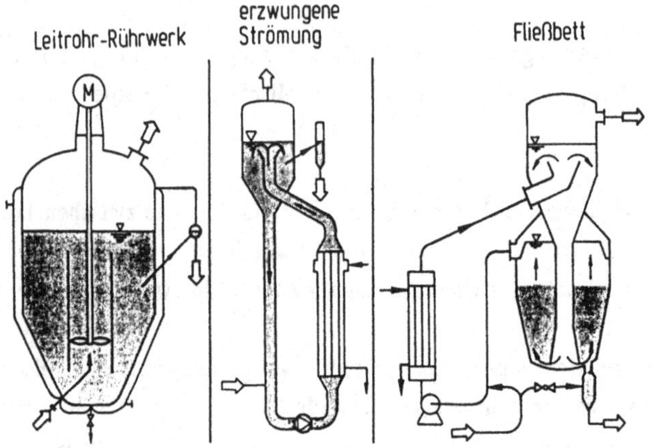

Abb. 2.3.3: Typische industrielle Kristallisatoren

In den Abb. 2.3.4 und 2.3.5 wird diese Aussage für Fließbettkristallisatoren erläutert. Es handelt sich dabei um einen klassierenden Kristallisator mit äußerer Lösungsumwälzung, bei denen eine räumliche Trennung von Übersättigung und Wachstum angestrebt wird. In einer möglichst kristallfreien Zone wird die Lösung übersättigt, während in der Wachstumszone die Übersättigung an das Kristallisat abgegeben wird. Die Wachstumszone ist so ausgelegt, daß sich durch die Aufwärtsströmung ein Fließbett einstellt. Die Kristalle halten sich je nach ihrer Größe in bestimmten Schichten auf.

Abb. 2.3.4 zeigt einen Kühlungskristallisator mit externem Wärmetauscher. Hierin sind trotz der nur geringen zulässigen Temperaturdifferenzen (meist unter 2 K) zwischen umgewälzter Lösung und Kühlmittel hohe Wärmestromdichten erreichbar. Ein geringer Strom an warmer konzentrierter Zulauflösung wird direkt in den viel größeren Zirkulationsstrom vor dem Wärmetauscher zugesetzt. Die im Wärmetauscher übersättigte Lösung tritt am Kristallisatorboden in den Kristallisationsraum ein und suspendiert das Kristallisat. Durch Erweiterung des Strömungsquerschnittes tritt eine Klassierung des Feststoffes ein. Die wachsenden Kristalle sinken entsprechend ihrer steigenden Sedimentationsgeschwindigkeiten in immer tiefere Schichten, bis sie schließlich in den Produktabzug gelangen.

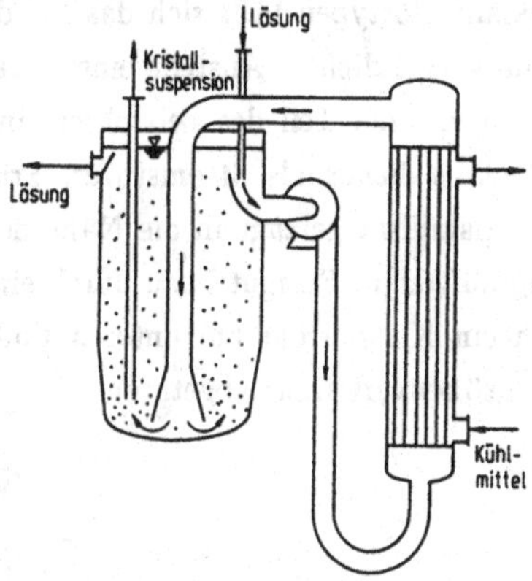

Abb. 2.3.4: Kühlungskristallisator mit Umwälzpumpe und außen liegendem Kühler

Abb. 2.3.5 zeigt diesen Kristallisatortyp als Verdampfungskristallisator. Verdampfungs– und Kristallisationsteil sind direkt zusammengebaut. Das Kristallisationsgefäß ist über die Zirkulationspumpe mit dem Wärmetauscher verbunden, und die Frischlösung wird in den Umwälzstrom eingespeist.

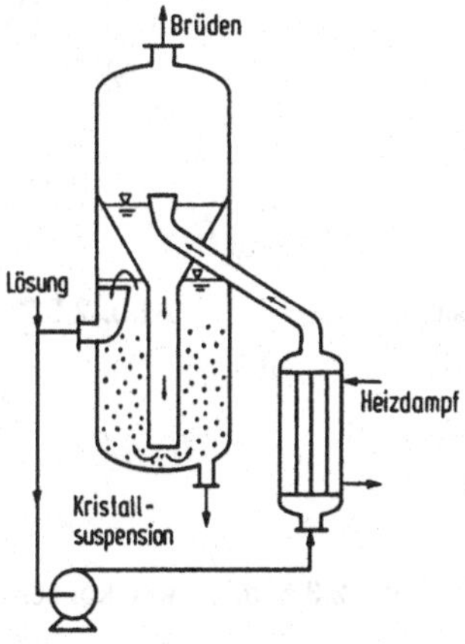

Abb. 2.3.5: Verdampfungskristallisator mit außen liegendem Heizregister

Beim Vakuumkristallisator nach Abb. 2.3.6 fehlt der Wärmetauscher im Kristallisationsstrom. In diesem Bild ist die offene Bauweise dargestellt, bei welcher der Kristallisationsteil unter Umgebungsdruck steht. Der Druckunterschied zum Vakuumteil wird durch den hydrostatischen Druck der Flüssigkeit kompensiert.

Abb. 2.3.7 zeigt einen Vakuumkristallisator mit Aufströmung im Leitrohr und Stromstörern. Mit solchen Kristallisatortypen läßt sich das für die Erzeugung groben Kristallisats nötige Wachstum verwirklichen. Anstelle einer Zirkulationspumpe wie in den Abb. 2.3.4 und 2.3.6 ist im unteren Teil des Leitrohres ein Umwälzorgan eingebaut. Die Haltebleche des Leitrohres dienen als Stromstörer. Frischlösung wird direkt ins Leitrohr zugespeist. Das Kristallisat gelangt in die Nähe der Ausdampffläche, wo die Spitzen der Übersättigung auftreten. Feingut kann durch einen Überlauf im Ringraum abgezogen werden. Durch ein Klassierrohr am unteren Ende des Kristallisators wird Grobgut einer engen Korngrößenverteilung abgetrennt.

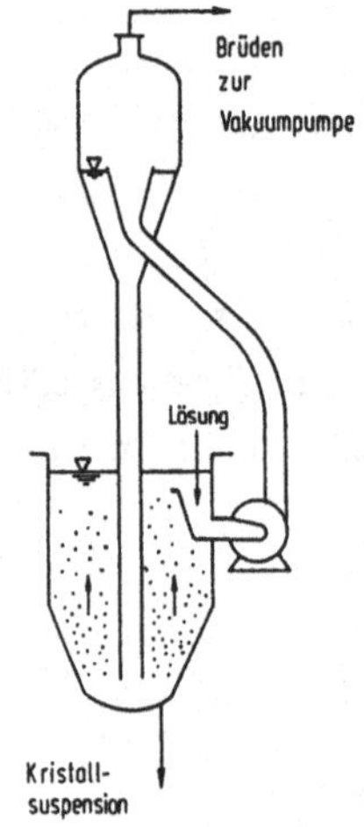

Abb. 2.3.6: Vakuumkristallisator mit getrenntem Kristallisations- und Ausdampfungsraum

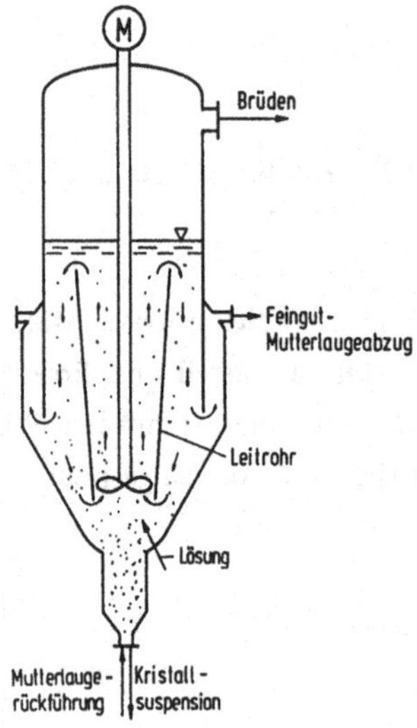

Abb. 2.3.7: Kontinuierlich betriebener Vakuumkristallisator mit Umwälzorgan

Im Wirbelkristallisator nach Abb. 2.3.8 mit zwei konzentrischen Rohren, einem unteren Leitrohr mit Umwälzorgan und einem äußeren Ejektorrohr und umlaufenden Spalt treten zwei Suspensionskreisläufe auf. Im inneren Kreislauf mit schneller Aufströmung im inneren Leitrohr und hoher Übersättigung an der Ausdampffläche liegt vorwiegend feineres Gut vor. Durch die im Ringraum abströmende Lösung wird über den Ejektor ein äußerer Kreislauf mit Klassierzone im unteren Mantelraum hervorgerufen. In diesem äußeren Mantelraum bildet sich ein klassierendes Fließbett aus, in dem vorzugsweise gröbere Kristalle vorliegen; feinere Kristalle werden ausgetragen und über den Ejektorspalt in den inneren Kreislauf eingezogen. Durch einen Lösungsüberlauf oberhalb der Klassierzone kann der Kristallgehalt beeinflußt werden. Frischlösung wird direkt in das Leitrohr gespeist. Das Produkt wird aus der Klassierzone abgezogen. Die Arbeitsweise des Kristallisators ist durch eine Vielzahl von Steuerungsmöglichkeiten (z.B. Rührerdrehzahl, Lösungsüberlauf, Ejektoreinstellung) sehr variabel.

Abb. 2.3.9 zeigt einen liegenden, mehrstufigen Kristallisator ohne bewegte Teile, der für die Vakuumkühlungskristallisation geeignet ist. Durch mehrere Zwischenwände sind die Dampfräume voneinander getrennt; die Lösungsräume sind so miteinander verbunden, daß die Suspension von Stufe zu Stufe fließt. Die Frischlösung wird in die erste Stufe eingespeist und in Folge des von Stufe zu Stufe sinkenden Druckes ständig weiter abgekühlt. Das Produkt wird in der letzten Stufe abgezogen, die beim niedrigsten Druck arbeitet. Dampfstrahler halten die verschiedenen Unterdrücke aufrecht. In vielen Fällen wird in den einzelnen Stufen eine Flüssigkeitsbewegung durch Einperlen von Gas (Luft) erzeugt.

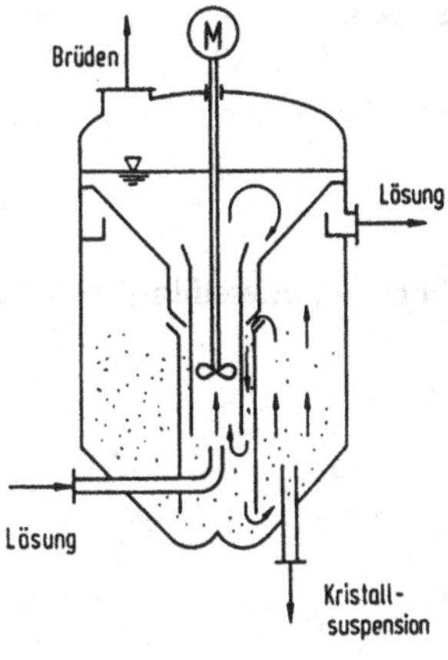

Abb. 2.3.8: Vakuumkristallisator mit Umwälzorgan in einem Leitrohr

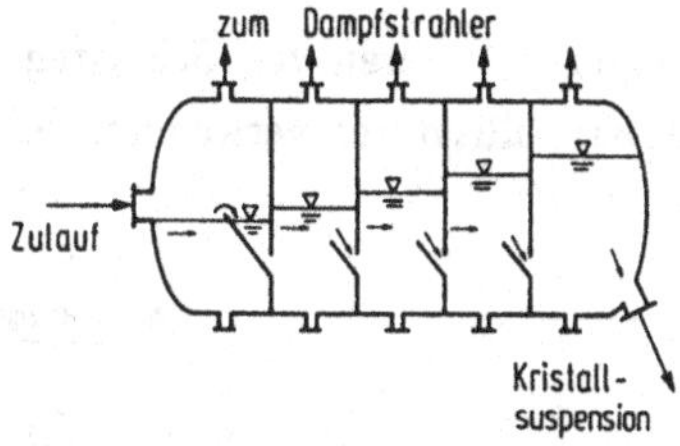

Abb. 2.3.9: Liegender 5–stufiger Vakuumkristallisator

Bei manchen Kristallisatoren wird das Abkühlen der Lösung und das Verdunsten von Lösungsmitteln durch Kühlluft bewirkt. In Abb. 2.3.10 ist das Schema eines Spritzturmes für Kalksalpeter dargestellt. Von einem Gebläse angesaugte Kühlluft versprüht in der Spritzdüse die aus dem Vorratsbehälter kommende Lösung aus Kalksalpeter und Ammoniumnitrat. Das Salz in der Lösung kristallisiert aus, nachdem die Flüssigkeit sich abgekühlt und einen Teil des Lösungsmittels durch Verdunstung verloren hat. Die festen Kristalle fallen auf den Boden des Spritzturmes und werden von dort mechanisch zu einer Kühltrommel transportiert.

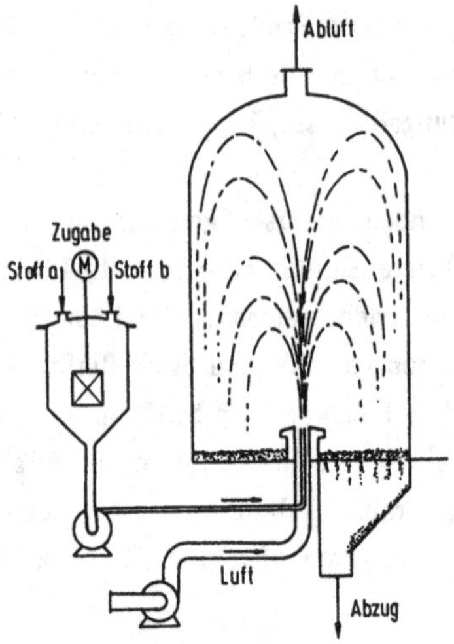

Abb. 2.3.10: Spritzturm für die Herstellung von Kalksalpeter

b) Auskristallisieren von Schichten aus der Schmelze

Zum Auskristallisieren von Schichten werden Rohrbündel–, Rieselfilm– und Blasensäulen–Kristallisatoren verwendet, siehe Abb. 2.3.11 .

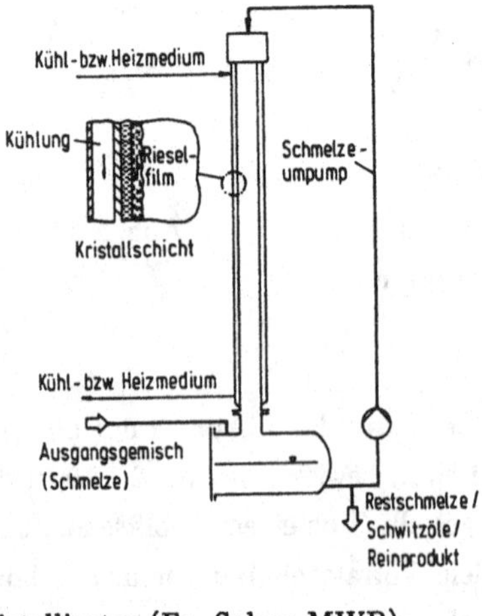

Abb. 2.3.11a: Rieselfilm-Kristallisator (Fa. Sulzer-MWB)

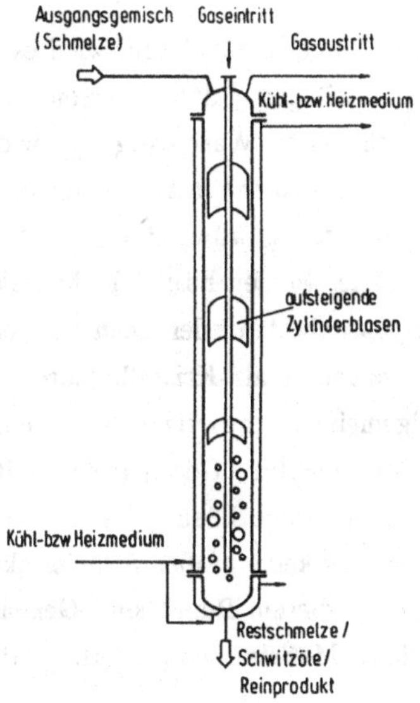

Abb. 2.3.11b: Blasensäulen–Kristallisator (Fa. Rütgerswerke)

Beim Rohrbündelapparat wird das zu trennende schmelzflüssige Gemisch durch gekühlte Rohre geleitet. Sobald eine gewisse Feststoffmenge der schwerer schmelzenden Komponente (oder Komponenten) auf der Rohrwand als Kruste aufgewachsen ist, wird die noch im Rohrkern befindliche Schmelze über ein Bodenventil abgelassen. Dann schließt sich meist der Vorgang des "Schwitzens" an. Hier wird die kristalline Schicht langsam aufgeheizt, sodaß nur die schwer schmelzende(n) Komponente(n) übrig bleibt (bleiben), welche schließlich oft sehr rein gewonnen werden kann (können).

Beim Rieselfilm–Kristallisator wird das zu trennende schmelzflüssige Gemisch am oberen Ende eines gekühlten Rohres oder Rohrbündels als Rieselfilm aufgegeben und über eine Pumpe umgepumpt. Wenn sich eine zusammenhängende Schicht mit einer gewissen Dicke gebildet hat, lassen sich im Kristallisat befindliche Verunreinigungen und schließlich die reinen Kristalle durch ein gesteuertes Aufheizen und partielles Abschmelzen gewinnen [24].

Der Blasensäulen–Kristallisator ist dadurch gekennzeichnet, daß sich die Kristallschichten in mantelgekühlten Rohren ausbilden, wobei durch die Schmelze Blasen eines Inertgases aufsteigen, um den Wärme– und Stoffaustausch zu verbessern [25].

c) Auskristallisieren von Suspensionen aus Schmelzen

Fällt das Kristallisat aus einer Schmelze körnig an, wird es entweder durch mechanische Flüssigkeitsabtrennung (Zentrifugen, Filter, Pressen) von der Schmelze separiert oder auch (manchmal erst nach einem Waschvorgang) wieder aufgeschmolzen. Die Wahl des Apparates hängt entscheidend davon ab, ob nur eine oder mehrere Trennstufen erforderlich sind, um Produkte mit gewünschter Reinheit zu erzielen. Gelingt dies durch eine theoretische Trennstufe, werden häufig Rührwerke, Fließbetten, mit inertem Kühlgas betriebene Dreiphasenbetten oder auch spezielle Apparate wie Kratz– und Scheibenkühler sowie Kühlwalzen als Kristallisatoren eingesetzt. Die apparatetechnische Lösung ist im allgemeinen schwieriger, wenn eine Stofftrennung mehrere Stufen erfordert. Hierfür kommt einmal die Gegenstromschaltung einstufiger Apparate in Frage, siehe Abb. 2.3.12 . Eine solche Lösung bereitet zwar bezüglich Betriebssicherheit und Maßstabsvergrößerung keine großen Schwierigkeiten, doch verursacht sie relativ hohe Investitionskosten. In diesem Punkt sind Gegenstromkristallisations–Kolonnen günstiger, doch führt deren Maßstabsvergrößerung oft zu Problemen [1].

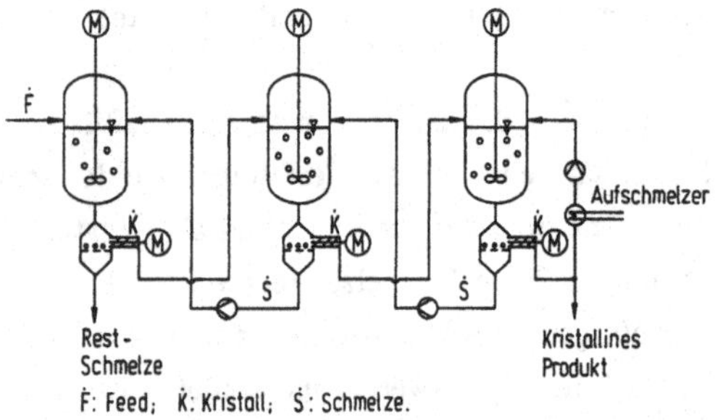

Abb. 2.3.12: Gegenstromschaltung von drei einstufigen Trennapparaten für die Schmelzkristallisation

In Abb. 2.3.13 sind einige apparatetechnische Lösungen dargestellt, und zwar der Brodie–Purifier mit Waagrechtförderung, die Kureha–Kolonne mit senkrechter mechanischer Zwangsförderung durch Doppelschnecken und die ebenfalls senkrecht angeordnete Phillips Druck–Kristallisierkolonne.

Der Brodie–Purifier besteht aus horizontal installierten, kaskadenartig geschalteten Kratzkühlern und einer vertikalen Reinigungskolonne. Bei der Kureha–Kolonne wird ein von der Restschmelze schon weitgehend befreites Kristallisat unten eingespeist und mittels der Doppelschnecke zum Kolonnenkopf transportiert. Nach vollständigem Aufschmelzen der Kristalle wird ein Teil der gereinigten Schmelze als Endprodukt abgezogen, während der andere Teil den nach oben geförderten Kristallen als Rückfluß entgegenströmt.

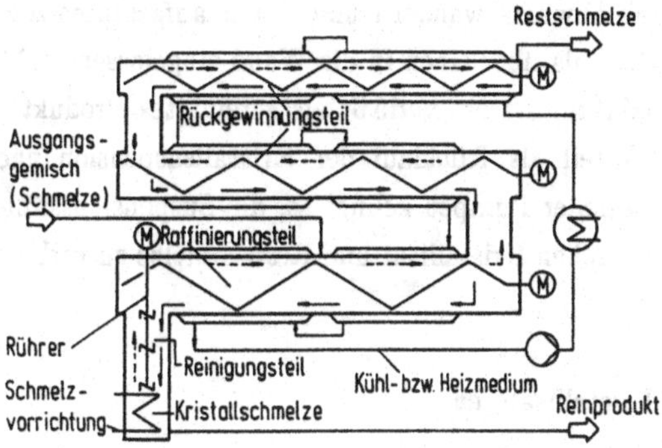

Abb. 2.3.13a: Brodie–Purifier

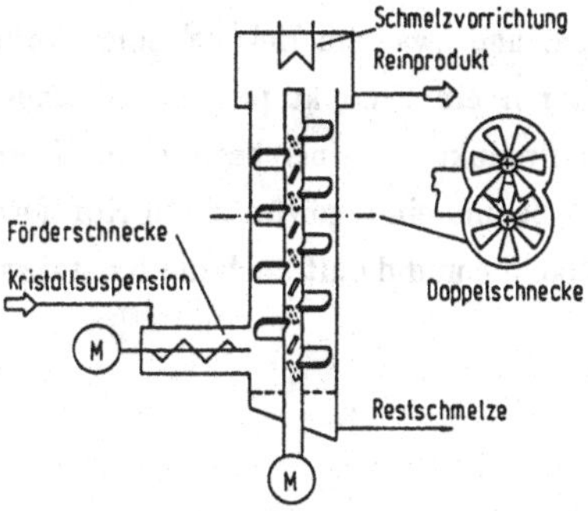

Abb. 2.3.13b: Kristallisierkolonne mit mechanischer Zwangsförderung (Fa. Kureha)

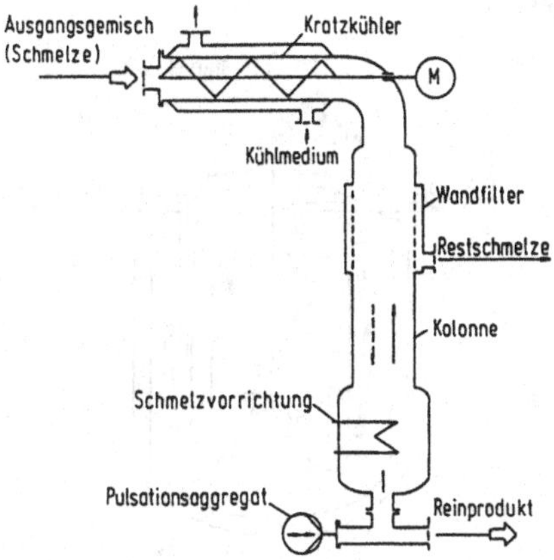

Abb. 2.3.13c: Druck-Kristallisationskolonne (Fa. Phillips)

Die Phillips–Druckkolonne ist dadurch gekennzeichnet, daß das zu reinigende Gemisch über einen Kratzkühler unter Druck in die Kolonne gefördert wird. Während die Kristalle in der Kolonne abwärts wandern und unten aufgeschmolzen werden, wird die flüssige Phase größtenteils über einen in die Wand eingelassenen Filter aus der Kolonne gepreßt. Ein Produktionsstrom verläßt als gereinigtes Produkt die Kolonne, während der restliche Anteil als Rücklauf der Kristallsuspension nach oben entgegenströmt. Mit Hilfe spezieller Pumpen gelingt es, die Suspensionssäule zu pulsieren, um den Stoffaustausch zwischen Kristallisat und Restschmelze zu verbessern.

2.4 Auslegung von Kristallisatoren

Die Auslegung von Kristallisatoren basiert zunächst auf Massen– und Energiebilanzen. Es sollen hier die Bilanzen für kontinuierlich und stationär betriebene Kristallisationsapparate formuliert werden, und zwar am Beispiel eines Rührwerkskristallisators. Da es darauf ankommt, nicht nur ein Produkt mit ausreichender Reinheit zu erzeugen, sondern überdies noch ein Produkt mit einer bestimmten Korngrößenverteilung, einer gewissen mittleren Korngröße und einer gewünschten Kornform, ist es erforderlich, die Zahl neugebildeter Kristallkeime und damit auch die Kristallzahl zu begrenzen.

2.4.1 Massenbilanz

In der Kristallisationstechnik ist es üblich, neben Massenbrüchen und –beladungen auch Massenkonzentrationen ρ in kg/m³ zu verwenden. In Abb. 2.4.1 ist ein Rührwerkskristallisator dargestellt.

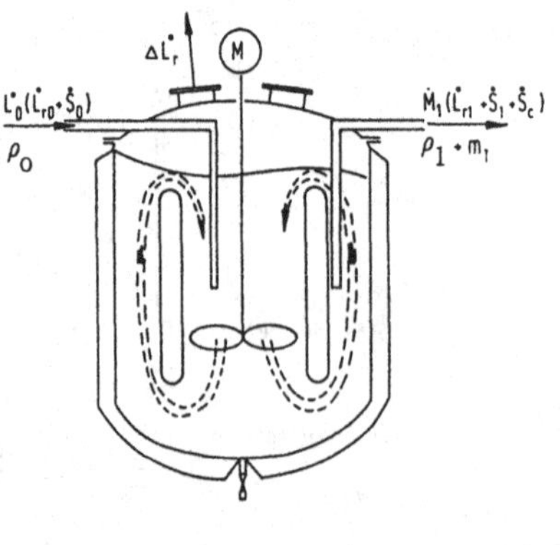

Abb. 2.4.1: Stoff- und Massenbilanz eines kontinuierlich betriebenen Kristallisators

Der in den Kristallisator eintretende Massenstrom $\dot{L}_0$ der Lösung mit der Konzentration ρ_0 ist gleich der Summe der Massenströme der Brüdendampfmenge $\Delta\dot{L}_r$ (Index 'r' für reines Lösungsmittel) und des Suspensionsstromes $\dot{M}_1 = \dot{V}_1 \rho_{susp}$:

$$\dot{L}_o = \Delta\dot{L}_r + \dot{M}_1 \quad . \tag{2.4.1}$$

Es wird hier angenommen, daß der Brüdendampf keinen gelösten Stoff enthält und keine Tröpfchen der Lösung mitgerissen werden. Der austretende Suspensionsstrom besteht aus Lösung der Konzentration ρ_1 und Kristallen, deren Suspensionsdichte m_T in kg Kristall/m³ Suspension betragen möge. Die Massenbilanz des gelösten Stoffes lautet mit φ als dem Volumenanteil der Kristalle in der Suspension [30]:

$$\dot{V}_o \cdot \rho_o = \dot{V}_1 (1 - \varphi) \rho_1 + \dot{V}_1 \varphi \rho_c \qquad \text{oder}$$

$$\dot{L}_o \cdot \frac{\rho_o}{\rho_{Lo}} = \dot{M}_1 \left[\frac{\rho_1}{\rho_{susp}} \left(1 - \frac{m_T}{\rho_c} \right) + \frac{m_T}{\rho_{susp}} \right] \quad . \tag{2.4.2}$$

Hierin ist die Größe ρ_c die Dichte der kompakten Kristalle, also die Feststoffdichte. Wenn die Suspensionsdichte (in industriellen Kristallisatoren ist häufig $m_T < 200$ kg/m³) viel kleiner als die Dichte der Suspension ρ_{susp} ist, und wenn die Dichten ρ_{Lo} und ρ_{susp} der eintretenden Lösung bzw. der Suspension angenähert gleich sind, liefert eine Kombination der Gl. (2.4.1) und (2.4.2):

$$\frac{\rho_o}{1 - \dfrac{\Delta\dot{L}_r}{\dot{L}_o}} - \rho_1 - m_T \approx 0 \quad . \tag{2.4.3}$$

Hierin ist die Größe $\Delta\dot{L}_r/\dot{L}_o$ das Vedampfungsverhältnis, welches bei Kühlungskristallisatoren Null ist. In diesem Sonderfall gilt:

$$\rho_o - \rho_1 - m_T = 0 \quad . \tag{2.4.4}$$

In Kühlungskristallisatoren fällt also bei gleichbleibender Dichte der Lösung die Konzentrationsdifferenz $\rho_o - \rho_1$ als volumenbezogene Kristallisatmenge m_T aus : $m_T = (\rho_o - \rho_1)$. (Im Falle eines absatzweise betriebenen Kühlungskristallisators würde man mit der Anfangskonzentration ρ_α und der Endkonzentration ρ_ω die Suspensionsdichte $m_T = (\rho_\alpha - \rho_\omega)$ erhalten). Die Differenz

$$\Delta\rho_0 = \rho_0 / (1 - \Delta\dot{L}_r/\dot{L}_0) - \rho^*$$

ist eine rechnerische Übersättigung, welche in einem ideal vermischten Kristallisator überall vorliegen würde, wenn weder Keimbildung noch Kristallwachstum aufträten. In Wirklichkeit liegt im ideal vermischten Apparat nur die Übersättigung $\Delta\rho < \Delta\rho_0$ vor, deren Größe vor allem durch die Kinetik (Keimbildung und Wachstum) bestimmt ist. Beim kontinuierlich betriebenen Kristallisator soll $\Delta\rho$ zeitlich und auch örtlich möglichst konstant und optimal sein. Die Sättigungskonzentration ρ^* hängt gemäß der Löslichkeitskurve $\rho^* = f(\vartheta)$ von der Temperatur ϑ ab, deren Wert sich aus der Energiebilanz ermitteln läßt. Die tatsächlich auftretende Übersättigung $\Delta\rho$ ist die für das Kristallwachstum maßgebliche Triebkraft. Sie läßt sich bei bekannter Löslichkeitskurve $\rho^* = f(\vartheta)$ aus der Temperaturdifferenz $\Delta\vartheta$ zwischen der tatsächlichen Temperatur und der zur Konzentration $\rho = \rho^* + \Delta\rho$ gehörigen Sättigungstemperatur ermitteln:

$$\Delta\rho = \frac{d\rho^*}{d\vartheta} \cdot \Delta\vartheta \ . \tag{2.4.5}$$

Handelt es sich um Stoffsysteme mit großer Kristallwachstumsgeschwindigkeit, ist die Übersättigung häufig viel kleiner als die Suspensionsdichte m_T. In diesem Sonderfall ist die Größe m_T angenähert gleich der rechnerischen Eintrittsübersättigung $\Delta\rho_0$:

$$m_T = \Delta\rho_0 = \frac{\rho_0}{\left[1 - \frac{\Delta\dot{L}_r}{\dot{L}_0}\right]} - \rho^* \ . \tag{2.4.6}$$

Beim diskontinuierlich betriebenen Kristallisator würde sich mit $\rho_\omega \approx \rho_\omega^*$ der Zusammenhang

$$m_T = \frac{\rho_\alpha}{\left[1 - \frac{\Delta L_r}{L_\alpha}\right]} - \rho_\omega^* \tag{2.4.7}$$

ergeben, wobei L_α die Lösungsmenge am Anfang und ΔL_r die abgedampfte Brüdenmenge darstellen.

Eine gewisse Schwierigkeit bei der Formulierung von Stoffbilanzen tritt auf, wenn Lösungsmittelmoleküle in das Kristallgitter eingebaut werden. Dies gilt insbesondere für wässrige Lösungen, welche Hydrate als Kristallisate bilden. Als Hydrat bezeichnet man das Kristallisat einschließlich des gebundenen Lösungsmittels, bei wässrigen Lösungen also einschließlich des Kristallwassers. Versteht man unter S_{hyd} die Masse des Hydrats, so läßt sich die Anhydratmasse S_c unter Berücksichtigung der molaren Masse $\tilde{M}$ des kristallwasserfreien Stoffes und derjenigen des Hydrats $\tilde{M}_{hyd}$ daraus berechnen:

$$S_c = S_{hyd} \frac{\tilde{M}}{\tilde{M}_{hyd}} \quad . \tag{2.4.8}$$

Weiterhin gilt:

$$\tilde{M}_{hyd} - \tilde{M} = \frac{\text{kg im Kristall gebundenes Lösungsmittel}}{\text{kmol lösungsmittelfreie Kristalle}} \quad . \tag{2.4.9}$$

Dies bedeutet, daß $(\tilde{M}_{hyd} - \tilde{M})$ kg im Kristall befindliches Lösungsmittel pro kmol lösungsmittelfreie Kristalle enthalten sind. Hieraus folgt:

$$\frac{\tilde{M}_{hyd} - \tilde{M}}{\tilde{M}} = \frac{\text{kg im Kristall gebundenes Lösungsmittel}}{\text{kg lösungsmittelfreie Kristalle}} \quad . \tag{2.4.10}$$

Gemäß Abb. 2.4.1 liefert eine Stoffbilanz des gelösten Stoffes:

$$\dot{S}_o = \dot{S}_1 - \dot{S}_c \quad , \tag{2.4.11}$$

oder mit der Beladung Y in $\frac{\text{kg gelöster Stoff}}{\text{kg Lösungsmittel}}$ auch:

$$\dot{S}_c = \dot{S}_o - \dot{S}_1 = Y_o \cdot \dot{L}_{ro} - Y_1 \cdot \dot{L}_{r1} \quad . \tag{2.4.12}$$

Dabei soll der Index r angeben, daß es sich um reines Lösungsmittel handelt. Eine Lösungsmittelbilanz ergibt:

$$\dot{L}_{ro} = \dot{L}_{r1} + \Delta\dot{L}_r + \dot{S}_c \cdot \left[\frac{\tilde{M}_{hyd}}{\tilde{M}} - 1 \right] \quad . \tag{2.4.13}$$

Schließlich erhält man folgendes Ergebnis, welches sich sowohl mit Beladungen Y [kg gelöster Stoff/kg Lösungsmittel] wie auch mit Massenanteilen y [kg gelöster Stoff/kg Lösung] formulieren läßt:

$$S_c = \dot{L}_{ro} \cdot \frac{Y_o - Y_1 \left[1 - \dfrac{\Delta \dot{L}_r}{\dot{L}_{ro}} \right]}{1 - Y_1 \left[\dfrac{\tilde{M}_{hyd}}{\tilde{M}} - 1 \right]} = \frac{\dot{L}_o (y_o - y_1) + \Delta \dot{L}_r y_1}{1 - y_1 \dfrac{\tilde{M}_{hyd}}{\tilde{M}}} \quad . \tag{2.4.14}$$

Die Masse an lösungsmittelhaltigem Kristallisat (bei wässrigen Lösungen an Hydrat) ergibt sich dann zu:

$$S_{hyd} = S_c \cdot \frac{\tilde{M}_{hyd}}{\tilde{M}} \quad . \tag{2.4.15}$$

Die maximale Kristallisatmasse wird dann erzeugt, wenn die austretende Lösung mit der Gleichgewichtskonzentration $c_1{}^*$ oder Gleichgewichtsbeladung $Y_1{}^*$ oder Gleichgewichtsmassenanteil $y_1{}^*$ austritt, also

$$\rho_1 = \rho_1{}^* \text{ oder } c_1 = c_1{}^* \text{ oder } Y_1 = Y_1{}^* \text{ oder } y_1 = y_1{}^* \text{ ist.}$$

Im Sonderfall der Kühlungskristallisation ($\Delta \dot{L}_r = 0$) und einem lösungsmittelfreien Kristallisat ($\tilde{M}_{hyd}/\tilde{M} = 1$) vereinfacht sich die Stoffbilanz für den gelösten Stoff zu:

$$S_c = L_{ro} (Y_o - Y_1) = L_o \left[\frac{y_o - y_1}{1 - y_1} \right] \quad . \tag{2.4.16}$$

Sind in einem Lösungsmittel zwei Stoffe gelöst, bietet sich zur Darstellung des Kristallisationsvorganges das Dreieckskoordinatennetz an. Die Ausbeute und die Zusammensetzung an Kristallisat lassen sich aus der Mischungsregel bestimmen. Dies soll mit Hilfe des in Abb. 2.4.2 gezeigten Dreieckkoordinatennetzes erläutert werden. Dieses Dreiecksnetz enthält oben ein Untersättigungsgebiet. In den beiden Zweiphasengebieten GCD und BED befinden sich eine Lösung und ein fester Stoff im Gleichgewicht. Im Dreiphasengebiet GBD treten neben der Lösung entsprechend dem Punkt D feste Kristalle aus beiden Komponenten auf.

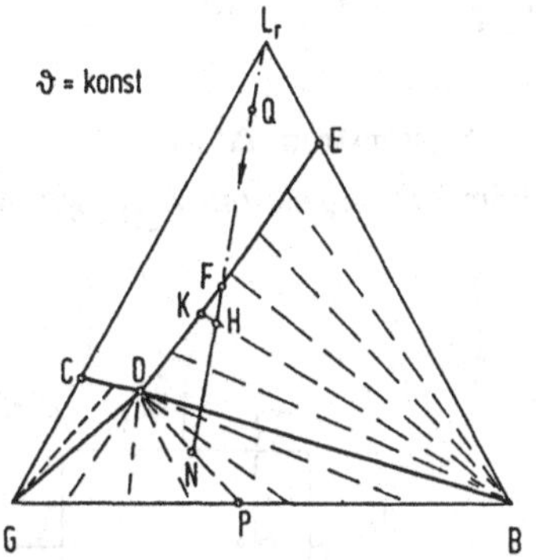

Abb. 2.4.2: Kristallisationsvorgang im Dreieckskoordinatennetz

Der Kristallisationsvorgang wird anhand eines Verdampfungskristallisators beschrieben. Liegt z.B. eine Lösung entsprechend Punkt Q vor und wird sie eingedampft, ändert sie sich gemäß einer Konjugationslinie durch die Punkte L_r,Q und F. Im Punkt F werden die ersten Kristalle ausgeschieden, welche aus dem Stoff B bestehen. Wird der Punkt H erreicht, sind mehr Kristalle ausgefallen, und die Lösung ist entsprechend der Änderung von F nach K an B verarmt. Wird schließlich die Verbindungslinie DB überschritten, gelangt man in das Dreiphasengebiet. Dann fallen auch Kristalle des Stoffes G aus. Die Mengenanteile der Kristallsorten G und B und der Lösung entsprechend Punkt D lassen sich für jeden Punkt im Dreiphasengebiet durch zweimalige Anwendung der Mischungsregel oder des Hebelgesetzes ermitteln. So zerfällt z.B. der Punkt N in die Lösung D und in ein Gemenge entsprechend Punkt P. Dieses Gemenge kann wiederum gemäß dem Hebelgesetz in die beiden Kristallisate G und B zerlegt werden. Wendet man die Mischungsregel auf die Punkte der Konjugationslinie an, läßt sich die auf die Lösung oder auf die Kristalle bezogene Menge an verdampften Lösungsmittel ermitteln.

2.4.2 Energiebilanz

Abb. 2.4.3 zeigt einen Kristallisator, in welchem der Massenstrom $\dot{L}_0$ der Lösung einströmt und aus dem der Massenstrom $\dot{L}_1$ austritt. Bei der Kühlungskristallisation wird der Wärmestrom

$$\dot{Q}_{ab} = \dot{L}_0 c_{L0} \Delta\vartheta \qquad \text{abgeführt,}$$

bei der Verdampfungskristallisation dagegen der Wärmestrom

$$\dot{Q}_{zu} = \Delta\dot{L}_r \Delta h_{LG} \qquad \text{zugeführt.}$$

In diesem Falle verläßt der Massenstrom $\Delta\dot{L}_r$ des dampfförmigen Lösungsmittels den Kristallisator, zu welchem der Enthalpiestrom $\dot{H}_{\Delta L_r}$ gehört.

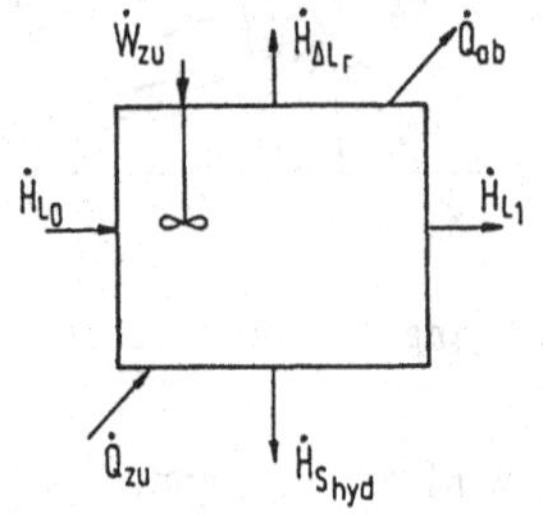

Abb. 2.4.3: Energiebilanz um einen einstufigen Kristallisator

Schließlich kann über das Umwälzorgan Energie zugeführt und bei nicht adiabatem Betrieb Wärme mit der Umgebung ausgetauscht werden. Wird der Kristallisator stationär betrieben, so erhält man folgende Energiebilanz um den Kristallisator:

$$\underbrace{\dot{Q}_{zu}}_{\substack{\text{zugeführter}\\ \text{Wärme-}\\ \text{strom}}} + \underbrace{\dot{H}_{Lo}}_{\substack{\text{Enthalpie}\\ \text{der zufließ.}\\ \text{Lösung}}} + \underbrace{\dot{W}_{zu}}_{\substack{\text{zugeführte}\\ \text{Arbeit}}}$$

$$= \underbrace{\dot{Q}_{ab}}_{\substack{\text{abgeführter}\\ \text{Wärme-}\\ \text{strom}}} + \underbrace{\dot{H}_{L1}}_{\substack{\text{Enthalpie}\\ \text{der abfließ.}\\ \text{Lösung}}} + \underbrace{\dot{H}_{S_{hyd}}}_{\substack{\text{Enthalpie}\\ \text{der}\\ \text{Kristalle}}} + \underbrace{\dot{H}_{\Delta L_r}}_{\substack{\text{Enthalpie}\\ \text{der}\\ \text{Brüden}}} . \qquad (2.4.17)$$

Die Kristallisationswärme ist die beim Kristallisieren bei konstanter Temperatur zu– oder abzuführende Wärmemenge und ist gleich dem negativen Wert der Lösungswärme bei der Auflösung von Kristallisat in der (nahezu) gesättigten Lösung. Die Kristallisationswärme ist in den Enthalpiegrößen enthalten. Bequem lassen sich Vorgänge in Kristallisatoren verfolgen, wenn für das zu untersuchende Stoffsystem ein Enthalpie-Konzentrationsdiagramm vorliegt. Hierbei besitzen nur die reinen Komponenten die Enthalpie Null bei der Bezugstemperatur, nicht dagegen die realen Gemische. In solchen Diagrammen lassen sich das Hebelgesetz oder die Mischungsregel anwenden. Dies soll am System Calciumchlorid/Wasser gezeigt werden. In Abb. 2.4.4 ist die spezifische Enthalpie abhängig vom Massenanteil für dieses System dargestellt.

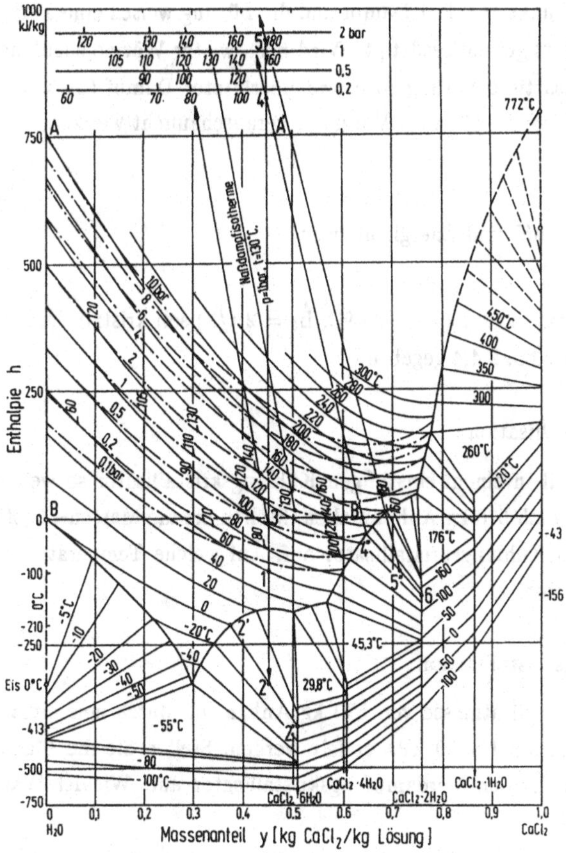

Abb. 2.4.4: Darstellung des Kristallisationsvorganges im Enthalpie-Konzentrations-Diagramm mit Hilfsskala für Naßdampfisotherme Calciumchlorid/Wasser, und zwar für die Kühlungskristallisation (1-2) und die Verdampfungskristallisation (1-3-4-5)

Bei der Kühlungskristallisation (1–2) wird Wärme abgeführt. Dabei nimmt die Enthalpie von Punkt 1 zu Punkt 2 ab. Punkt 2 liegt in einem Zweiphasengebiet, in welchem Lösung und Hexahydrat miteinander im Gleichgewicht stehen. Die Strecken (2,2″) und (2′,2) verhalten sich wie die Lösungsmenge zur Hexahydratmenge. Im Bild sind außerdem Vorgänge bei der Verdampfungskristallisation im Vakuum bei 0,5 bar zu sehen. Bei der Erwärmung der Ausgangslösung (y = 0,45, ϑ = 60 °C, Punkt 1) wird bei etwa 105 °C (Punkt 3) der Siedepunkt erreicht. Die Lösung steht dann mit einem

Dampf im Gleichgewicht, welcher salzfrei ist (Punkt 3", Schnittpunkt der Naßdampfisotherme mit der Abszisse y = 0). Wird weiterhin Wärme zugeführt, z.B. $\Delta h = 830$ kJ/kg (Punkt 4), zerfällt das System in eine Dampfphase (Punkt 4" ≈ 3") und in eine flüssige Phase (Punkt 4'). Der Dampf und die Lösung weisen eine Temperatur von 130°C auf. Die Lösung ist gerade gesättigt. Wird noch weiter Wärme zugeführt, so entstehen Kristalle (6), gesättigte Lösung (4') und überhitzter Dampf (5" ≈ 4" ≈ 3"). An Hand des folgenden Beispiels sollen die Vorgänge veranschaulicht werden.

Beispiel 2.4-1: Stoff- und Energiebilanzen

Eine 45%-ige $CaCl_2$ Lösung ($\vartheta = 60$ °C, $\dot{L}_0 = 2$ t/h) soll kristallisiert werden. Das h-y Diagramm ist in Abb. 2.4.4 gegeben.

a) Kühlungskristallisation :

Die Lösung soll in einem einstufigen Kühlungskristallisator so weit abgekühlt werden, daß stündlich 570 kg Anh. anfallen. Stellen Sie die Massen-, Stoff- und Energiebilanz für den Kühlungskristallisator auf. Auf welche Temperatur muß die Lösung abgekühlt werden?

b) Verdampfungskristallisation:

Die gleiche Anhydratmasse von 570 kg Anh/h soll durch eine einstufige Verdampfungskristallisation bei 50 kPa erzielt werden. Stellen Sie die Massen-, Stoff- und Energiebilanz für den Verdampfungskristallisator auf. Wieviel Wärme muß zugeführt werden?

Lösung:

Mit dem Massenbruch y in kg $CaCl_2$/kg Lösung und den molaren Massen $\tilde{M}_{anh}$ und $\tilde{M}_{hyd}$ für Anhydrat bzw. Hydrat ergeben sich folgende Bilanzen:

a) Kühlungskristallisation :

Massenbilanz: $\dot{L}_0 = \dot{M}_1 = \dot{L}_{r1} + \dot{S}_1 + \dot{S}_c$ für $\Delta\dot{L}_r = 0$ (vgl. Abb. 2.4.1)

Stoffbilanz: $y_0 \cdot \dot{L}_0 = \frac{\tilde{M}_{anh.}}{\tilde{M}_{hyd.}} \cdot \dot{K} + y_1 \cdot \dot{L}_1$ mit $\dot{L}_1 = \dot{L}_{r1} + \dot{S}_1$ und $\dot{K} \equiv \dot{S}_{hyd}$

Energiebilanz: $\dot{Q}_{zu} + \dot{H}_{L_0} + \dot{W}_{zu} = \dot{Q}_{ab} + \dot{H}_{L_1} + \dot{H}_{S_{hyd}} + \dot{H}_{\Delta L_r}$

mit $\dot{Q}_{zu} = \dot{H}_{\Delta L_r} = 0$ und $\dot{W}_{zu} \approx 0$ (vgl. Abb. 2.4.3)

Gegeben: $\dot{L}_0 = 2000$ kg/h

$y_0 = 0{,}45$ kg/kg , $\vartheta = 60$ °C → Abb. 2.4.4, Punkt 1

→ durch Abkühlung: $CaCl_2 \cdot 6H_2O$; $\tilde{M}_{hyd} = 219$ kg/kmol

erwünscht: $570 \frac{\text{kg } CaCl_2}{\text{h}}$; $\tilde{M}_{anh} = 111$ kg/kmol

d.h. $\dot{K}_{CaCl_2 \cdot 6H_2O} = \frac{\tilde{M}_{hyd}}{\tilde{M}_{anh}} \cdot 570 \frac{\text{kg } CaCl_2}{\text{h}} = 1124{,}6 \frac{\text{kg } CaCl_2 \cdot 6H_2O}{\text{h}}$

→ $\dot{L}_1 = (2000 - 1124{,}6) \frac{\text{kg Lösg}}{\text{h}} = 875{,}4 \frac{\text{kg Lösg}}{\text{h}}$

Es gilt für die Konodenabschnitte:

$$\frac{\dot{K}}{\dot{L}_1} = \frac{\overline{22'}}{\overline{22''}} = \frac{1124{,}6}{875{,}4} = \frac{1{,}28}{1}$$

oder $$\frac{\dot{K}}{\dot{L}_0} = \frac{\overline{22'}}{\overline{2'2''}} = \frac{1124{,}6}{2000} = \frac{0{,}56}{1}$$

Diese beiden Streckenverhältnisse werden auf der 0 °C Isotherme erreicht
→ Abkühlung auf 0 °C.

→ $y_1 = 0{,}37 \frac{\text{kg } CaCl_2}{\text{kg Lösg.}}$ (aus Abb. 2.4.4)

$$\dot{H}_{L_0} = \dot{L}_0 \cdot h_{L_0} = 2000\ kg/h \cdot (-100\ kJ/kg) = -200000\ kJ/h$$

$$\dot{H}_{L_1} = \dot{L}_1 \cdot h_{L_1} = 875{,}4\ kg/h \cdot (-210\ kJ/kg) = -183834\ kJ/h$$

$$\dot{H}_{S_{hyd}} = \dot{K} \cdot h_{S_{hyd}} = 1124{,}6\ kg/h \cdot (-413\ kJ/kg) = -464460\ kJ/h$$

$$\rightarrow \dot{Q}_{ab} = +448294\ kJ/h = \dot{L}_0 \cdot \Delta h_{ab} = 2000\ kg/h \cdot (-100-(-324))\ kJ/kg$$

b) Verdampfungskristallisation:

Massenbilanz: $\dot{L}_0 = \Delta\dot{L}_r + \dot{K} + \dot{L}_1$ (vgl. Abb. 2.4.1)

Stoffbilanz: $y_0 \cdot \dot{L}_0 = \frac{\tilde{M}_{anh}}{\tilde{M}_{hyd}} \cdot \dot{K} + y_1 \cdot \dot{L}_1$

Energiebilanz: $\dot{Q}_{zu} + \dot{H}_{L_0} + \dot{W}_{zu} = \dot{Q}_{ab} + \dot{H}_{L_1} + \dot{H}_{S_{hyd}} + \dot{H}_{\Delta L_r}$

mit $\dot{Q}_{ab} \approx \dot{W}_{zu} \approx 0$ (vgl. Abb. 2.4.3)

Verdampfung bei 50 kPa $\rightarrow$ $CaCl_2 \cdot 2H_2O$; $\tilde{M} = 147$ kg/kmol

$$\rightarrow \dot{K} = \frac{\tilde{M}_{CaCl_2 \cdot 2H_2O}}{\tilde{M}_{CaCl_2}} \cdot 570\ \frac{kg\ CaCl_2}{h} = 754{,}9\ kg/h$$

aus Stoffbilanz: $\dot{L}_1 = \frac{1}{y_1} \cdot \left(y_0 \cdot \dot{L}_0 - \frac{\tilde{M}_{anh}}{\tilde{M}_{hyd}} \cdot \dot{K}\right)$

mit $y_1 = 0{,}65\ \frac{kg\ CaCl_2}{kg\ Lösg.}$ (aus Abb. 2.4.4)

$$\rightarrow \dot{L}_1 = \frac{1}{0{,}65} \cdot \left(0{,}45 \cdot 2000 - \frac{111}{147} \cdot 754{,}9\right)\ kg/h = 507{,}7\ kg/h$$

$$\rightarrow \Delta\dot{L}_r = \dot{L}_0 - \dot{K} - \dot{L}_1 = 737{,}4\ kg/h$$

Konodenabschnitte:

$$\frac{\dot{K}}{\dot{L}_1} = \frac{\overline{4'5'}}{\overline{5'6}} = \frac{754{,}9}{507{,}7} = \frac{1{,}49}{1} \quad \rightarrow \quad \text{Punkt 5' in Abb. 2.4.4}$$

$$\dot{H}_{L_0} = -200000 \text{ kJ/h} \qquad \text{(siehe a))}$$

$$\dot{H}_{L_1} = \dot{L}_1 \cdot h_{L_1} = 507{,}7 \text{ kg/h} \cdot (-43) \text{ kJ/kg} = -21831 \text{ kJ/h}$$

$$\dot{H}_{S_{hyd}} = \dot{K} \cdot h_{S_{hyd}} = 754{,}9 \text{ kg/h} \cdot (-156) \text{ kJ/kg} = -117764 \text{ kJ/h}$$

$$\dot{H}_{\Delta L_r} = \Delta\dot{L}_r \cdot h_{\Delta L_r}$$

$h_{\Delta L_r}$ aus der Naßdampfisotherme durch Strahlensatz:

$$\frac{h_{\Delta L_r}}{h_{\Delta L_r} - 750 \text{ kJ/kg}} = \frac{\overline{BB'}}{\overline{AA'}} = 1{,}377 \quad \rightarrow \quad h_{\Delta L_r} = 2739{,}4 \text{ kJ/kg}$$

alternativ: Berechnung unter Verwendung der Dampftafel → Siedetemperatur von reinem Wasser $\vartheta^*(50 \text{ kPa}) = 81\ ^0\text{C}$

$$h_{\Delta L_r} = c_p'(50 \text{ kPa}) \cdot (\vartheta^* - 0\ ^0\text{C}) + \Delta h_v + c_p'' \cdot (130\ ^0\text{C} - \vartheta^*) =$$
$$= 4{,}2 \text{ kJ/(kg} \cdot \text{K)} \cdot 81 \text{ K} + 2305{,}2 \text{ kJ/kg} + 1{,}97 \text{ kJ/(kg} \cdot \text{K)} \cdot 49 \text{ K} = 2742 \text{ kJ/kg}$$

$$\rightarrow \quad \dot{H}_{\Delta L_r} = 737{,}4 \text{ kg/h} \cdot 2742 \text{ kJ/kg} = 2021951 \text{ kJ/h}$$

$$\dot{Q}_{zu} = \dot{L}_0 \cdot h_{zu} = \dot{H}_{L_1} + \dot{H}_{S_{hyd}} + \dot{H}_{\Delta L_r} - \dot{H}_{L_0} = 2082356 \text{ kJ/h}$$

$$\rightarrow \quad h_{zu} = \frac{\dot{Q}_{zu}}{\dot{L}_0} = 1041 \text{ kJ/kg}$$

Auftragen dieses Betrages ab Punkt 1 ergibt Punkt 5. Die Verlängerungen von 4′4 und 5′5 ergeben einen Schnittpunkt mit der Ordinate bei $y = 0$, welcher den Zustand des überhitzten Dampfes bei $\vartheta = 130\ ^0\text{C}$ und $p = 50$ kPa kennzeichnet.

2.4.3 Kornzahlbilanz

Zur Beschreibung der Korngrößenverteilung von Kristallisaten hat sich neben den in der Zerkleinerungstechnik üblichen Verteilungen (logarithmische Wahrscheinlichkeit und RRSB) die Anzahldichte n(L) eingebürgert und bewährt:

$$n(L) = \frac{dN}{dL} \quad . \tag{2.4.18}$$

Hierin ist die Größe N die Anzahl der Kristalle pro Volumeneinheit Kristallsuspension und L die Kristallgröße, z.B. deren Durchmesser. Die Anzahldichte n(L) gibt also die Zahl der Kristalle je Korngrößenintervall oder Klassenbreite ΔL in einem Kubikmeter Suspension an:

$$n(L) = \frac{\text{Zahl der Kristalle}}{\text{m}^3 \text{ Suspension} \cdot \text{m Klassenbreite}} \quad . \tag{2.4.19}$$

Die Kornzahlbilanz aller Kristalle in einem Korngrößenintervall dL läßt sich exakt durch folgenden Erhaltungssatz für beliebige Kristallisatoren beschreiben:

$$\frac{\partial n}{\partial t} + \frac{\partial (Gn)}{\partial L} + n \frac{\partial V}{V \partial t} + D(L) - B(L) + \sum_i \frac{\dot{V}_i n_i}{V} = 0 \quad . \tag{2.4.20}$$

Der Term $\partial n/\partial t$ gibt die zeitliche Änderung der Anzahldichte eines absatzweise betriebenen Kristallisators an und verschwindet beim kontinuierlich und stationär gefahrenen Apparat. Der Ausdruck $\partial(Gn)/\partial L$ beschreibt die Differenz der Kristalle, welche in ein Korngrößenintervall dL aufgrund der Kristallwachstumsgeschwindigkeit $G = dL/dt$ hinein– und herauswachsen. Der Term $n\, \partial V/(V \partial T)$ berücksichtigt zeitliche Veränderungen des Kristallisatorvolumens, z.B. bei absatzweise betriebenen Verdampfungskristallisatoren die Volumenverminderung durch Verdampfung von Lösungsmittel. Die Größen D(L) und B(L) kennzeichnen 'Death'– und 'Birth'–Raten, welche durch Agglomeration von Kristallen oder deren Abrieb und Bruch zustande kommen können. Vereinigen sich z.B. zwei große Kristalle, verschwinden sie aus ihrem Intervall, und der Zwilling wird ein anderes Intervall bevölkern. Reibt dagegen ein Kristall nennenswert ab oder bricht gar in Stücke, werden die abgeriebenen Teilchen oder die Bruchstücke in Intervallen mit kleinerem mittleren Durchmesser auftauchen. Schließlich gibt der Term

$$\sum_i \frac{\dot{V}_i n_i}{V}$$

die Summe aller in den Kristallisator ein– und austretenden Partikelströme an. Die Lösung dieser Gleichung ist insofern schwierig, weil die Entstehungsrate B(L) und die Verlustrate D(L) sich nicht allgemein für beliebige Fälle formulieren lassen. Denn Vorgänge wie Bruch und Abrieb von Kristallen werden durch mechanische und fluiddynamische Vorgänge verursacht und werden zunächst von der Kristallisationskinetik nicht beeinflußt. Befinden sich dann aber Bruchstücke und Abriebsteilchen in einer übersättigten Lösung, können sie wachsen. Ihre Wachstumsfähigkeit und ihre Wachstumsgeschwindigkeit werden nun maßgeblich von der Übersättigung Δc beeinflußt. Das komplizierte Zusammenspiel von mechanischen und kinetischen Effekten führt zu der großen Schwierigkeit, Entstehungs– und Verlustraten allgemein zu beschreiben. Im Labor lassen sich nun häufig Kristallisationsversuche so durchführen, daß kaum Bruch und Abrieb von Kristallen auftritt. Wenn dann zusätzlich noch dank einer guten Vermischung überall im Kristallisator die gleiche Übersättigung herrscht, werden sich keine Kristalle auflösen und alle ungefähr gleich schnell wachsen. In mäßig übersättigten Lösungen sollte bei kleinen Suspensionsdichten auch keine nennenswerte Agglomeration auftreten. Sind alle hier genannten Voraussetzungen erfüllt, lassen sich häufig in der Anzahldichtebilanz die Terme B(L) und D(L) vernachlässigen. Handelt es sich um einen kontinuierlich betriebenen Kristallisator ohne zeitliche Schwankungen, sind die Terme $\partial n/\partial t$ und $n \cdot \partial V/(V\partial t) = n \cdot \partial(\ln V)/\partial t$ beide gleich Null. Dann vereinfacht sich die Anzahldichtebilanz zu:

$$\frac{\partial(Gn)}{\partial L} + \sum \frac{n_i \cdot \dot{V}_i}{V} = 0 \quad . \tag{2.4.21}$$

Häufig ist bei kontinuierlich betriebenen Kristallisatoren die eingespeiste Lösung frei von Kristallen, und es wird nur ein Volumenstrom $\dot{V}$ kontinuierlich entnommen. In diesem Fall läßt sich die Anzahldichtebilanz noch weiter zu

$$\frac{\partial(Gn)}{\partial L} + n\,\frac{\dot{V}}{V} = 0 \tag{2.4.22}$$

vereinfachen.

Da das Verhältnis $\dot{V}/V$ aus dem Volumenstrom $\dot{V}$ und dem Volumen V gleich der mittleren Verweilzeit τ der als ideal vermischt angenommenen Suspension ist, erhält man mit $\tau = \dot{V}/V$:

$$\frac{\partial(Gn)}{\partial L} + \frac{n}{\tau} = 0 \ . \tag{2.4.23}$$

Dabei wird angenommen, daß die Lösung und die Kristalle die gleiche mittlere Verweilzeit im Kristallisator besitzen. Prinzipiell gesehen kann die Kristallwachstumsgeschwindigkeit G von der Partikelgröße abhängen. Bei größeren Kristallen ist das Kristallwachstum häufig angenähert korngrößenunabhängig. Dies hängt u.a. damit zusammen, daß bei diffusionslimitiertem Wachstum der Stoffübergangskoeffizient von Partikeln im Korngrößenbereich $100\ \mu m < L < 2000\ \mu m$ nur wenig von der Partikelgröße beeinflußt wird. Bei einbaulimitiertem Kristallwachstum und nicht allzu kleinen Übersättigungen hängt die Kristallwachstumsgeschwindigkeit ebenfalls nur schwach von der Kristallgröße ab. Wenn nun die Größe G keine Funktion der Korngröße L ist, darf sie in der letzten Gleichung vor das Differential gezogen werden. Dann erhält man:

$$G \cdot \frac{dn}{dL} + \frac{n}{\tau} = 0 \ . \tag{2.4.24}$$

Diese stark vereinfachte Beziehung für die differentielle Anzahldichtebilanz des Korngrößenbereiches dL gilt demnach nur für sog. **MSMPR**– (Mixed Suspension Mixed Produkt Removal) Kristallisatoren. Sie läßt sich integrieren, und man erhält mit der Integrationskonstanten n_o als Anzahldichte bei der Korngröße $L = 0$:

$$n = n_o \cdot \exp\left(-\frac{L}{G\tau}\right) \quad \text{oder} \quad \ln\left(\frac{n}{n_o}\right) = -\frac{L}{G\tau} \ . \tag{2.4.25}$$

Trägt man den Logarithmus der Anzahldichte n über der Kristallgröße L auf, ergibt sich eine Gerade mit der negativen Steigung $-(1/(G\cdot\tau))$. In Abb. 2.4.5 ist die Anzahldichte n(L) logarithmisch über der Korngröße L in einem halblogarithmischen Netz dargestellt. Da das Steigungsmaß der Geraden $-1/(G\cdot\tau)$ ist und die Verweilzeit $\tau = V/\dot{V}$ bekannt ist, läßt sich aus der Steigung der Geraden im Anzahldichtediagramm $\ln(n) = f(L)$ die mittlere Kristallwachstumsgeschwindigkeit G aller Kristalle bestimmen.

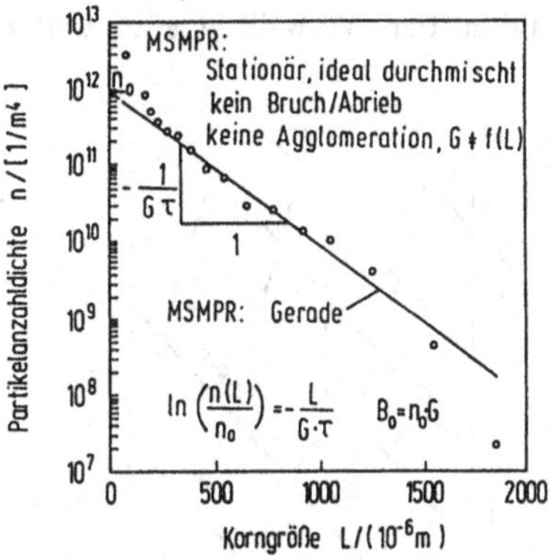

Abb. 2.4.5: Anzahldichte über der Kristallgröße für das Stoffsystem Ammoniumsulfat-Wasser bei einer mittleren Verweilzeit von $\tau = 3432$ s.

Bei der primären Keimbildung sind neu entstehende Keime sehr klein und liegen im Nanometerbereich, also im Bereich $L \to 0$. Mit dem Ordinatenabschnitt n_0 für $L = 0$ erhält man für die Keimbildungsrate B_0:

$$B_0 = \frac{dN_0}{dt} = \frac{dN_0}{dL} \cdot \frac{dL}{dt} = n_0 \cdot G \quad . \tag{2.4.26}$$

Damit lassen sich aus der Steigung $-1/(G\cdot\tau)$ und dem Ordinatenabschnitt n_0 der Gerade im Anzahldichtediagramm die beiden kinetischen Parameter, nämlich die Keimbildungs– und die Wachstumsgeschwindigkeit, ermitteln. Diese Größen bestimmen gemäß folgender Gleichung den Medianwert L_{50} der Korngrößenverteilung:

$$L_{50} = 3{,}67 \cdot \sqrt[4]{\frac{G}{6\cdot\alpha\cdot(B_0/\varphi)}} \quad . \tag{2.4.27}$$

Diese Gleichung ist in Abb. 2.4.6 dargestellt. Es ist die auf den volumetrischen Kristallgehalt φ (φ = Volumen aller Kristalle/Suspensionsvolumen) bezogene Keimbildungsrate B_0 über der mittleren Wachstumsgeschwindigkeit G aller Kristalle mit der mittleren Kristallgröße L_{50} als Parameter dargestellt. Über die Beziehung

$$L_{50} = 3.67 \cdot G \cdot \tau \tag{2.4.28}$$

ist es dann möglich, auch die mittlere Verweilzeit τ als weiteren Parameter einzutragen.

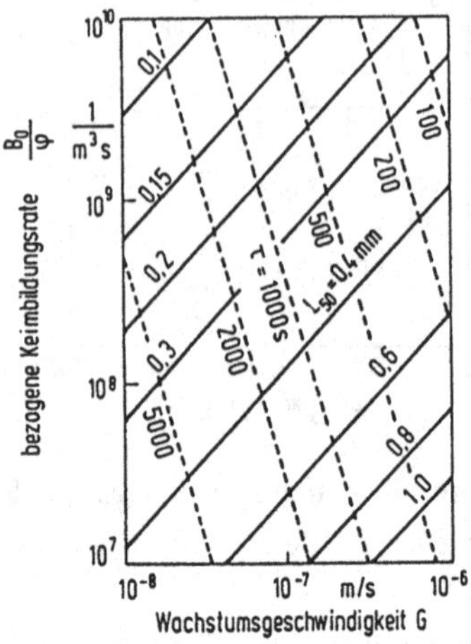

Abb. 2.4.6: Bezogene Keimbildungsrate in Abhängigkeit von der Wachstumsgeschwindigkeit für MSMPR-Kristallisation.

Beispiel 2.4-2: Bestimmung der Keimbildungsrate und Wachstumsgeschwindigkeit durch einen MSMPR-Versuch

Zur Ermittlung von Keimbildungsrate und Wachstumsgeschwindigkeit werden MSMPR Versuche in einem kontinuierlich betriebenen Modell– Kristallisator durchgeführt. Die mittlere Verweilzeit τ eines Volumenelements im Kristaller beträgt 3432 s.

Das Ergebnis der Siebanalyse einer repräsentativen Probe des Kristallisatorinhalts von V = 978 ml ist in der Tabelle dargestellt. Dazu wurden die Siebe drei mal gewogen:

$m_{S,\alpha}$ ist die Masse der Siebe am Anfang, vor der Analyse also ohne Kristallisat,
$m_{S,f}$ steht für die Masse der Siebe mit feuchtem Siebgut,
$m_{S,tr}$ ist schließlich die Masse von Sieb und Kristallisat, die eine Waage nach dem Trocknen anzeigt.

Nach dem kleinsten Sieb mit der Maschenweite 150 μm ist ein Filter angeordnet, das praktisch alle Teilchen aus der Lösung entfernt.

In Tab. 2.4.1 sind in den ersten vier Spalten die Meßwerte aufgeführt, während die letzen fünf Spalten ausgewertete Ergebnisse enthalten (siehe unten):

Tab. 2.4.1: Wertetabelle der Siebanalyse

Siebmaschenweite	Siebmasse leer	Siebmasse feucht	Siebmasse trocken		Summe $\Sigma m_{c,i}$	Massensumme	Massendichte	Anzahldichte
L_i	$m_{S,\alpha}$	$m_{S,f}$	$m_{S,tr}$	$m_{c,i}$	Summe	Q_3	q_3	n
[μm]	[g]	[g]	[g]	[g]	[g]	[-]	$[\frac{1}{m}]$	$[\frac{1}{m^4}]$
0	0,76	1,36	1,24	0,39	0,39	0,017	112,3	$3{,}5\cdot10^{12}$
150	103,99	105,38	104,72	0,23	0,62	0,027	330,6	$9{,}7\cdot10^{11}$
180	107,42	108,86	108,18	0,24	0,86	0,037	330,0	$5{,}8\cdot10^{11}$
212	106,76	108,42	107,67	0,34	1,20	0,052	388,3	$4{,}2\cdot10^{11}$
250	108,05	110,20	109,29	0,55	1,75	0,076	475,8	$3{,}0\cdot10^{11}$
300	108,63	111,40	110,35	0,92	2,67	0,116	726,9	$2{,}7\cdot10^{11}$
355	110,25	113,94	112,55	1,24	3,92	0,170	770,3	$1{,}7\cdot10^{11}$
425	113,82	117,46	116,12	1,28	5,20	0,225	740,9	$9{,}9\cdot10^{10}$
500	116,76	121,61	120,09	2,18	7,38	0,320	942,7	$7{,}5\cdot10^{10}$
600	116,16	120,94	119,18	1,68	9,06	0,393	663,1	$3{,}1\cdot10^{10}$
710	116,72	123,65	121,63	3,38	12,44	0,539	1044,8	$2{,}9\cdot10^{10}$
850	122,55	128,59	126,85	2,98	15,42	0,668	860,3	$1{,}4\cdot10^{10}$
1000	119,73	125,85	123,89	2,67	18,09	0,784	964,6	$1{,}1\cdot10^{10}$
1120	118,37	128,35	125,00	4,09	22,18	0,961	632,3	$4{,}2\cdot10^{9}$
1400	123,48	127,89	125,86	0,84	23,01	0,997	121,1	$4{,}3\cdot10^{8}$
1700	128,72	133,24	130,71	0,07	23,08	1,000	10,0	$2{,}1\cdot10^{7}$

Auf dem Sieb mit der Maschenweite 2000 μm waren keine Kristalle vorhanden.

Ermitteln Sie die Massendichteverteilung $q_3(L)$ und mittlere Korngröße L_{50} des Produktes sowie die Suspensionsdichte m_T.

Berechnen Sie die Anzahldichte n(L), die Wachstumsgeschwindigkeit G sowie die Keimbildungsrate B_o bei diesem Versuch.

Die Beladung der Lösung mit $(NH_4)_2SO_4$ im Kristallisator wurde gemessen:

$$Y = 0{,}7592 \frac{\text{kg Ammoniumsulfat}}{\text{kg Wasser}} \quad .$$

Als Volumenformfaktor α soll der Wert "1" verwendet werden.

Die Dichte von Ammoniumsulfat beträgt 1769 kg/m³.

Lösung:

Die Lösung erfolgt spaltenweise.

Zunächst wird aus den Siebmaschenweiten die arithmetische mittlere Partikelgröße $\overline{L}_i$ der Teilchen auf einem Sieb und die Klassenbreite bestimmt.

Die Kristallmasse $m_{c,i}$ einer Korngrößenklasse ergibt sich aus:

$$m_{c,i} = m_{S,tr} - m_{S,\alpha} - Y \cdot (m_{S,f} - m_{S,tr}) \quad .$$

Für die Probe auf dem Sieb mit 150 μm Maschenweite bedeutet das:

$$m_{c,150\,\mu m} = 104{,}72\text{ g} - 103{,}99\text{ g} - 0{,}75917 \cdot (105{,}38\text{ g} - 104{,}72\text{ g})$$

$$m_{c,i} = 0{,}23\text{ g}$$

Der letzte Term berücksichtigt, daß beim Trocknen der Siebe die Restflüssigkeit verdampft, das darin gelöste Salz aber auf den Sieben verbleibt.

Die Suspensionsdichte ist definiert als die Kristallmasse im Suspensionsvolumen und beträgt:

$$m_T = \frac{\sum_{k=0}^{\infty} m_{c,k}}{V} = \frac{23{,}08\text{ g}}{978\text{ ml}} = 23{,}60\text{ kg/m}^3 \quad .$$

Aus der Kristallmasse jeder Korngrößenklasse lassen sich die Massensummen ermitteln, indem man diese Kristallmassen bis zur jeweiligen Siebmaschenweite aufsummiert und durch die gesamte Kristallmasse teilt:

$$Q_{3,i} = \frac{\sum_{k=0}^{i} m_{c,k}}{\sum_{k=0}^{\infty} m_{c,k}} .$$

Der Anteil der Masse von Teilchen kleiner als 180 μm an der Gesamtmasse beträgt also:

$$\frac{0{,}39\ g + 0{,}23\ g}{23{,}08\ g} = 0{,}02 \text{ oder } 2\ \% .$$

Die Korngröße beim Massendurchgang von 0,5 wird als mittlerer Durchmesser L_{50} bezeichnet.

Aus der Massensummenkurve ergibt sich eine mittlere Korngröße von etwas über 750 μm.

Die Massendichte $q_3(L)$ ist die Kristallmasse einer Klasse dividiert durch die Gesamtmasse der Kristalle und durch die Klassenbreite.

Die Anzahldichte bezogen auf das Suspensionsvolumen (Populationsdichte) stellt die Zahl der Teilchen pro Klassenbreite und pro Suspensionsvolumen im Kristallisator dar.

Aus der Probenmasse auf einem Sieb berechnet man die Anzahl der Partikel, indem man diese Masse durch die Masse einer Einzelpartikel dividiert. Ein einzelnes Teilchen, das zwischen den Sieben der Maschenweite 150 μm und 180 μm liegt, hat die Masse:

$$M = \alpha \cdot \rho_c \cdot L^3 = 1 \cdot 1769\ kg/m^3 \cdot \left(\frac{180 \cdot 10^{-6} m - 150 \cdot 10^{-6} m}{2}\right)^3 = 7{,}95 \cdot 10^{-9}\ kg .$$

Aus der Kristallmenge $m_c(165\ \mu m) = 0{,}23$ g errechnet sich eine Partikelzahl von $2{,}88 \cdot 10^4$ Teilchen oder eine Teilchenkonzentration von $2{,}92 \cdot 10^7$ Teilchen/m³ von Partikeln der Größe 165 μm in der repräsentativen Probe und damit auch im Kristallisator.

Bezogen auf die Klassenbreite von 30 μm ergibt sich $n(165 \mu m) = 9{,}73 \cdot 10^{11}\ 1/m^4$ als Anzahl– oder Populationsdichte.

In der obigen Tabelle in der letzten Spalte sind neben den Meßwerten die so berechneten Populationsdichten aufgeführt. Die Anzahldichte läßt sich halblogarithmisch über der Korngröße auftragen (Abb. 2.4.5). Eine Regressionsgerade hat die Steigung $(-1/G\cdot\tau)$, liefert also die Wachstumsgeschwindigkeit $G = 6{,}14\cdot10^{-8}$ m/s sowie die Populationsdichte n_0 bei der Korngröße "0" aus dem Achsenabschnitt. Daraus kann dann die Keimbildungsrate aus $B_0 = n_0\cdot G$ berechnet werden.

Man erhält $n_0 = 1{,}1\cdot10^{12}[1/m^4]$ und $B_0 = 6{,}68\cdot10^4\,[1/m^3\cdot s]$.

Zur Überprüfung der Daten kann man z.B. die mittlere Korngröße, die man aus der Summenkurve erhalten hat, vergleichen mit dem Wert, der sich theoretisch aus der MSMPR–Theorie ergibt:

$$L_{50} = 750\,\mu m = 0{,}000750\text{ m}$$

$$3{,}67\cdot G\cdot\tau \overset{!}{=} L_{50} \overset{!}{=} 0{,}000772\text{ m} \quad ,$$

oder:

$$3{,}67\cdot\sqrt[4]{\frac{G}{6\cdot\alpha\cdot B_0/\varphi}} \overset{!}{=} L_{50} \overset{!}{=} 0{,}000780\text{ m} \quad .$$

Hierbei ist φ der Volumenanteil des Feststoffes $\varphi = \dfrac{m_T}{\rho_c}$.

Beispiel 2.4-3: Fällungskristallisation

In einer Versuchsanlage zur Untersuchung kontinuierlicher Reaktionskristallisationsprozesse soll Gips ausgefällt werden.

Die Versuchsanlage wird durch folgendes Anlagenschema charakterisiert:

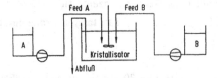

Abb. 2.4.7: Anlagenschema für die Fällungskristallisation

Der Vorratstank A enthält 50 l einer wässrigen Natriumsulfatlösung, der Vorratstank B 50 l einer wässrigen Calciumnitratlösung.

Zur Herstellung der wässrigen Natriumsulfatlösung (Tank A) werden 4 kg Na_2SO_4 in Wasser gelöst.

Beide Edukte werden mittels zweier Dosierpumpen dem Kristallisator zugeführt, wobei die Pumpen so eingestellt sind, daß beide Feedvolumenströme gleich groß sind. Die Feedvolumenströme betragen jeweils 1,5 ml/s. Die in dem 6–l–MSMPR–Kristallisator ablaufende Reaktion folgt der Gleichung:

$$Ca(NO_3)_2 + Na_2SO_4 \rightarrow CaSO_4 \downarrow + 2\,NaNO_3 \quad .$$

Hierbei entsteht schwerlöslicher Gips, welcher in Form von Calciumsulfat·Dihydrat-Kristallen ($CaSO_4 \cdot 2H_2O$) ausfällt.

Zur Ermittlung der Partikelgrößenverteilung des kristallinen Produktes wird ein Teilvolumenstrom durch einen Partikelgrößenanalysator geleitet. Die Volumenverteilung $\Delta V_S/V_S$ ist in Tab. 2.4.2 gegeben.

Neben der Partikelgrößenverteilung muß auch die stationäre Übersättigung an $CaSO_4$ des Kristallisators bestimmt werden. Mit Hilfe von ionenselektiven Sonden wurde eine Calcium–Ionen–Konzentration von $c_{Ca} = 7{,}0$ g/l gemessen.

Aufgaben:

a) Die beiden Edukte sollen im stöchiometrischen Verhältnis zugeführt werden. Wie groß sind die Konzentrationen an Na^+-, sowie an Ca^{++}-Ionen in den jeweiligen Vorratstanks (in kmol/$l_{Lösung}$)?

Welche Massen an $Ca(NO_3)_2 \cdot 4H_2O$ sowie an Wasser werden zur Herstellung der Lösung im Vorratstank B benötigt?

b) Wie groß ist die relative Anfangsübersättigung (in kmol/kmol) der Lösung im Kristallisator?

Wie groß ist die relative Übersättigung, die sich im stationären Zustand des Kristallisators einstellt (in kmol/kmol) ?

c) Welche Suspensionsdichte wird im Kristallisator erreicht?

Wie groß ist die Kristallmasse, die während des Versuches ausfällt?

d) Ermitteln Sie aus der gegebenen Volumenverteilung (Tab. 2.4.2) die Anzahldichteverteilung. Tragen Sie die berechnete Anzahldichteverteilung in ein Schaubild ein, und nähern Sie den Verlauf sinnvoll durch eine Regressionsgerade an.

e) Bestimmen Sie mit Hilfe der Regressionsgeraden die Wachstumsgeschwindigkeit G sowie die bezogene Keimbildungsrate B_o/φ.

f) Ermitteln Sie über die für MSMPR-Kristallisatoren gültigen Beziehungen den mittleren Partikeldurchmesser L_{50}. Vergleichen Sie diese Werte mit dem mittleren Partikeldurchmesser der Massensummenkurve.

Stoffwerte und Dichten:

$CaSO_4 \cdot 2H_2O$: $\rho_C = 2310$ kg/m³ ; $Ca(NO_3)_2$: $\rho_C = 2466$ kg/m³

Ca_2SO_4 : $\rho_C = 2665$ kg/m³ ; H_2O : $\rho_L = 1000$ kg/m³

Löslichkeitsprodukt von Gips:

$$K_{AB} = 2{,}3 \cdot 10^{-4}\ \text{mol}^2/\text{l}^2$$

Formfaktor von Gips:

$$\alpha = 2$$

Lösung:

a) Natriumionenkonzentration:

$$c_{Na} = 2 \cdot c_{Na_2SO_4} = 2 \cdot N_{Na_2SO_4}/V = 2 \cdot m_{Na_2SO_4}/\tilde{M}_{Na_2SO_4}/V$$

$$c_{Na} = (2 \cdot 4/142)/50\ \text{kmol/l} = 1.127\ \text{mol/l}_{Lösung}$$

Calciumionenkonzentration:

Bei stöchiometrischer Zufuhr ergibt sich:

$$c_{Ca} = c_{Na}/2 = 0{,}563\ \text{mol/l}_{Lösung}$$

Die Masse an $Ca(NO_3)_2 \cdot 4H_2O$ erhält man wie folgt:

$$m_{Ca(NO_3)_2 \cdot 4H_2O} = c_{Ca} \cdot \tilde{M}_{Ca(NO_3)_2 \cdot 4H_2O} \cdot V = 0{,}563 \cdot 236 \cdot 50\ \text{g} = 6{,}64\ \text{kg}$$

Benötigte Wassermenge:

Freiwerdendes Kristallwasser:

$$V_{K.H_2O} = 4 \cdot c_{Ca} \cdot V \cdot \tilde{M}_{H_2O}/\rho_{H_2O} = 4 \cdot 0{,}563 \cdot 50 \cdot 18/1000\ l = 2{,}03\ l$$

Volumen des Salzes:

$$V_{Ca(NO_3)_2} = c_{Ca} \cdot V \cdot \tilde{M}_{Ca(NO_3)_2}/\rho_{Ca(NO_3)_2}$$

$$= 0.563 \cdot 50 \cdot 164/2466\ l = 1{,}87\ l$$

Benötigte Wassermasse:

$$m_{H_2O} = (V - V_{K.H_2O} - V_{Ca(NO_3)_2}) \cdot \rho_{H_2O} = (50-2{,}03-1{,}87) \cdot 1000\ g = 46{,}1\ kg$$

b) Mengenbilanz:

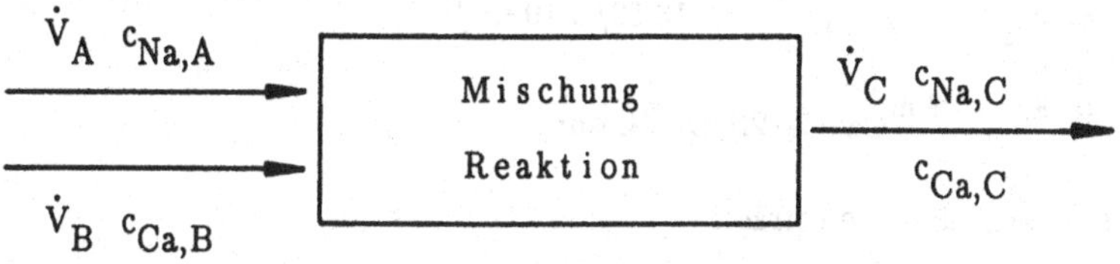

Abb. 2.4.8: Mengenbilanz um den Fällungskristallisator

Die relative Anfangsübersättigung berechnet sich bei stöchiometrischer Eduktzufuhr wie folgt:

$$\sigma_a = c_{Ca,C}/K_{AB}^{0,5} - 1$$

Die Anfangskonzentration an Calciumionen im Kristallisator erhält man aus einer Massenbilanz:

$$\dot{V}_A + \dot{V}_B = \dot{V}_c \qquad \text{(Gesamtbilanz)}$$

$$c_{Ca,B} \cdot \dot{V}_B = c_{Ca,C} \cdot \dot{V}_C \qquad \text{(Bilanz über die Calciumionen)}$$

Bei gleichen Feedvolumenströmen gilt

$$\dot{V}_C = 2 \cdot \dot{V}_A = 2 \cdot \dot{V}_B$$

Damit erhält man:

$$c_{Ca,C} = 0{,}5 \cdot c_{Ca,B} = 0{,}5 \cdot 0{,}563 \text{ mol/l} = 0{,}282 \text{ mol/l}_{Lösung}$$

$$\sigma_a = 0{,}282/(2{,}3 \cdot 10^{-4})^{0{,}5} - 1 = 17{,}6$$

Die stationäre relative Übersättigung berechnet sich zu:

$$\sigma_{st} = (7{,}0/40)/(2{,}3 \cdot 10^{-4})^{0{,}5} - 1 = 10{,}5$$

c) Die Suspensionsdichte m_T beträgt somit:

$$m_T = (\sigma_a - \sigma_{st}) \cdot K_{AB}{}^{0{,}5} \cdot \tilde{M}_{CaSO_4 \cdot 2H_2O} = (17{,}6-10{,}5) \cdot (2{,}3 \cdot 10^{-4})^{0{,}5} \cdot 172$$

$$m_T = 18{,}52 \text{ kg/m}^3_{Lösung}$$

Den Feststoffvolumenanteil erhält man zu:

$$\varphi = m_T/\rho_{CaSO_4 \cdot 2H_2O} = 18{,}52/2310 \text{ m}^3/\text{m}^3$$

$$= 8{,}0 \cdot 10^{-3} \text{ m}^3_{CaSO_4 \cdot 2H_2O}/\text{m}^3_{Lösung}$$

Die Gesamtkristallmasse beträgt:

$$m_c = m_T \cdot V_C = 18{,}52 \cdot 100 \text{ g} = 1{,}852 \text{ kg}$$

d) Die Anzahldichte berechnet sich wie folgt:

$$n = \Delta m_c/(m_{EK} \cdot V_{Probe} \cdot \Delta L) \quad ,$$

wobei der Index EK für "Ein Kristall" steht.

$$\Delta m_c = \Delta V_c/V_c \cdot m_T \cdot V_{Probe}$$

$$m_{EK} = \bar{L}^3 \cdot \alpha \cdot \rho_{CaSO_4 \cdot 2H_2O}$$

$$n = \Delta V_c/V_c \cdot m_T/(\bar{L}^3 \cdot \alpha \cdot \rho_{CaSO_4 \cdot 2H_2O})/\Delta L$$

Die berechneten Werte sind in der Tabelle 2.4.2 aufgeführt.

Tab. 2.4.2: Wertetabelle für die Fällungskristallisation

Partikelgröße	mittlere Partikelgröße	Klassenbreite	Volumenverteilung	Massensummenverteilg.	Anzahldichte
$L/[\mu m]$	$\bar{L}/[\mu m]$	$\Delta L/[\mu m]$	$\Delta V/V$	$\Sigma \Delta m_i/m$	$n/[\frac{1}{m^4}]$
2,31					
2,75	2,53	0,44	0,0012	0,001	$6{,}75 \cdot 10^{17}$
3.27	3,01	0,52	0.0037	0,0049	$1{,}05 \cdot 10^{18}$
3,89	3,58	0,62	0,0042	0,0091	$5{,}92 \cdot 10^{17}$
4,62	4,26	0,73	0,0047	0,0138	$3{,}35 \cdot 10^{17}$
5,50	5,06	0,88	0,0056	0,0194	$1{,}97 \cdot 10^{17}$
6,54	6,02	1,04	0,0068	0,0262	$1{,}20 \cdot 10^{17}$
7,78	7,16	1,24	0,0083	0,0345	$7{,}31 \cdot 10^{16}$
9,25	8,58	1,47	0,0098	0,0443	$4{,}33 \cdot 10^{16}$
11,00	10,13	1,75	0,0111	0,0554	$2{,}45 \cdot 10^{16}$
13.10	12.05	2.10	0,0122	0,0607	$1{,}33 \cdot 10^{16}$
15.60	14.35	2,50	0,0131	0,0807	$7{,}11 \cdot 10^{15}$
18,50	17,50	2,90	0,0136	0,0943	$3{,}79 \cdot 10^{15}$
22,00	20,25	3,50	0,0139	0,1082	$1{,}92 \cdot 10^{15}$
26,20	24,10	4,20	0,0141	0,1223	$9{,}61 \cdot 10^{14}$
31,10	28,65	4,90	0,0143	0,1366	$4{,}97 \cdot 10^{14}$
37,10	34,05	5,90	0,0150	0,1516	$2{,}58 \cdot 10^{14}$
44,00	40,50	7,00	0,0171	0,1687	$1{,}47 \cdot 10^{14}$
52,30	48,15	8,30	0,0215	0,1902	$9{,}30 \cdot 10^{13}$
62,20	57,25	9,90	0,0304	0,2206	$6{,}56 \cdot 10^{13}$
74,00	68,10	11,80	0,0445	0,2651	$4{,}79 \cdot 10^{13}$
88,00	81,00	14,00	0,0648	0,3299	$3{,}49 \cdot 10^{13}$
104,70	96,35	16,70	0,0876	0,4157	$2{,}35 \cdot 10^{13}$
124,50	114,60	19,80	0,1079	0,5254	$1{,}45 \cdot 10^{13}$
148,00	136,25	23,50	0,1180	0,6434	$7{,}96 \cdot 10^{13}$
176.00	162,00	28,00	0,1134	0,7568	$3{,}82 \cdot 10^{12}$
209,30	192,65	33,30	0,0954	0,8522	$1{,}61 \cdot 10^{12}$
248,90	229,10	39,60	0,0699	0,9221	$5{,}88 \cdot 10^{11}$
296,00	272,45	47,10	0,0463	0,9684	$1{,}95 \cdot 10^{11}$
352,00	324,00	56,00	0,0277	0,9961	$5{,}83 \cdot 10^{10}$
418,60	385,30	66,60	0,0039	1,0000	$4{,}10 \cdot 10^{9}$

e) Wachstumsgeschwindigkeit:

Entsprechend der MSMPR-Theorie können die Wachstumsgeschwindigkeit und die Keimbildungsrate wie folgt aus Abb. 2.4.9 ermittelt werden (Vgl. dazu Abb. 2.4.5).

Aus der Steigung der Gerade:

$$G = 1{,}7 \cdot 10^{-8}\ \mathrm{m/s}$$

Bezogene Keimbildungsrate:

$$B_0/\varphi = 1{,}06 \cdot 10^9\ 1/(\mathrm{m}^3 \cdot \mathrm{s})$$

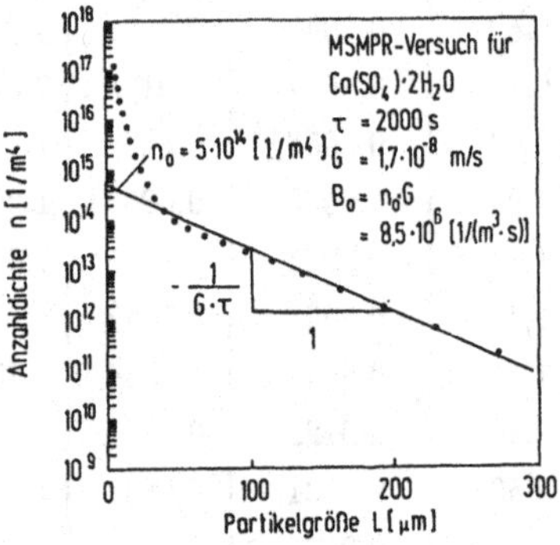

Abb. 2.4.9: Logarithmus der Anzahldichte n über der Partikelgröße L

f) L_{50} aus MSMPR-Gesetz:

$$L_{50} = 3{,}67 \cdot G \cdot \tau = 3{,}67 \cdot 1{,}7 \cdot 10^{-8} \cdot 6/(2 \cdot 0{,}09/60)\ \mathrm{m} = 124{,}8\ \mu\mathrm{m}$$

L_{50} aus Massensummenkurve:

$$L_{50} = 120\ \mu\mathrm{m}$$

2.4.4 Keimbildungs– und Wachstumsgeschwindigkeit

Bei der Kristallisation ist stets die Übersättigung zu begrenzen, um nicht zu viele Keime und damit ein nicht gewünschtes feines Produkt zu erhalten. In Abb. 2.2.12b ist die dimensionslose Übersättigung $\Delta c_{hom,met}/c_c$, bei welcher homogene primäre Keimbildung auftritt, abhängig von der dimensionslosen Sättigungskonzentration c^*/c_c dargestellt [9,10]. Als Parameter ist die relative Übersättigung $\sigma = \Delta c/c^*$ eingetragen.

Die in technischen Kristallisatoren in der Regel auftretenden Übersättigungen sind rund eine Zehnerpotenz kleiner als $\Delta c_{hom,met}$. Dies bedeutet, daß gut lösliche Stoffe mit $c^* > 0{,}1$ mol/l bei $\sigma < 0{,}1$ kristallisiert werden, also bei einer Übersättigung, bei welcher primäre, homogene Keimbildung nicht auftritt. In sauberen Lösungen werden durch heterogene Keimbildung kaum Keime erzeugt. Dagegen entstehen bei Kristallisaten mit $L_{50} > 100$ μm zahlreiche Abriebsteilchen durch Zusammenstoß von Kristallen mit Rührern, Pumpenlaufrädern, Apparatewänden oder auch mit anderen Kristallen. Wachsende Abriebsteilchen werden sekundäre Keime genannt, und man spricht von sekundärer Keimbildung. Dieser Keimbildungsmechanismus dürfte bei Systemen mit hoher Löslichkeit vorherrschen, welche zu groben Kristallisaten führen. Je kleiner die Löslichkeit, umso größer ist nach Abb. 2.4.10 die relative Übersättigung σ, bei welcher kristallisiert wird. Damit steigt die Wahrscheinlichkeit, daß sich heterogene primäre Keime bilden. Da die Kristallisate feiner ($L_{50} < 100$ μm) werden, entstehen deutlich weniger Abriebsteilchen, so daß die sekundäre Keimbildung abnimmt und der heterogene Keimbildungsmechanismus dominiert. Dagegen ist kaum mit homogener primärer Keimbildung zu rechnen, weil dies sehr hohe relative Übersättigungen erfordert, die allenfalls bei der Reaktions– oder Fällungskristallisation auftreten. Selbst dies dürfte nur zeitlich oder örtlich begrenzt zutreffen.

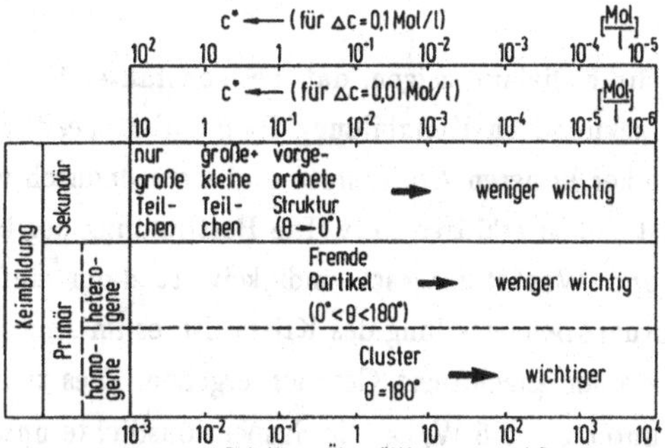

Abb: 2.4.10: Beziehung zwischen der Löslichkeit, der relativen Übersättigung und Keimbildungsmechanismen.

Eine Vorausberechnung von Keimbildungsgeschwindigkeiten ist wegen der geschilderten komplizierten Zusammenhänge (Fremdstoff– bzw. Abriebsteilchen) nicht möglich, so daß sie experimentell bestimmt werden. Hierfür benutzt man kontinuierlich betriebene und ideal vermischte Rührwerkskristallisatoren mit kristallfreier Einspeisung und isokinetischen repräsentativen Produktabzug, sog. 'Mixed Suspension Mixed Product Removal' (MSMPR) –Kristallisatoren. Die Versuche werden so durchgeführt, daß bei verschiedenen Verweilzeiten τ kristallisiert und jeweils die Anzahldichte n(L) bestimmt und in einem Anzahldichtediagramm dargestellt wird. Auf diese Weise lassen sich Wertepaare B_0 und G ermitteln. Abb. 2.4.11 zeigt die auf den Kristallvolumenanteil φ bezogene Rate der Keimbildung B_0 abhängig von der Kristallwachstumsgeschwindigkeit für Kaliumchlorid und Kalialaun, welche jeweils bei konstanter mittlerer spezifischer Leistung $\bar{\epsilon}$ kristallisiert wurden.

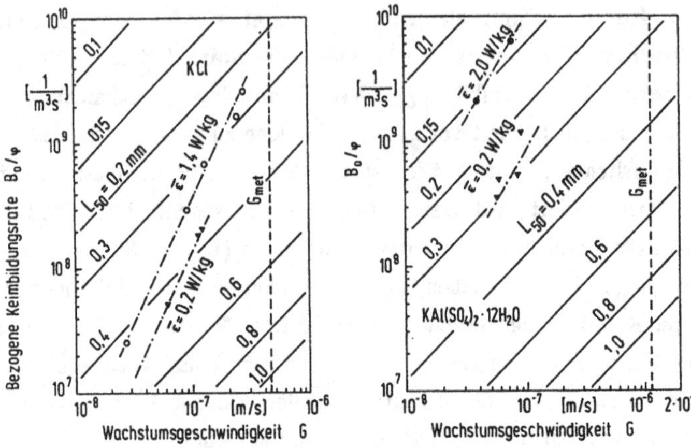

Abb. 2.4.11: Keimbildungsrate verschiedener Stoffsysteme

Die beiden Geraden für Kalialaun zeigen, daß bei konstanter Wachstumsgeschwindigkeit G die Rate der sekundären Keimbildung B_0 mit der spezifischen Leistung $\bar{\epsilon}$ ansteigt, was sich aus einer höheren Abriebsrate und einer dadurch verursachten größeren Zahl von Abriebsteilchen erklären läßt. Die Bestimmung der kinetischen Parameter Keimbildungs– und Wachstumsgeschwindigkeit ist dann einfach und eindeutig, wenn sich für die Korngrößenverteilung des Kristallisates im Anzahldichte–Diagramm $n(L) = f(L)$ Geraden oder angenähert Geraden ergeben. Dies trifft i.a. zu, wenn die spezifische Leistung unter $\bar{\epsilon} = 0{,}5$ W/kg ,die Suspensionsdichte unter $m_T = 50$ kg/m³ und entsprechend der Kristallvolumenanteil φ unter $\varphi = 0{,}02$ liegt und die mittlere Verweilzeit τ kürzer als $\tau = 5000$ s ist. Werden diese Betriebsparameter überschritten, entstehen bei hohen spezifischen Leistungen und Suspensionsdichten sowie langen Verweilzeiten soviele Abriebsteilchen, daß die Vereinfachungen der Anzahldichtebilanz nicht mehr zutreffen. Die Bestimmung der Größen B_0 und G für solche Fälle ist in der Literatur beschrieben, z.B. [31].

2.4.5 Dimensionierung von Kristallisatoren

Die mittlere Verweilzeit der Suspension in kontinuierlich betriebenen Kristallisatoren beträgt häufig eine bis zwei Stunden. Bei vorgegebenem Lösungsvolumenstrom $\dot{V}$ ergibt sich dann das Kristallisatorvolumen zu $V = \dot{V} \cdot \tau$. Wählt man die Verweilzeit τ kürzer, wird das Kristallisat feiner. Dagegen ist die Übersättigung Δc bei langen Verweilzeiten sehr klein, so daß das Kristallisat sehr langsam wächst, aber, inbesondere bei hohen spezifischen Leistungen, abgerieben wird. Bei abriebsfreudigem Kristallisat (z.B. KNO_3) durchläuft deshalb die mittlere Korngröße L_{50} abhängig von der Verweilzeit τ bei $\tau \approx 1$ bis 2 Stunden ein Maximum. Entsprechend diesem Maximum wird häufig die mittlere Verweilzeit gewählt.

Bei der Konstruktion des Kristallisators sind die Wärmeaustauscherflächen ausreichend groß vorzusehen, um bei der Kühlungskristallisation die Lösung entsprechend zu kühlen bzw. bei der Verdampfungskristallisation das Lösungsmittel zu verdampfen. Dabei sind die Wärmestromdichten $\dot{q} = \alpha \cdot \Delta\vartheta$ und damit auch die Temperaturdifferenzen $\Delta\vartheta = \dot{q}/\alpha$ zwischen Lösung und Oberfläche des Wärmeaustauschers zu begrenzen. Denn wenn gemäß

$$\Delta c = \frac{dc^*}{d\vartheta} \cdot \Delta\vartheta = \frac{dc^*}{d\vartheta} \cdot \dot{q}/\alpha \tag{2.4.29}$$

die Übersättigung zu groß wird, kann eine so beträchtliche heterogene Keimbildung auftreten, daß ein sehr feines Produkt entsteht und die Wärmeaustauscherflächen schnell verkrusten. Bei der Verdampfungskristallisation wird daher bevorzugt die Vakuum–Entspannungsverdampfung eingesetzt.

Die spezifische Leistung $\bar{\epsilon}$ ist so zu wählen, daß die Kristalle in Schwebe gehalten werden und die Suspension ausreichend vermischt wird. Im allgemeinen ist ein Wert von $\bar{\epsilon} = 0{,}5$ W/kg ausreichend. Bei einer Maßstabsvergrößerung mit $\bar{\epsilon} = \text{const}$ ist zwar mit der gleichen mittleren Korngröße zu rechnen, doch wird die Vermischung schlechter, denn eine konstante Mischzeit in Modell– und Großausführung würde die gleiche Drehzahl des Rührers oder Umwälzorgans in beiden Kristallisatoren erfordern.

Weitere Modellgesetze von Rührwerkskristallisatoren zeigen, daß bei gleicher mittlerer spezifischer Leistung $\bar{\epsilon}$ im Modellrührwerk und im großtechnischen Produktionskristallisator mit zunehmender Kristallisatorgröße und geometrischer Ähnlichkeit

- die mittlere Korngröße entweder konstant bleibt oder sogar geringfügig zunimmt,
- die Kristalle gleichmäßiger im Rührwerk suspendiert werden und

- Lösung und Suspension schlechter vermischt sind, was zu lokalen Unterschieden der Übersättigung Δc und der Suspensionsdichte m_T führt.

Die Suspensionsdichte kann in Produktionskristallisatoren bis zu $m_T = 500$ kg/m³ betragen, was Kristallvolumenanteilen von $\varphi = 0{,}2$ bis 0,25 entspricht.

Beispiel 2.4-4: Maßstabsvergrößerung eines Kühlungskristallisators

Versuche zur Kristallisation von KNO_3 in einem kontinuierlich betriebenen 6 Liter Rührwerkskühlungskristallisator haben bei einer mittleren Verweilzeit von $\tau = 1$h und einer spezifischen Leistung $\bar{\epsilon} = 0.5$ W/kg eine mittlere Korngröße von $L_{50} = 0.55$ mm ergeben. Dabei wurde dem Apparat ein Volumenstrom von 6 dm³/h einer wässrigen, untersättigten Kaliumnitratlösung von 35,6 °C zugeführt, welche eine Beladung von $Y_0 = 0.53$ kg KNO_3/kg H_2O und eine Dichte von $\rho_{Lo} = 1250$ kg/m³ besitzt. Die Lösung wird im Kristallisator auf $\vartheta = 22.3$ °C abgekühlt. Die Suspension verläßt den Apparat mit der Sättigungsbeladung $Y^* = 0.35$ kg KNO_3/kg H_2O (Dichte $\rho_{L1} = 2110$ kg/m³). Die Dichte des kristallinen Feststoffes beträgt $\rho_c = 2110$ kg/m³.

Welcher Kristallvolumenanteil φ stellt sich im Apparat ein?

Wie ist ein großtechnischer Kristallisator für einen Volumenstrom von $\dot{V}_f = 6$ m³/h auszulegen, wenn die gleiche mittlere Korngröße L_{50} erzielt werden soll?

Lösung:

Nach Gleichung (2.4.6) ergibt sich für einen Kühlungskristallisator ($\Delta L_r = 0$) die Suspensionsdichte m_T zu:

$$m_T = \rho_o - \rho^* = \rho_{Lo} y_o - \rho_{L1} y^* = \rho_{Lo}\left[\frac{Y_o}{1+Y_o}\right] - \rho_{L1}\left[\frac{Y^*}{1+Y^*}\right] ,$$

oder:

$$m_T = 1250 \cdot \left[\frac{0{,}53}{1+0{,}53}\right] - 1180 \cdot \left[\frac{0{,}35}{1+0{,}35}\right] = 127{,}1 \text{ kg/m}^3 .$$

Mit der Dichte des kristallinen Feststoffes läßt sich hieraus der Volumenanteil φ der Kristalle berechnen:

$$\varphi = \frac{m_T}{\rho_c} = \frac{127{,}1}{2110} = 0{,}06 .$$

Nach Gl. (2.4.27) wird die gleiche mittlere Korngröße dann erzielt, wenn die kinetischen Größen B_0 und G sowie der Volumenanteil φ der Kristalle konstant gehalten werden. Wie aus der Berechnung des Volumenanteils ersichtlich, bleibt φ konstant, wenn die Beladungen Y_0 und Y^* gleich bleiben. Y^* hängt von der Temperatur im Kristallisator ab, die demnach nicht verändert werden darf.

Eine konstante Wachstumsgeschwindigkeit G setzt die gleiche Übersättigung Δc im Modell– und im Produktionskristallisator voraus. Eine Konstanz der Rate der sekundären Keimbildung erfordert darüber hinaus, daß auch die spezifische Leistung $\bar{\epsilon}$ konstant gehalten wird [10]. Da die Übersättigung Δc eindeutig von der mittleren Verweilzeit τ abhängt, wie zahlreiche Versuche gezeigt haben, genügt es, neben den Parametern $\bar{\epsilon}$ und φ die mittlere Verweilzeit $\tau = V/\dot{V}_f$ konstant zu halten, was bei einem Volumen des Kristallisators von

$$V = \tau \cdot \dot{V}_f = 1\,h \cdot 6\,m^3/h = 6\,m^3$$

gegeben ist.

2.5 Fraktionierende Kristallisation

Wenn sich bei verfahrenstechnischen Trennoperationen in einer Trennstufe (z.B. ein Verdampfer oder ein einstufiger Absorber oder Extraktor) ein binäres Gemisch nicht genügend rein in seine beiden Komponenten zerlegen läßt, gelingt dies häufig durch Anwendung des Gegenstromprinzips, wobei die beiden Phasen im Gegenstrom geführt werden und zwischen ihnen Stoff übertragen wird. Wendet man dieses Prinzip auf die Kristallisation an und führt eine feste Kristall– und eine flüssige (Lösung oder Schmelze) Phase im Gegenstrom, spricht man von fraktionierender Kristallisation.

2.5.1 Verfahrenstechnische Grundlagen

Die Trennschwierigkeit läßt sich beschreiben, wenn die sich im Gleichgewicht befindenden Phasen mit den Konzentrationen in der festen (Massen– oder Molenbruch x bzw. $\tilde{x}$) und in der flüssigen Phase (Massen– oder Molenbruch y bzw. $\tilde{y}$) abhängig von Druck und Temperatur bekannt sind, z.B. in Form von Schmelz– und Gleichgewichtsdiagrammen. So zeigt Abb. 2.5.1 das Schmelzdiagramm von Ethylenbromid–Ethylenchlorid und Abb. 2.5.2 das dazugehörige Gleichgewichtsdiagramm.

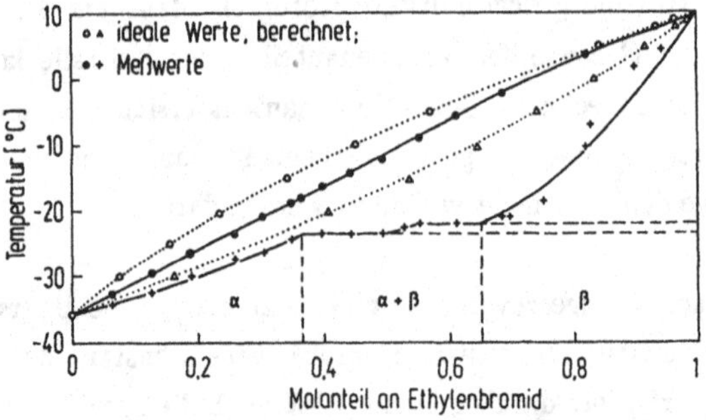

Abb. 2.5.1: Schmelzdiagramm des Systems Ethylenbromid-Ethylenchlorid ([32])

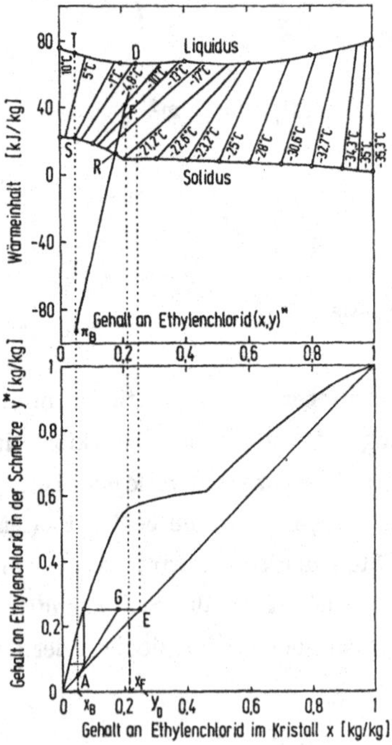

Abb. 2.5.2: Enthalpie-Konzentrations- und Gleichgewichtsdiagramm des Systems Ethylenbromid-Ethylenchlorid [32]

Ethylenbromid mit einem Schmelzpunkt von 10 °C ist in der Schmelze stets schwächer konzentriert als im Kristall. Reines Ethylenchlorid hat einen Schmelzpunkt von –35,3°C. Je kleiner das Verhältnis y^*/x ist, um so größer ist bei der fraktionierenden Kristallisation die Trennschwierigkeit. Da das Gemisch $C_2H_4Cl_2$–$C_2H_4Br_2$ ein Entmischungsgebiet ($\alpha+\beta$) besitzt und eine Peritektikale bei –23,5° C aufweist, weicht das

Schmelzdiagramm erheblich von einer idealen Schmelzlinse oder Lanzette ab, welche z.B. beim System 2,4 Dinitrochlorbenzol–2,4–Dinitrobrombenzol vorliegt, vergl. Abb. 2.2.5. Die polymorphe Umwandlung vom Typ I nach Rooseboom (Mischkristalle oder feste Lösung) nach Typ IV (Peritektikum) weitet die Soliduskurve so auf, daß die an Dibromethylen reiche Mischung leichter zu fraktionieren ist, als dies bei einem sich ideal verhaltenden System der Fall wäre. Im Gebiet α scheiden sich Ethylendichlorid-reiche und im Gebiet β Ethylendibromid–reiche Mischkristalle ab.

Trägt man die Konzentration y^* in der Schmelze über der Konzentration x im Kristall für die jeweilige Schmelztemperatur auf, erhält man das Gleichgewichtsdiagramm $y^* = f(x)$, siehe Abb. 2.5.2. Handelt es sich nicht um eine sehr bauchige Kurve mit sehr großen Werten y^*/x , lassen sich die reinen Komponenten nur durch eine fraktionierende Kristallisation mit einer gewissen Trennstufenzahl gewinnen, was sich technisch in einer Gegenstromkolonne realisieren läßt. Abb. 2.5.3 zeigt das Schema einer solchen Kolonne mit einem Verstärkungs– und einem Abtriebsteil.

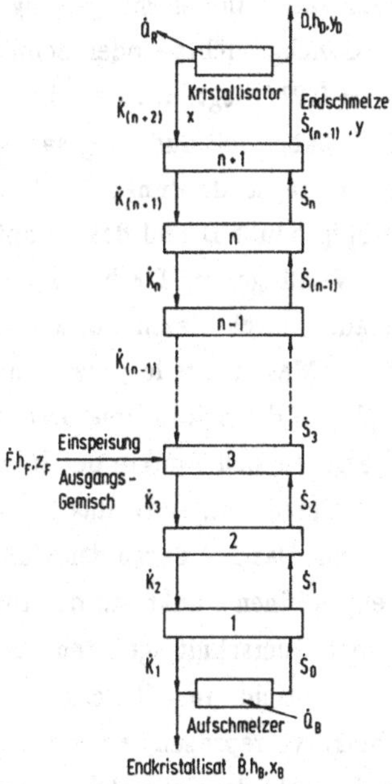

Abb. 2.5.3: Gegenstromschema zur franktionierten Kristallisation aus der Schmelze mit doppeltem Rücklauf [32]. K: Kristallisat, S: Schmelze

Das Ausgangsgemisch wird je nach dessen Konzentration und gewünschten Reinheiten der oben und unten abgezogenen Ströme an passender Stelle in die Kolonne eingespeist. Der Kristallisatstrom bewegt sich von oben nach unten im Gegenstrom zur Schmelze. Ein Teil der oben ankommenden Schmelze wird im Kristallisator auskristallisiert und dient als Rückfluß. Unten in der Kolonne wird das ankommende Kristallisat nur zum Teil als Produkt abgezogen, während der andere Teil im Aufschmelzer verflüssigt wird und sich dann als Schmelze in der Kolonne nach oben bewegt.

Die Trennstufenzahl läßt sich dann bequem ermitteln, wenn über dem Gleichgewichtsdiagramm ein Enthalpie–Konzentrations–Diagramm angeordnet wird. Dies soll am Beispiel einer Abtriebskolonne zur Trennung des binären Gemisches Ethylendichlorid-Ethylendibromid gezeigt werden (Abb. 2.5.2):

Ein Gemisch aus Schmelze und Kristallisat von 21 Massen–% $C_2H_4Cl_2$ und einer Temperatur von –11 ^{0}C soll in einer bezüglich Ethylendichlorid als Abtriebssäule arbeitenden Kolonne in eine am Boden abgezogene Schmelze mit nur noch 5 Massen–% $C_2H_4Cl_2$ und eine Restschmelze mit 24,5 Massen–% $C_2H_4Cl_2$ aufgetrennt werden. Enthalpie und Konzentration in der Einspeisung werden durch den Punkt F angegeben, welcher auf der Gleichgewichts– oder Schmelzisothermen von –11 ^{0}C und auf der Senkrechten $y = 0{,}21$ liegt. Da der oben abgezogene Überlauf einen Massenanteil von $y_D = 0{,}245$ haben soll und als gesättigte Schmelze auf der Liquiduslinie liegt, läßt sich der entsprechende Punkt D sofort angeben. Wenn die eingespeiste Schmelze F in das Kopfprodukt D und das Sumpfprodukt B mit $x_B = 0{,}05$ zerlegt wird, muß π_B auf der Verlängerung DF bei $x_B = 0{,}05$ liegen, wodurch sich der Pol π_B ergibt. Alle Geraden durch diesen Pol kennzeichnen Bilanz– oder sog. Querschnittsgeraden. Wenn die Massenanteile y der Schmelze auf der Liquiduslinie und die Anteile x der Kristalle auf der Soliduslinie jeweils in das Gleichgewichtsdiagramm übertragen werden, ergeben sich Punkte der Bilanzkurve, welche im vorliegendem Fall angenähert eine Gerade ist. (z.B. das Lot durch den Punkt D ergibt den Punkt E im x–y–Diagramm. Das Lot durch den Punkt R bis zum Schnittpunkt mit der Vertikale durch E ergibt einen Punkt auf der Bilanzlinie G). Man legt nun durch jeden Schnittpunkt einer Querschnittsgeraden mit der Soliduskurve die entsprechende Schmelzisotherme, welche im Gleichgewichtsdiagramm durch einen Punkt auf der Gleichgewichtskurve repräsentiert wird. Die Zahl der erforderlichen Trennstufen ist dann gleich der Zahl der Schmelzisothermen, die sich nach Ausführung der Konstruktion, nämlich Querschnittsgerade durch den Pol, dann Schmelzisotherme durch den Soliduskurvenschnittpunkt, ergeben. Diese Zahl n kann auch im Gleichgewichtsdiagramm aus der Zahl der Berührungspunkte der Treppenzugkurve zwischen Gleichgewichts– und Bilanzkurve ermittelt werden. Sollen nun im allgemeinen Fall beide Komponenten angenähert rein gewonnen werden, sind sowohl eine Abtriebs– wie auch eine Verstärkungskolonne erforderlich, siehe Abb. 2.5.3 . Der Pol π_B der Abtriebskolonne und der Pol π_D der Verstärkungskolonne lassen sich rechnerisch aus den Energie– und Massenbilanzen der ganzen Kolonne ermitteln:

Energiebilanz: $$\dot{F}\cdot h_F + \dot{Q}_B = \dot{B}\cdot h_B + \dot{D}\cdot h_D + \dot{Q}_R \;, \qquad (2.5.1)$$

Massenbilanzen: $$\dot{F} = \dot{B} + \dot{D} \;, \qquad (2.5.2a)$$

und $$\dot{F}\cdot z_F = \dot{B}\cdot x_B + \dot{D}\cdot y_D \;. \qquad (2.5.2b)$$

Eine Kombination dieser Gleichungen liefert:

$$\frac{y_D - z_F}{z_F - x_B} = \frac{\pi_D - h_F}{h_F - \pi_B} \;, \qquad (2.5.3)$$

mit $\pi_D = h_D + \dot{Q}_R/\dot{D}$ und $\pi_B = h_B - \dot{Q}_B/\dot{B}$.

Die Anwendung dieser Methode auf praktische Probleme stößt häufig deshalb auf Schwierigkeiten, weil für reale Systeme Enthalpie–Konzentrations–Diagramme und damit auch Gleichgewichts–Diagramme nicht ohne weiteres zu berechnen und nur auf der Basis von Meßwerten der spezifischen Wärmen sowie Schmelz– und Mischungswärmen zu erstellen sind. Hinzu kommt, daß bei enger Gleichgewichtskurve die Zahl der Trennstufen dann groß wird, wenn große Reinheiten von Kopf– und Sumpfprodukten gefordert werden.

2.5.2 Auswahl und Dimensionierung von Kristallisatoren

Im Gegensatz zu Rektifizierkolonnen mit einem Dampf–Flüssigkeits–Gegenstrom ist die Gegenstromführung von einer flüssigen Schmelze und einem festen Kristallisat verfahrenstechnisch deshalb schwierig, weil Feststoffe immer zu Ablagerungen und Verstopfungen neigen. Deshalb wird häufig ein Chargenbetrieb gewählt, z.B. eine Serie von Rührwerken, wovon jedes gewissermaßen dem Boden einer Bodenkolonne entspricht und eine Trennstufe realisieren soll. In das n–te Rührwerk werden Kristalle aus dem (n+1)–ten Rührwerk und Schmelze aus dem (n–1)–ten Rührwerk diskontinuierlich eingespeist und dann so lange gerührt, bis sich das Gleichgewicht angenähert eingestellt hat. Schmelze und Kristall sind analog den beiden flüssigen Phasen im Mixer-

Settler–Extraktor zu trennen und dann den jeweiligen Rührwerken zuzuführen. Im Gegensatz zur Trennung durch Rektifikation und Extraktion tritt stets das Problem auf, daß eine der beiden Phasen, nämlich die Kristallisatphase, durch nicht vollständig abgetrennte und noch anhaftende Schmelze verunreinigt ist. Dies beeinträchtigt die Trenneffizienz, und häufig muß das gewonnene Kristallisat durch Abpressen der Restschmelze oder Waschen mit einer Waschflüssigkeit nachbehandelt werden. Handelt es sich nicht um ein binäres, sondern um ein ternäres System mit zwei auskristallisierenden Stoffen und einem Lösungsmittel und sind die Kristalle lösungsmittelfrei, bietet es sich an, den binären Massenbruch y^* der leichter schmelzenden Komponente in der Lösung über dem binären Massenbruch x dieser Komponente im Kristall aufzutragen. Dies ist in Abb. 2.5.4 für das Stoffsystem Bleinitrat–Bariumnitrat dargestellt, wobei die Nitrate in Wasser gelöst sind. Es zeigt sich, daß Bleinitrat in der Lösung viel stärker konzentriert ist als im Kristall.

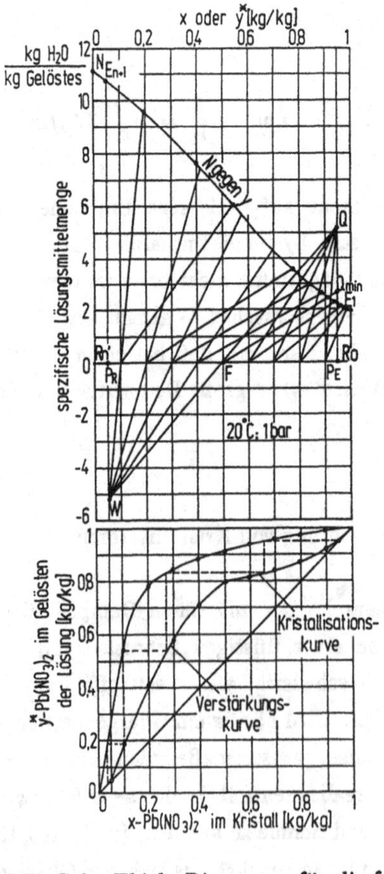

Abb. 2.5.4: Ponchon- und McCabe–Thiele–Diagramm für die fraktionierende Kristallisation von $Pb(NO_3)_2$ und $Ba(NO_3)_2$ aus Wasser

Die beiden Nitrate lassen sich in einer Gegenstromkolonne nach Abb. 2.5.3 trennen. Da das Gleichgewichtsdiagramm mit den binären Massenbrüchen keine Auskunft über den Wassergehalt der Schmelze liefert, bietet es sich an, darüber ein sog. Ponchon–Diagramm zu zeichnen, in welchem die Massenbeladung W des Lösungsmittels über dem Massenbruch x der Kristalle aufgetragen ist. Die obere Kurve beschreibt die Wassergehalte der Lösung, während die Abszisse mit der Wasserbeladung $W = 0$ das Kristallisat kennzeichnet. Punkte x, y^* aus dem Gleichgewichtsdiagramm lassen sich als Konoden in das Ponchon–Diagramm eintragen.

Da nur wasserfreie Nitrate eingespeist werden und Wasser (z.B. 5 kg Wasser pro kg gelöste Nitrate) mit dem Kopfprodukt abgezogen wird, muß diese Wassermenge der Kolonne wieder zugeführt werden. Auf Grund der Lösungsmittelbilanz ergeben sich die Pole sowie die Querschnittsgeraden.

Anstelle von Gegenstromkolonnen oder Rührwerkskaskaden können auch andere Apparate eingesetzt werden, z.B. Kühlwalzen oder –bänder in Kombination mit Kühlwannen. So zeigt Abb. 2.5.5 einen mehrstufigen Walzen–Kristallisator, bei welchem die Trennstufen–Apparateeinheit aus einer Wanne für die Schmelze, einer gekühlten Kristallisierwanne, einer beheizten Auspreßwalze und einem Behälter zum Auffangen und Aufschmelzen der Schuppen besteht.

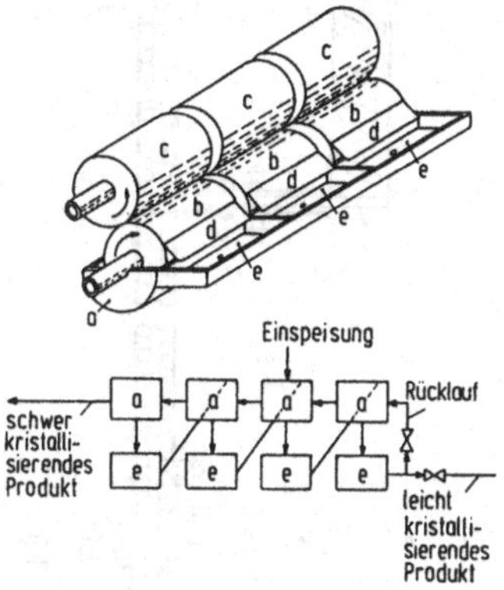

Abb. 2.5.5: Mehrstufiger Walzenkristallisator

Gemäß dem Schema wird die Ausgangsmischung in eine in Hinblick auf die Konzentration passende Wanne zwischen den Enden der gesamten Apparatur eingespeist. Die Schmelze durchwandert die einzelnen Stufen und wird aus der ersten Wanne als flüssiges und schwer kristallisierendes Produkt abgezogen. Im Gegenstrom dazu bewegt sich das Kristallisat, welches von der Kristallisierwanne mit Hilfe einer geeigneten Vorrichtung, z.B. Schaber oder Abstreifer, in die Schmelzwanne der jeweiligen Stufe gelangt und von dort nach dem Aufschmelzen der nächst folgenden Stufe zugeführt wird. Die Schmelze des Kristallisates der letzten Stufe wird zum Teil als Rückfluß der letzten Stufe oder Apparateeinheit zugeführt, während der andere Teil als leicht kristallisierendes Produkt abgezogen wird.

Erzielbare Reinheiten der an den Enden der mehrstufigen Walzenapparatur abgezogenen Produkte hängen nicht nur von der Gleichgewichts– und Bilanzkurve und damit von der Zahl der Trennstufen oder Apparateeinheiten sowie der Stoffübertragung ab, sondern auch davon, wie effektiv das Kristallisat ausgepreßt wird. Deshalb sind u.a die Temperatur, die Drehzahl der Kristallisierwalze und der Anpreßdruck wichtige Betriebsparameter.

In Kristallisierkolonnen und –schnecken werden Kristalle durch Schneckenspindeln im Gegenstrom zur Schmelze gefördert. Abb. 2.5.6 zeigt eine pulsierende Kristallisationskolonne für kontinuierlichen Betrieb nach Schildknecht [26].

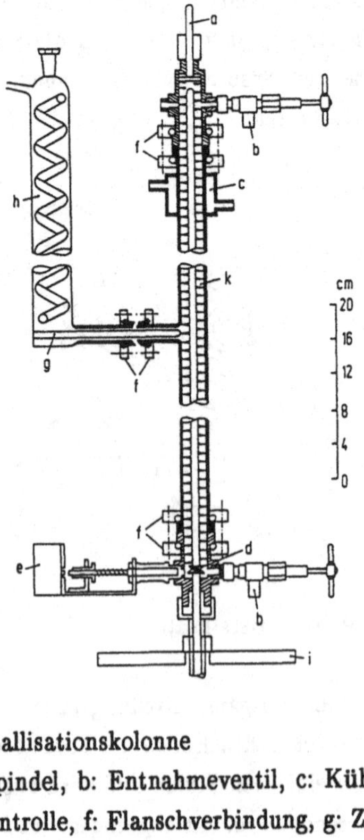

Abb. 2.5.6: Pulsierende Kristallisationskolonne
a: Antrieb der Spindel, b: Entnahmeventil, c: Kühler, d: Grundheizung, e: Druckkontrolle, f: Flanschverbindung, g: Zuführung, h: Vorratsbehälter, i: Bodenplatte, k: Schneckenspindel

Sie besitzt im Ringraum zwischen zwei konzentrischen Rohren eine Schneckenspindel, welche die in der oberen Kristallisierzone erzeugten Kristalle zu der am Fuß der Kolonne befindlichen Schmelzzone fördert. Das an passender Stelle in die Kolonne eingespeiste Gemisch wird in das tiefer schmelzende, schwerer kristallisierende Kopfprodukt und in das höher schmelzende (leichter kristallisierende) Sumpfprodukt zerlegt.

Im Gegensatz zu Kristallisierschnecken wird in Druckkolonnen der Transport der beiden Phasen durch von außen aufgebrachten Förderdruck oder durch Pressen erzielt. Ein typisches Beispiel ist die in Kap. 2.3.5 beschriebene und kontinuierlich betriebene Druckkolonne mit periodischem Transport des Kristallisats. Der Durchsatz von Druckkolonnen liegt in der Größenordnung zwischen 1 und 10 $m^3/(m^2h)$, was einer Leerrohrgeschwindigkeit von ungefähr 0,3 bis 3 mm/s entspricht. Der maximale Durchsatz hängt u.a. von der Sinkgeschwindigkeit der Kristalle und damit von der Dichtedifferenz zwischen Kristall und Schmelze sowie von deren Viskosität ab. In Schnecken–Gegenstrom–Kolonnen ist die erzielbare Volumenstromdichte der Schmelze bis zu einer Zehnerpotenz kleiner als die genannten Werte.

Beispiel 2.5–1: Fraktionierende Kristallisation

Eine Ethylenchlorid–Ethylenbromid–Schmelze mit einem Massenanteil $y_F(C_2H_4Cl_2) = 0.6$ soll in einer Gegenstromkolonne auf einen Massenanteil von $y_D(C_2H_4Cl_2) = 0.95$ angereichert werden.

1) Wie groß ist das Mindestrücklaufverhältnis $v_{min} = \dot{K}/\dot{S}$?

2) Wie groß ist die Trennstufenzahl bei $v = 1.3 \cdot v_{min}$?

Lösung:

1) In Abb. 2.5.3 ist eine Gegenstromkolonne mit dem Massenstrom $\dot{S}$ der Schmelze, dem Massenstrom $\dot{K}$ der Kristalle sowie dem Produktstrom $\dot{D}$ dargestellt. Eine Stoffbilanz der leichter schmelzenden Komponente Ethylendichlorid liefert:

$$\dot{S} \cdot y = \dot{D} \cdot y_D + \dot{K} \cdot x \ , \qquad \text{oder}$$

$$y = \frac{\dot{K}}{\dot{S}} \cdot x + \frac{\dot{D}}{\dot{S}} \cdot y_D \ , \qquad \text{oder mit}$$

$$v = \frac{\dot{K}}{\dot{D}} = \frac{\dot{K}}{\dot{S} - \dot{K}} = \frac{\dot{K}/\dot{S}}{1 - \dot{K}/\dot{S}} \quad , \qquad \text{auch}$$

$$y = \frac{v}{v+1} \cdot x + \frac{y_P}{v+1} \quad .$$

Da die Schmelze immer einen Massenanteil $y < y^*$ besitzen muß, damit die leichter schmelzende Komponente Ethylendichlorid aus der kristallinen Phase in die Schmelze übergeht, muß die Bilanzgerade $y = f(x)$ unterhalb der Gleichgewichtskurve $y^* = f(x)$ verlaufen. Aus Abb. 2.5.2 ergibt sich ein maximales Steigungsmaß der Bilanzgerade von $\dot{K}/\dot{S} = 0.7$ und damit ein minimales Rückflußverhältnis von:

$$v_{min} = 0.7/(1-0.7) = 2.33 \quad .$$

2) Nach Abb. 2.5.2 ergibt sich für $v = 1{,}3 \cdot v_{min} = 3{,}03$ eine Trennstufenzahl von $n = 7$.

2.6 Gefrierkristallisation (Ausfrieren)

Als Ausfrieren bezeichnet man eine Kristallisation aus der Lösung, wobei nicht der gelöste Stoff, sondern das im Überschuß vorhandene Lösungsmittel auskristallisiert. Handelt es sich um Systeme mit einem Eutektikum, fällt das Lösungsmittel in fester Form und in großer Reinheit an und läßt sich dann von der Suspension mechanisch abtrennen. Ein solches Verfahren kann z.B. eingesetzt werden, um Meerwasser zu entsalzen. Beim Abkühlen unter den Gefrierpunkt entstehen reine Eiskristalle, welche nach dem mechanischen Abtrennen und Auftauen entsalztes Wasser, das sog. Süßwasser, liefern. In diesem Fall ist die durch Ausfrieren erhaltene aufkonzentrierte Lösung wertlos und wird ins Meer zurückgeleitet. Werden dagegen Obstsäfte durch Ausfrieren und Entfernen von Wasser höher konzentriert, ist gerade dieses Konzentrat das gewünschte Produkt.

Alle Ausfrierverfahren weisen das Erzeugen des festen Lösungsmittels (in wässrigen Lösungen als Eis oder auch als Hydrat) und dann dessen mechanisches Abtrennen und erforderlichenfalls anschließendem Auftauen oder Schmelzen als entscheidende Arbeitsschritte auf. Das Gefrieren erfordert Energieentzug und kann entweder indirekt über Kühlflächen oder direkt über ein inertes Kältemittel durchgeführt werden. In wässrigen Lösungen bieten sich vor allem Propan und chlorierte sowie fluorierte Kohlenwasserstoffe an. Manchmal werden Prozesse vorteilhaft unter Vakuum durchgeführt. Kommt es darauf an, das ausgefrorene Lösungsmittel sehr sauber zu gewinnen, wird häufig die Reinheit durch die an den Kristallen noch haftende konzentrierte Lösung beeinträchtigt. Es ist dann zweckmäßig, zunächst durch eine mechanische Flüssigkeitsabtrennung (Zentrifugieren oder Filtern) die Restflüssigkeit in der Kristallisatschüttung zu verringern. Die verbleibende Zwickelflüssigkeit läßt sich durch ein geeignetes Waschmittel entfernen. Hier ist jedoch darauf zu achten, daß die Wirksamkeit des Waschens nicht durch das Gefrieren des Waschmittels auf den Kristallen beeinträchtigt wird.

2.6.1 Verfahrenstechnische Grundlagen

Im Hinblick auf einen Ausfrierprozess muß zunächst das thermodynamische Verhalten des Systems bekannt sein, welches durch die Schmelzkurve und das Dampfdruckdiagramm beschrieben wird. Diese Diagramme erlauben die Prozeßtemperatur festzulegen, bei welcher Wärme über Wandungen abgeführt wird, so daß darauf Kristalle ausfrieren. Neben der Kühlungskristallisation kommt die Vakuumkristallisation zum Einsatz, bei welcher die Lösung unter Vakuum verdampft und sich dabei abkühlt, so daß das Lösungsmittel in der Lösung gefriert. Als Beispiel derartiger Diagramme ist in Abb. 2.6.1 die Schmelzkurve und in Abb. 2.6.2 die Dampfdruckkurve des Systems H_2O-NaCl dargestellt.

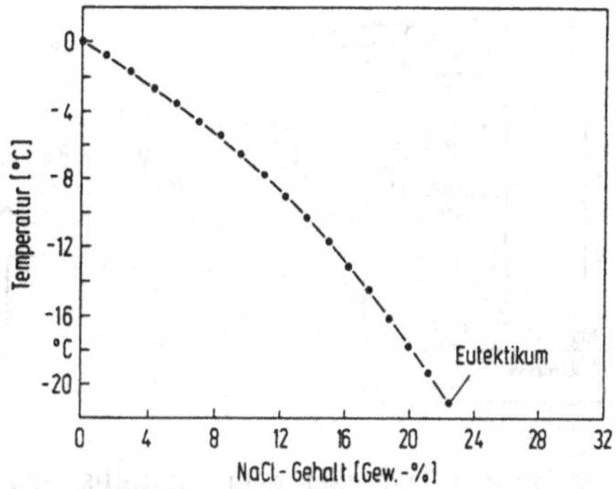

Abb. 2.6.1: Schmelzkurve des Systems NaCl-H_2O

Da Meerwasser einen Salzmassenanteil von ungefähr $y = 0{,}035$ besitzt und 78 % des Salzes aus Kochsalz besteht, veranschaulicht das Dampfdruckdiagramm angenähert die Verhältnisse bei der Meerwasserentsalzung. Es zeigt sich, daß zum Ausfrieren einer Lösung mit 2,9 Massen-% ein Vakuum von 512 Pa notwendig ist, und daß Wasser bei -1,7 °C ausfriert.

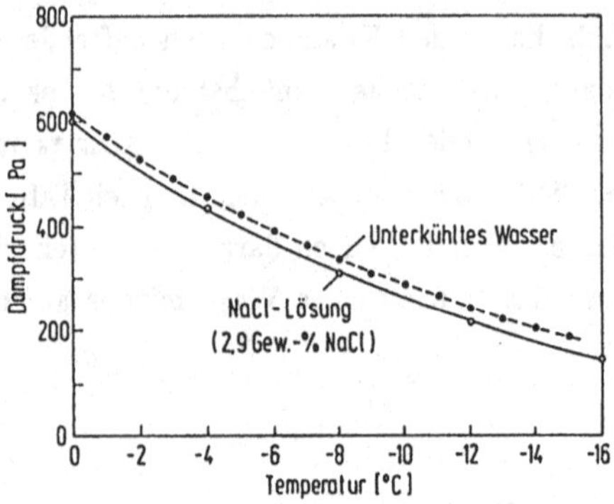

Abb. 2.6.2: Dampfdruckkurve des Systems NaCl–H_2O

In Abb. 2.6.3 ist das Fließbild einer Merrwasserentsalzungsanlage dargestellt [27]. Das Meerwasser wird abgekühlt und in einen Gefrierapparat eingeleitet, welcher unter etwa 400 Pa betrieben wird. Unten zieht man eine Suspension aus Eis und Meerwasser ab und leitet diese in den Waschturm, während die Dampfströmung zum Kondensator oben durch ein Gebläserad unterstützt wird. In der Waschkolonne bewegt sich ein aus Eisstücken bestehendes Wanderbett nach oben.

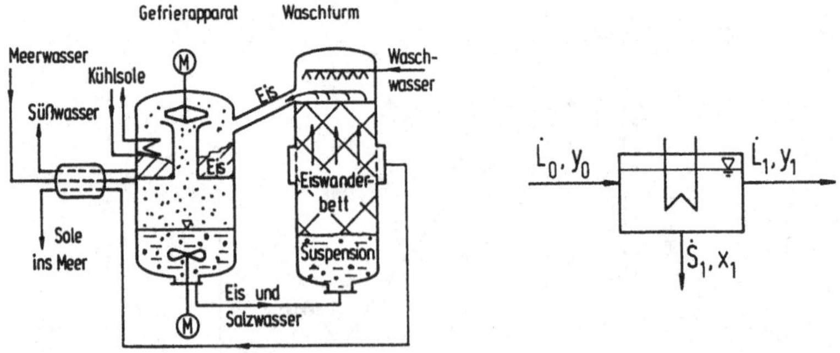

Abb. 2.6.3: Meerwasserentsalzungsanlage nach dem Kristallisationsverfahren unter Vakuum, rechts einfaches Schema

Das Eis wird mit einer geringen Süßwassermenge gewaschen, die verloren geht und mit der aufkonzentrierten Sole über Schlitze die Kolonne verläßt. Es gelangt in den Kondensatorteil des links angeordneten Gefrierapparates zurück. Dort schmilzt es in Kontakt mit dem Dampf und kann als Süßwasser abgezogen werden. Die gesamte Wärmebilanz macht eine zusätzliche Kühlung notwendig, um den aus den Gefrierraum aufsteigenden Dampf vollständig zu kondensieren. Das aufkonzentrierte Meerwasser gelangt nach Passieren des Wärmeaustauschers ins Meer zurück. Der niedrige Druck ist erforderlich, weil das Verfahren unterhalb des Tripelpunktes von Meerwasser arbeitet, so daß gleichzeitg Wasser verdampft wird und sich Eis bildet.

In Abb. 2.6.4 wird ein Verfahren dargestellt, bei welchem Meerwasser und Kältemittel in unmittelbarem Kontakt gebracht werden [27].

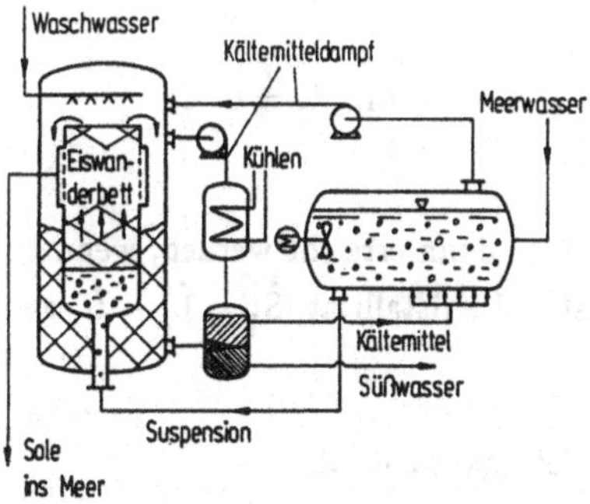

Abb. 2.6.4: Meerwasserentsalzungsanlage nach dem Gefrierverfahren mit einem Kältemittel

Wenn in einem Gefrierapparat die Wärme über Wände entzogen wird und das Lösungsmittel darauf als Schicht gefriert, nimmt die Kristallwachstumsgeschwindigkeit mit der Kristallschichtdicke ab, weil der Wärmeleitwiderstand wächst. Das Kristallisat wird umso sauberer, je kleiner die Temperaturdifferenz zwischen der Lösung und der Kühlwandung und je größer die Schichtdicke ist. Denn je langsamer die Kristallschicht wächst, umso weniger Fremdstoffe werden eingebaut. Im Falle unendlich kleiner Wachstumsgeschwindigkeiten erreicht man die durch das Gleichgewicht

$$y_i^* = K \cdot x_i \qquad (2.6.1)$$

gegebene Reinheit x_i im Kristall bei vorgegebener Konzentration y_i^* der Verunreinigung in der Lösung. Die maximale Kristallmasse oder die maximal in der aufkonzentrierten Lösung erreichbare Konzentration liegt vor, wenn sich beim absatzweise betriebenen Apparat das Gleichgewicht eingestellt hat oder bei kontinuierlicher Betriebsweise die den Apparat verlassenden Ströme an Kristallisat $\dot{S}_1$ und aufkonzentrierter Lösung $\dot{L}_1$ sich im Gleichgewicht befinden. Eine Massenbilanz des gelösten Stoffes für den in Abb 2.6.3 rechts dargestellten Apparat liefert:

$$\dot{S}_1 = \dot{L}_o \frac{y_1 - y_o}{y_1 - x_1} \quad , \qquad \text{oder} \qquad (2.6.2a)$$

$$\dot{S}_1 = \dot{L}_o \left[1 - \frac{y_o}{y_1}\right] \qquad \text{für } x_1 = 0 \qquad (2.6.2b)$$

und $$\dot{L}_1 = \dot{L}_o \frac{y_o - x_1}{y_1 - x_1} \quad , \qquad \text{oder} \qquad (2.6.3a)$$

$$\dot{L}_1 = \dot{L}_o \frac{y_o}{y_1} \qquad \text{für } x_1 = 0 \ . \qquad (2.6.3b)$$

Hohe Konzentrationen können dann erreicht werden, wenn bei vorgegebener Eintrittskonzentration y_o möglichst viel Kristallisat $\dot{S}_1 = \dot{L}_o - \dot{L}_1$ gebildet wird.

Beispiel 2.6–1: Gefrierkristallisation

In einem Gefrierapparat soll eine wässrige Natriumchloridlösung $\dot{L}_0$ von +5 °C mit einem Massenanteil y_0 = 0,029 kg NaCl/kg Lösung durch eine Flashverdampfung bei –10 °C so eingedampft werden, daß die austretende Suspension eine Feststoff(Eis–)beladung von $\dot{S}_1/\dot{L}_1$ = 0,1 kg Eis/kg Lösung besitzt.

Welcher Dampfstrom $\dot{G}_1$ und welcher Lösungsstrom $\dot{L}_1$ bezogen auf den Feedstrom ist abzuführen? Welche Konzentration y_1 besitzt der austretende Strom?

Vorgegeben sind:

Spezifische Enthalpie:

h_o = 25 kJ/kg

h_G = 2479 kJ/kg

h_S = - 335 kJ/kg

h_1 = - 30 kJ/kg

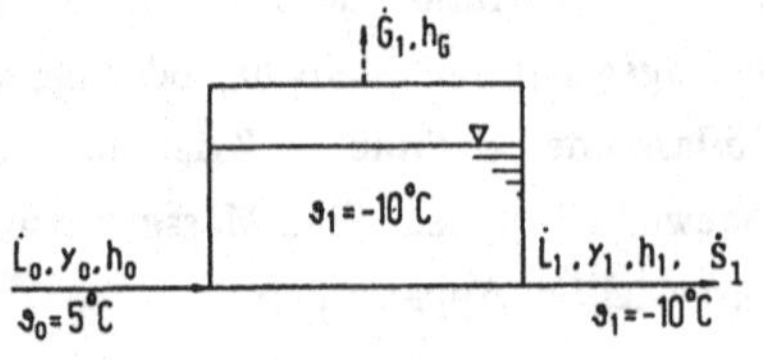

Abb. 2.6.5: Gefrierkristallisation (Gefrierapparat unter Vakuum)

Lösung:

Massenbilanz: $\dot{L}_o = \dot{G}_1 + \dot{L}_1 + \dot{S}_1$

Wasserbilanz: $\dot{L}_o(1 - y_o) = \dot{G}_1 + \dot{L}_1(1 - y_1) + \dot{S}_1$

Energiebilanz: $\dot{L}_o h_o = \dot{G}_1 \cdot h_G + \dot{L}_1 \cdot h_1 + \dot{S}_1 \cdot h_S$

Dividieren der Gleichungen durch $\dot{L}_o$, Einsetzen der Beziehung $\dot{S}_1/\dot{L}_1 = 0{,}1$ und Umordnen ergibt:

$$\frac{\dot{G}_1}{\dot{L}_o} = 1 - 1{,}1\,\frac{\dot{L}_1}{\dot{L}_o}$$

$$\frac{\dot{G}_1}{\dot{L}_o} = 1 - y_o - \frac{\dot{L}_1}{\dot{L}_o}(1 - y_1) - 0{,}1\,\frac{\dot{L}_1}{\dot{L}_o}$$

$$\frac{\dot{G}_1}{\dot{L}_o} = \frac{h_o}{h_G} - \frac{\dot{L}_1}{\dot{L}_o} \cdot \frac{h_1}{h_G} - 0{,}1\,\frac{h_S}{h_G} \cdot \frac{\dot{L}_1}{\dot{L}_o} \quad .$$

Auflösung des linearen Gleichungssystems nach den drei Unbekannten liefert:

$$\frac{\dot{G}_1}{\dot{L}_o} = \frac{1{,}1\,h_o - h_1 - 0{,}1\,h_S}{1{,}1\,h_G - h_1 - 0{,}1\,h_S}$$

$$\frac{\dot{L}_1}{\dot{L}_o} = \frac{h_G - h_o}{1{,}1\,h_G - h_1 - 0{,}1\,h_S}$$

$$y_1 = 1 - \frac{\dot{L}_o}{\dot{L}_1}\left[(1 - y_o) - \frac{\dot{G}_1}{\dot{L}_o} - 0{,}1\,\frac{\dot{L}_1}{\dot{L}_o}\right].$$

Das Einsetzen der Werte ergibt:

$$\frac{\dot{G}_1}{\dot{L}_o} = 0{,}033\,; \quad \frac{\dot{L}_1}{\dot{L}_o} = 0{,}88\,; \quad y_1 = 0{,}033 \quad .$$

2.6.2. Apparate und Anlagen

Da die bei der Gefrierkristallisation entstehenden Kristalle fast immer eine andere Dichte besitzen als die sie umgebende Flüssigkeit, sind in den Apparaten Einrichtungen notwendig, die Suspensionen zu vermischen. Häufig wachsen Kristalle nach heterogener Keimbildung auf Kühlflächen, auf denen sich kristalline Krusten bilden und durch Schaber entfernt werden. Deshalb haben sich in der Gefriertechnik Kratzkühler mit entweder senkrecht oder waagerecht angeordneten Schabern durchgesetzt.

Abb. 2.6.6 zeigt einen Kratzkühler für grobe Kristalle.

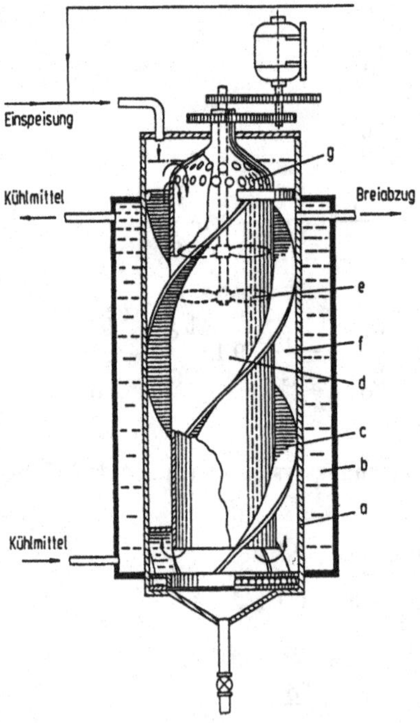

Abb. 2.6.6: Kratzkühler für grobe Kristalle
a: zylindrische Kammer, b: Kühlmantel, c: Kratzwendel, d: Innenrohr, e: Propellerrührer, f: Ringspalt, g: Öffnungen zum Eintritt der Suspension

Er besteht aus einer zylindrischen Produktkammer in Form einer Schlaufe mit innen angeordnetem Propellerrührer und einer Kratzwendel, welche fest mit dem Innenzylinder verbunden ist und die Kristalle von der Innenfläche des feststehenden Kühlmantels entfernt. Der Propeller bewirkt eine Umwälzung der Suspension im Zentralrohr und

Ringraum durch die Öffnungen des Innenrohres. Die Drehzahl der Kratzwendel stellt einen Kompromiß aus den Forderungen nach einer Begrenzung sowohl der Eisschichtdicke wie auch der Produktion von sekundären Keimen dar, welche das Kristall verfeinert.

Neben Apparaten mit senkrechten Schabern werden auch waagerechte Kratzkühler als Kristallisatoren gebaut. In Abb. 2.6.7 ist eine Anlage zur Gefrierkonzentrierung von Kaffee–Extrakt oder Fruchtsäften dargestellt.

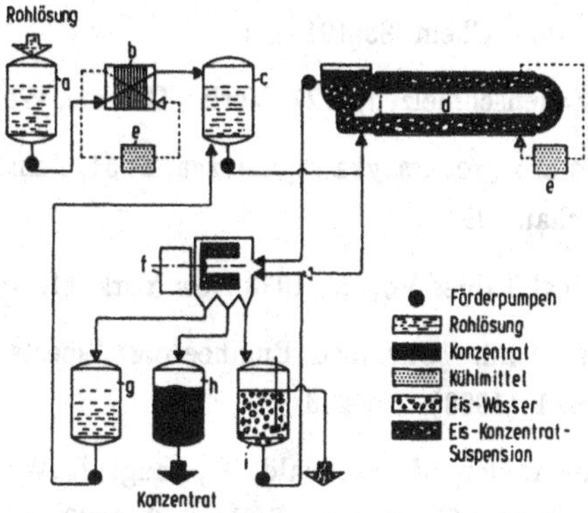

Abb. 2.6.7: Anlage zur Gefrierkonzentrierung von Kaffee–Extrakt oder Fruchtsäften [32]
a: Rohlösungsbehälter, b: Wärmeaustauscher, c: Zwischenbehälter, d: Kristallisator, e: Kälteanlagen, f: Zentrifuge, g: Waschfiltratbehälter, h: Konzentratbehälter, i: Eisbehälter

Als Kratzkühler werden nahtlos gezogene Rohre von 150 mm Durchmesser benutzt. Die mit Federkraft an die gekühlte Wand gepreßten Kratzer bestehen aus Bronze oder geeigneten Kunststoffen. Bei Geschwindigkeiten der Suspension zwischen 0.05 und 0.3 m/s und Drehzahlen der Kratzer bis zu $0.5\ s^{-1}$ lassen sich Wärmedurchgangskoeffizienten von maximal $1\ kW/(m^2K)$ in wässrigen Systemen erreichen [28].

Literaturverzeichnis zu Abschnitt 2

[1] Rittner und Steiner: "Die Schmelzkristallisation von organischen Stoffen und ihre großtechnische Anwendung" in Chem.-Ing.-Tech. 57(1985)2, 91-102

[2] Rozeboom H. W. B.: Z. Phys. Chem.(Leipzig) 10(1982), 145

[3] Funakubo E, S. Nakada: Jpn. Coal Tar (1950), 201

[4] Rheinhold H., M. Kircheisen: J. Prakt. Chem. 113(1926), 203 und 351

[5] Hasselblatt M.: Z. Phy. Chem. 83(1913), 1

[6] Schildknecht H.: Zonenschmelzen, S.27, Verlag Chemie, Weinheim 1964

[7] Polaczkowa W., et al.: Preparatyka organiczna, S. 51, Panstwowe Wydawnictwo Techniczne, Warschau 1954

[8] International Critical Tables Vo. IV. 1933 New York; McGraw-Hill

[9] A. Mersmann, M. Kind: "Chemical Engineering Aspects of Precipitation" in Chem. Eng. Techn. 11(1988), 264-276

[10] Mersmann A., Angerhöfer, M., Gutwald, T., Sangl, R.,Wang, S.: "General Prediction of Median Crystal Sizes", Sep. Technol. 2 (1992), 85-97

[11] Becker R., W. Döring: Ann. Phys. 24(1953), 719

[12] Volmer M., A. Weber: Z. Phy. Chem. 119(1926), 277

[13] Kind M.: Diplomarbeit am Lehrstuhl B für Verfahrenstechnik, TU München

[14] Volmer M., "Kinetik der Phasenbildung", 1939 Dresden und Leipzig, Steinkopff

[15] Berthoud A.: "Theorie de la formation des faces d'un crystal", J. chim. Phys., 10(1912), 624

[16] Valeton J. J. P.: "Wachstum und Auflösung der Kristalle", Z. Kristallogr., 59(1923), 135, 335; 60(1924), 1

[17] Ohara M.,R. C. Reid: Modelling Crystal Growth Rates from Solution, Prentice-Hall Inc., Englewood Cliffs N. J., 1973

[18] Burton W. K., Cabrera N, F. C. Frank: Phil. Trans. Roy. Soc. London, 243 (1951), 299

[19] Sherwood J. N., Ristic R. I., Sripathi T.: in Proceedings of the 11th International Symposium on Industrial Crystallization, ed. A. Mersmann, Sep. 1990, Garmisch-Partenkirchen, FRG

[20] Fleischmann W., A. Mersmann: "Drowning-out Crystallization of Sodiumsulfate Using Methanol" in Industrial Crystallization, edited by S. J. Jancic and E. J. de Jong, 1984.

[21] Juzaszek, P., Larson, M. A.: "Influence of Fines dissolving on Crystal Size Distribution in an MSMPR-Crystallizer, AIChE J. 23, (1977), 460

[22] Wirges, H.-P., "Experimentelle Parameterprüfung bei Fällungskristallisationen", Vortrag auf der internen Sitzung des Fachausschusses "Kristallisation" der GVC, VDI-Gesellschaft Verfahrenstechnik und Chemieingenieurwesen (13.-14. 03.1984)

[23] Wöhlk, Hofmann, W., Chem.-Ing. Techn. 57 (1985), 318

[24] Jancic, S. J.:"Fractional Crystallization", Proc. 10th Symp. on Ind. Cryst. (Nyvlt and Zacek, Eds.), Elsevier (1989)

[25] Stolzenberg, K., Der Blasensäulenkristaller, Chem.-Ing.-Techn. 55 (1983) 1, 45

[26] Schildknecht H., Breiter J., Kontinuierliches Kolonnenkristallisieren als Analogverfahren zur vielstufigen Destillation in Kolonnen, Chemiker-Ztg. 94(1970)1,3-14, 94(1970)3,81-90

[27] Mersmann A., Thermische Verfahrenstechnik, Springer Verlag, Berlin, Heidelberg, New York, 1980

[28] Hufnagel W., Das Gefrieren von Wasser in Lösungen und Trennung der flüssigen von der festen Phase, Chemiker-Ztg., 92(1968)6,181-193

[29] Mullin J. W.: Crystallisation, 1972 London; Butterworth

[30] A. Mersmann: "Design of Crystallizers" in Chem. Eng. Process. 23(1988) 213-228

[31] Garside, J., Mersmann, A., Nyvlt, J.:"Measurement of Crystal Growth Rates", European Federation of Chemical Engineering, Working Party on Crystallization, Munich, Germany, 1990

[32] Matz G.: in "Ullmanns Encyklopädie der technischen Chemie", Verlag Chemie, Weinheim, 1972

3 Trocknung

3.1 Begriffsbestimmung, Bedeutung und Durchführung des Verfahrens

Mit dem Begriff "Trocknung" soll hier die Entfernung von Wasser oder Lösungsmitteln aus feuchten Feststoffen, Pasten, Emulsionen oder Lösungen durch Verdampfen oder Verdunsten bezeichnet werden.

Zum Phasenwechsel der Flüssigkeit in den dampfförmigen Zustand ist Energie erforderlich, die meist in Form von Wärme zugeführt wird. Damit soll unterschieden werden gegenüber anderen Möglichkeiten der Flüssigkeitsentfernung, die häufig auch mit "Trocknung" bezeichnet werden, wie z.B. der mechanischen Flüssigkeitsabtrennung durch Schleudern oder Abpressen, der Kondensation von Wasserdampf aus Gasen (Gastrocknung) oder der Desorption von Wasser aus Flüssigkeiten (Kältemitteltrocknung).

Die hier behandelten Trocknungsvorgänge sind präziser als "Thermisches Trocknen" zu bezeichnen. Die Trocknung spielt in allen Zweigen der Grundstoff- und Konsumgüterindustrie eine bedeutende Rolle. Einige Trocknungsaufgaben seien als Beispiele genannt:

- Im Laufe verschiedener Herstellungsverfahren werden Stoffe mit schwachen Säuren und Laugen, mit Farbstofflösungen usw. behandelt, deren Konzentration im Stoff steigt, wenn das Lösungsmittel durch Trocknen entzogen wird;
- Holzschliff oder Zellulose wird als wäßriger Brei auf Walzen aufgebracht, durch Feuchtigkeitsentzug entsteht Papier;
- Trocknen von Rohstoffen verringert das Gewicht, erleichtert und verbilligt den Transport;
- die Zerkleinerung eines Stoffes erfordert häufig ein vorangehendes Trocknen; z.B. das Mahlen von Getreide oder Kohle;
- Der Entzug von Feuchtigkeit aus Lebensmitteln und Stoffen pflanzlicher Herkunft verhindert die Vermehrung von Mikroorganismen, die Fäulnis, Gärung oder Zersetzung hervorrufen. Durch den Feuchteentzug lassen sich solche Stoffe konservieren.

Viele Produkte der verarbeitenden Industrie müssen im Laufe ihrer Herstellung sogar mehrfach getrocknet werden. In Abb. 3.1.1 ist die Herstellung von Tuch und von Kammgarn-Hosenstoff aus Wolle schematisch dargestellt. Man sieht, wie oft der Stoff im Laufe der Herstellung getrocknet werden muß (nach [1]).

Wegen des großen Energieaufwandes für das Verdampfen (d.h. Partialdruck des entstehenden Dampfes gleich Gesamtdruck) oder Verdunsten (d.h. Partialdruck des entstehenden Dampfes geringer als Gesamtdruck, also Anwesenheit eines weiteren Gases) ist das thermische Trocknen ein teures Verfahren: Aus Abb. 3.1.1 wird klar, daß das höchste Potential zur Einsparung von Energie und Kosten in der Vermeidung von Befeuchtungs- und damit Trocknungsvorgängen liegt.

Mit der Trocknung ist nicht nur der Entzug von Feuchte, sondern oft auch eine Veränderung des Feststoffes verbunden. Der Feststoff schrumpft und kann bei ungleichmäßigem oder zu schnellem Feuchteentzug durch entstehende Spannungen reißen (Holz, Keramik).

Der Feststoff verändert seine Oberfläche, verfärbt sich (Wanderung von Farbpartikeln im Textil), verliert an Geschmack wegen des Verlustes von Aromastoffen (Lebensmittel).

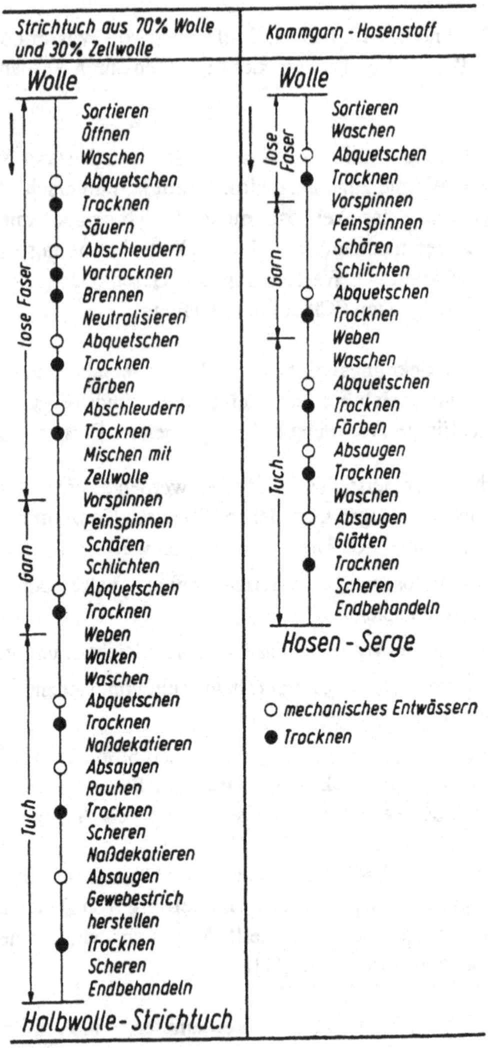

Abb. 3.1.1: Herstellungsgang zweier Wolltücher nach [1]

Die Trocknung ist demnach nicht nur ein Grundverfahren zur Austreibung von Flüssigkeiten aus Feststoffen, sondern auch ein Produktionsverfahren zur Herstellung von Trockenprodukten mit bestimmten Eigenschaften. Wegen der gewünschten Qualität des Produktes sind häufig enge Grenzen in der maximalen Temperatur des Produktes während des Trocknens gesetzt. Die Qualität des Produktes bestimmt die Trocknungsbedingungen und die Behandlung des Gutes im Trockner (Gut ist z.B. mechanisch empfindlich oder unempfindlich).

Die gewählten Trocknungsbedingungen, die Eigenschaften des Produktes im feuchten und im trockenen Zustand sowie die gewünschte stündliche Produktmenge bestimmen im wesentlichen das Trocknungsverfahren und den Trocknertyp. Jeder Trocknungsprozeß besteht aus zwei Teilvorgängen:

- Der Überführung der Flüssigkeit in den Dampfzustand durch Wärmezufuhr und
- der Abführung des entstandenen Dampfes.

Die Trocknungsverfahren lassen sich nach der Art der Wärmezufuhr unterscheiden. Wird die Wärme durch heiße Luft oder (z.B. aus Gründen des Explosionsschutzes) andere heiße Gase, z.B. Stickstoff, an das Gut übertragen, so spricht man von

Konvektionstrocknung .

Verwendet man statt heißer Gase Heißdampf, so spricht man von

Heißdampftrocknung .

Wird die Wärme durch unmittelbaren Kontakt des Gutes mit heißen Flächen (heiße Unterlagen wie Teller, Pfannen, Walzen, heißen Trommeln) übertragen, dann handelt es sich um die

Kontakttrocknung .

Wird die Wärme allein durch Strahlung übertragen (z.B. Sonne, Infrarotstrahler), so spricht man von

Strahlungstrocknung .

Wird Wärme im Gut selbst durch ein hochfrequentes elektrisches Wechselfeld erzeugt, so spricht man von

Dielektrischer Trocknung .

Die Abführung des entstandenen Dampfes erfolgt bei der Konvektions- und Heißdampftrocknung durch das strömende Gas oder den Dampf.

Ebenfalls durch strömende Luft oder anderes Gas kann in den drei anderen Fällen der Wärmezufuhr die Abführung des Dampfes erfolgen. Die Energiezufuhr besonders durch Kontakt, aber auch durch Strahlung oder innere Wärmeerzeugung ermöglicht eine Trocknung im Vakuum, bei der der Dampf durch Kondensatoren oder Pumpen abgesaugt wird. Die vielfältigen Bedingungen, unter denen Trocknungsprozesse durchgeführt werden müssen, das Verhalten des Gutes am Eintrag in den Trockner, beim Austritt aus dem Trockner und beim Verweilen im Trockner haben zu einer nahezu unübersehbaren Zahl von Trocknerkonstruktionen geführt, von denen im folgenden einige als Beispiele dargestellt werden sollen. Eine systematisch geordnete Darstellung einer großen Zahl von Trocknern findet man in [1].

3.2 Beschreibung einiger typischer Trockner

Eine Möglichkeit, eine gewisse Übersicht über Ausführungsformen und Eigenschaften von Trocknern zu vermitteln, stellt deren Ordnung nach der überwiegenden Art der Wärmezufuhr dar. Kontinuierliche oder diskontinuierliche Arbeitsweise und die Führung des Gutes im Trockner sind weitere Kriterien, nach denen hier geordnet werden soll.

3.2.1 Konvektionstrockner

Die einzelnen Verfahren der Konvektionstrocknung unterscheiden sich durch die Art, in der das zu trocknende Gut mit der heißen Trocknungsluft oder dem Trocknungsgas in Berührung gebracht wird.

a) Das Gut wird überströmt

Diese Art der Trocknung eignet sich besonders für solche Güter, denen eine mechanische Beanspruchung während des Trocknens abträglich ist.

Kammertrockner. Aus dem allgemein bekannten Trockenschrank ist für kleine und mittlere Mengen an Trocknungsgut als einfaches und billiges Gerät der Kammertrockner entwickelt worden (Abb.3.2.1). Das Gut lagert auf Horden oder Schalen in einem Gestellwagen. Ein Ventilator saugt, abhängig von der Stellung einer Abluftklappe, zusätzlich zur sogenannten Umluft, das ist Luft, die im Kreis über das Gut geführt wird, Frischluft an und drückt den Gesamtstrom durch das Heizregister wieder über den Hordenstapel. Leit- und Verteilorgane sorgen dabei für eine gleichmäßige Verteilung der Luft auf das Gut. Dadurch wird eine Übertrocknung einzelner Partien des Gutes vermindert und die zur gleichmäßigen Trocknung aller Teile des Gutes notwendige Verweilzeit verringert. Die Regelung des Trocknungsverlaufs wird durch Änderung der Lufttemperatur und der Luftmenge, bei Umlufttrocknern außerdem noch durch eine Änderung der Abluftmenge erreicht.

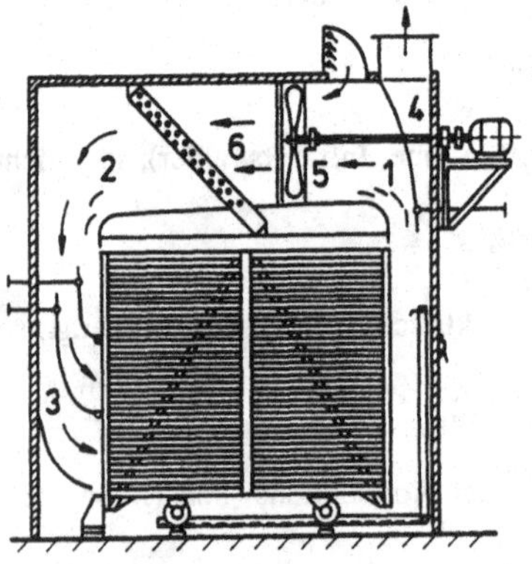

Abb. 3.2.1: Kammertrockner
(Bauart BABCOCK BSH) 1,2,3 Luftleitflächen, 4 Abluftkanal, 5 Lüfter, 6 Heizkörper

Umluft-Kammertrockner werden zur schonenden Trocknung von Gütern, die lange Trocknungzeiten erfordern, eingesetzt, so als Schnittholztrockner mit 200 m^3 Inhalt und mehr. Das Klima in solchen Kammern kann nach bestimmten Programmen gesteuert werden.

Tunneltrockner. Ein Übergang zum kontinuierlichen Betrieb wurde mit dem Tunneltrockner (Abb.3.2.2) erzielt, der für große Gutsmengen verwendet wird. Die Gestellwagen werden auf der Stirnseite in den Tunnel eingefahren und schrittweise oder kontinuierlich durch den Tunnel zum Ausgang gefördert. Die Zuluft kann im Gleichstrom oder im Gegenstrom zur Wagendurchlaufrichtung geführt werden. Wechselnde Anströmrichtung zur Vermeidung von Randübertrocknung z.B. bei Gipsbauplatten, Umluftverfahren und unterschiedliche Trocknungsbedingungen an verschiedenen Stellen des Trocknungsraumes sind bei Querstromführung der Trocknungsluft möglich (Abb. 3.2.2). Tunneltrockner werden auch als Wandergehängetrockner für lackierte Karosserien oder mit hängenden Glasplatten, auf die Lederhäute zum Trocknen aufgeklebt werden, eingesetzt. Für plattenförmige Güter wie Gipskartonplatten oder Holzfaserdämmplatten erfolgt die Führung des Gutes - oft in mehreren Etagen übereinander - auf Rollenbahnen, deren zahlreiche parallele Rollen durch Ketten gemeinsam angetrieben werden.

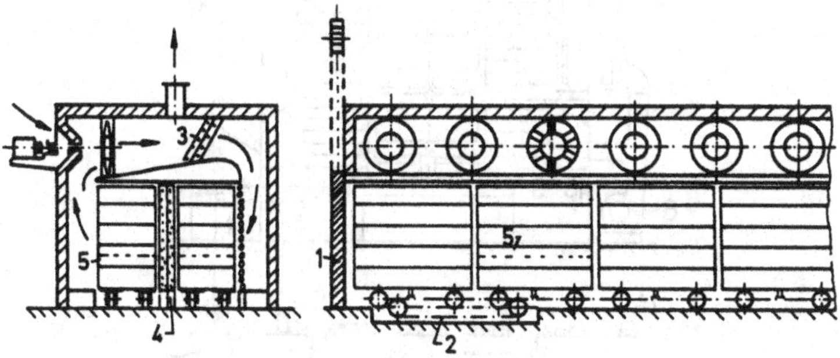

Abb. 3.2.2: Tunneltrockner für zwei Gestellwagenreihen
1 Einfahrtstor, 2 Wagenvorschub, 3 Heizkörper, 4 Zwischenheizkörper
5 Horden zur Aufnahme des Gutes

Spiralbandtrockner. Für Güter, die lange Trockenzeiten beanspruchen und während der Trocknung nicht bewegt werden dürfen, eignet sich der Spiralbandtrockner (Abb.3.2.3). Das nasse Gut wird außerhalb des Trockners auf ein umlaufendes Band aufgegeben und bleibt während der Trocknung unbewegt darauf liegen. Das Band läuft oben in den Trockner ein und bewegt sich spiralig nach unten. Mehrere Gebläse rotieren um die senkrechte Achse des Trockners und belüften jeweils einen Abschnitt. Die Luft wird dabei einmal über das Gut nach außen gefördert, heizt sich dort an den Heizrohren auf und wird dann über das Gut zurückgesaugt. Temperatur und Strömungsgeschwindigkeit sind für jede Gebläsezone getrennt regelbar.

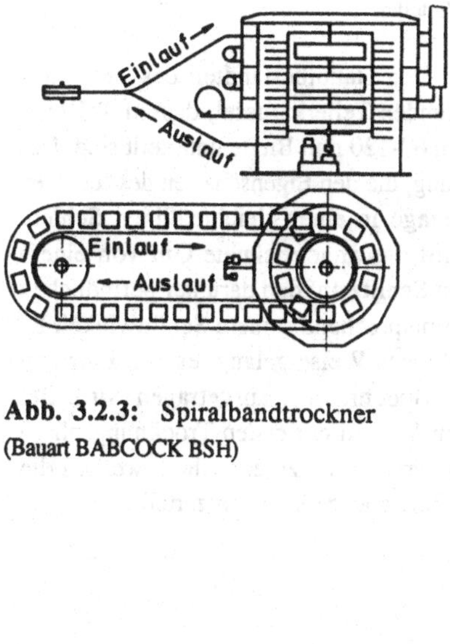

Abb. 3.2.3: Spiralbandtrockner
(Bauart BABCOCK BSH)

Segment-Drehtellertrockner. Für die kontinuierliche Trocknung großer Mengen an kristallinen, körnigen oder pastenförmigen Gütern, die schonend bei langen Verweilzeiten getrocknet werden sollen, eignet sich der Segment-Drehtellertrockner (Abb. 3.2.4).

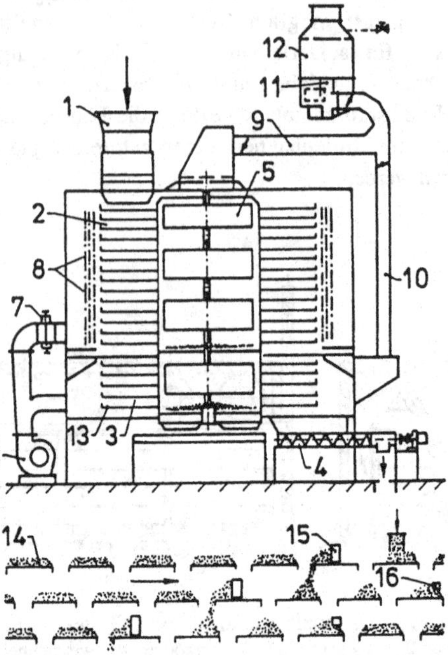

Abb. 3.2.4: Segment-Drehtellertrockner (Deutsche Babcock Anlagen AG)
oben: Senkrechter Axialschnitt; unten: Darstellung des Abstreif- und Ausbreitvorgangs
1 Beschickungsvorrichtung, 2 Trocknungszone, 3 Kühlzone, 4 Austragschnecke, 5 Ventilatorrad, 6 Frischluftventilator, 7,8 Heizkörper, 9 Abluftrohr, 10 Kühlluftabzugsrohr, 11 Naßwäscher, 12 Tropfenfänger, 13 Segmentteller, 14 Segment eines Tellers, 15 Abstreifer, 16 Verteiler.

Das Produkt darf ein weites Kornspektrum besitzen. Den Hauptbestandteil des Trockners bildet ein sich langsam um eine zentrale Achse drehendes Tellerkarussel, dessen Teller in trapezartige Segmente und radiale Durchfallschlitze von 60-120 mm Breite unterteilt sind. Das zu trocknende Produkt wird mit einer Aufgabevorrichtung, die den Eigenschaften des feuchten Gutes angepaßt ist, kontinuierlich auf die oberste Etage in einer gleichmäßigen Schicht aufgelegt. Nach jeder Umdrehung des Karussels wird das angetrocknete Gut von einem feststehenden Abstreifer abgestreift und fällt durch den Schlitz auf den darunter befindlichen Teller. Hier bildet das Produkt zunächst einen Kegel entsprechend seinem Schüttwinkel. Es wird von einem Verteiler wieder glattgestrichen. Auf diese Weise gelangt es von Etage zu Etage bis auf den Gehäuseboden, von dem es durch Bodenräumer ausgetragen wird. Bei pasten- und schlammförmigen Produkten kommt es im Verlauf der ersten Trocknungsphase häufig zu Klumpenbildungen. Um eine gleichmäßige Trocknung zu erreichen, werden die Klumpen mit einem zwischen zwei Etagen eingebauten Zwischenzerkleinerer zerteilt.

Im dargestellten Trockner treiben die zentral angeordneten Ventilatoren die Luft über das Trocknungsgut, zwischen einigen Tellern hin, zwischen anderen zurück und bei Umkehr durch die Heizkörper. Der Trockner kann mehrere Umluftzonen unterschiedlicher Temperatur haben. Die Abmessungen von Trocknern dieser Art reichen von 1,2 m Durchmesser mit 8 m^2 nutzbarer Tellerfläche bis zu 10 m Durchmesser mit 1500 m^2 Fläche. Die Drehzahl des Karussels wird entsprechend der notwendigen Aufenthaltszeit und der gewünschten Etagenzahl gewählt.

Tellertrockner. Für Produkte ähnlicher Art wie beim Segment-Drehtellertrockner, die jedoch nicht nur gelegentlich, sondern ständig umgelagert werden sollen, ist der Umluft-Schaufeltellertrockner geeignet. Er ist mit feststehenden etagenförmig angeordneten Kreisplatten ausgestattet, die verschiedene Durchmesser aufweisen. Umlagerung und Transport des Trocknungsgutes besorgen umlaufende pflugschararartige Schaufeln. An den Trocknungsraum ist eine Kammer angebaut, in der sich Ventilatoren zum Fördern und Heizkörper zum Erwärmen der zirkulierenden Luft befinden. Der Tellertrockner kann völlig dicht gekapselt werden. Er eignet sich deshalb besonders für die Trocknung von lösungsmittelhaltigen Produkten (s. auch Abb. 3.2.26).

Düsentrockner (Abb. 3.2.5). Beim Düsentrockner wird die heiße Trocknungsluft aus Loch- oder Schlitzdüsen mit hoher Geschwindigkeit senkrecht oder schräg auf die Gutsoberfläche geblasen. Infolge großer Anblasgeschwindigkeit, die durch einen sehr hohen Umluftanteil erzielt wird, erreicht man große Stoffübergangskoeffizienten und damit - da der ungünstige Einfluß der Rückvermischung durch den verbesserten Stoffübergang weit übertroffen wird - auch hohe Trocknungsgeschwindigkeiten im Bereich der reinen Oberflächenverdunstung (1. Trocknungsabschnitt). Düsentrockner werden hauptsächlich zur Trocknung von Flächengütern, wie Furnieren, Pappen, Folien, Textilbahnen oder photographischem Material, benutzt.

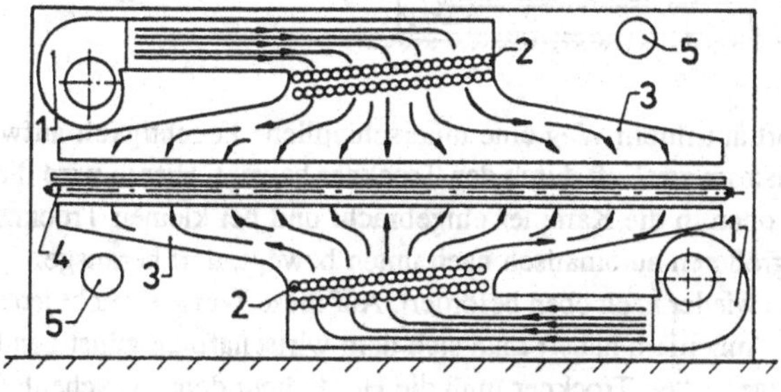

Abb. 3.2.5: Düsentrockner (Bauart Deutsche Babcock Anlagen AG)
1 Frischluftgebläse, 2 Heizregister, 3 Düsenkasten, 4 Walzenbahn mit aufliegender Bahn, 5 Abluft

Endlose Warenbahnen, wie beschichtetes Papier, Folien nach dem Bedrucken oder Fotofilme, werden nach dem Luftkissenprinzip berührungsfrei durch Trockner, die über 100 m lang sein können, geführt. Stückfurniere werden auf Gurtförderbändern, aus einer Strangpresse kommende Formstückchen, wie z.B. Trocken- oder Halbfeuchtfutter, auf einem durchgehenden Edelstahlband gefördert. Die Luftgeschwindigkeit muß dann so gewählt werden, daß die Güter nicht verweht werden. Im "Spannrahmen- Trockner" werden Textilbahnen auf Nadeln oder mit Spannkluppen befestigt, die auf durchlaufenden Ketten durch den Trockner fahren, das Gut seitlich fixieren und während des Trocknungsvorganges eine textiltechnische Behandlung bewirken.

b) Das Gut wird durchströmt

Für alle Güter, die durchlüftungsfähige Schichten bilden oder zu solchen aufbereitet werden können, ist die Durchlüftung die wirksamste Art der konvektiven Trocknung. Da alle Teilchen des zu behandelnden Gutes vom Luftstrom nahezu allseitig umspült werden, erreichen Wärme- und Stoffaustausch unter den gegebenen Bedingungen maximale Werte, und es ergeben sich hohe Trocknungsgeschwindigkeiten bei sowohl thermisch als auch mechanisch möglichst schonender Behandlung des Gutes.

Durchström-Wanderhorden-Schachttrockner (Simplizior-Trockner). Ein halbstetig arbeitender Hordentrockner, in dem vorwiegend in der Lebensmittelindustrie pflanzliche Produkte wie Petersilie, Karotten, Spinat, Pilze, aber auch Gewürze getrocknet werden, ist der Simplizior-Trockner (Abb. 3.2.7).

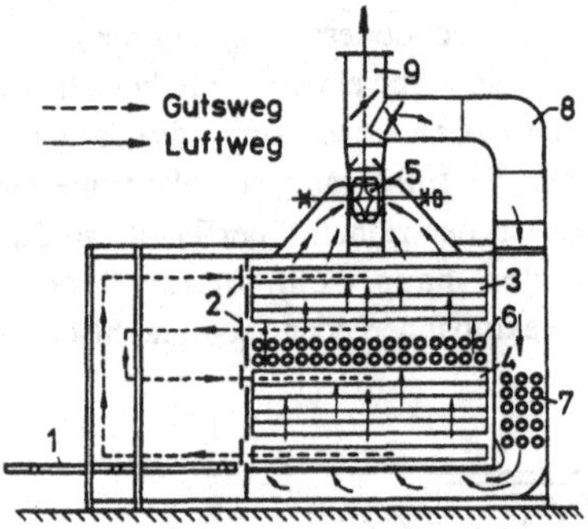

Abb. 3.2.6: Durchström-Wanderhorden-Schachttrockner. (Bauart Simplizior, Deutsche Babcock Anlagen); 1 Fahrstuhl, 2 Klappen, 3,4 Hordenstapel, 5 Ventilator, 6,7 Heizkörper, 8 Umluftrohr, 9 Abluftrohr.

Da die Trockenluft auf ihrem Weg eine unterschiedliche Feuchtigkeit aufweist, werden die Horden im Gegenstrom zur Luft durch den Trockner bewegt. Hierzu wird die mit Naßgut beschichtete Horde oben in die Kammer eingebracht und bei kleinen Trocknern mittels einer Handkurbel, bei größeren automatisch nach unten bewegt, dort herausgezogen, entleert, mit Naßgut gefüllt und wieder nach oben befördert. Auf diese Weise erreicht jede Horde den gleichen Endzustand. Außerdem nähert man sich dem wirtschaftlich günstigen kontinuierlichen Betrieb an. Im dargestellten Trockner muß die Horde über dem Zwischenheizkörper herausgezogen und unter dem Heizkörper wieder eingeschoben werden. Die Zwischenerhitzung der Luft ist nötig, weil sich die Luft beim Durchströmen der unteren Horden bereits abkühlt und weil wegen der Empfindlichkeit des Trocknungsgutes am Lufteintritt keine hohen Lufttemperaturen möglich sind. Der Simplizior-Trockner wird auch ohne Zwischenheizung gebaut. Nutzflächen bis zu 60 m^2 sind üblich.

Durchström-Gleitschachttrockner werden zur absatzweisen Trocknung landwirtschaftlicher Produkte eingesetzt. Getreide - auch Heu - wird in Behälter gefüllt, die eine gelochte Bodenplatte oder ein Tragrost besitzen, und von erwärmter Luft durchströmt. Eine Vergleichsmäßigung des Trocknungsvorganges über der Schütthöhe und gleichzeitig ein Transport des Gutes über verschiedene Temperaturzonen hinweg kann durch eine Schubwendevorrichtung erreicht werden.
Das Trocknungsgas gelangt über einen Zuführungsschacht durch dachförmige Einbauten in die Getreideschüttung. Über gleiche Einbauten wird es ein Stück höher aus der Schüttung gesaugt. In oberen, unbelüfteten Heizabteilungen (Schwitzzonen) gleitet das Gut an Heizkörpern vorbei, die meist mit Warmwasser gespeist werden und das Gut durch Kontakt erwärmen. Das Schwitzenlassen des Korns verkürzt die nötige Trocknungszeit beträchtlich. Im unteren Teil des Schachtes ist häufig eine Kühlzone angeordnet. Futtergetreide wird mit durch Luft verdünnten Rauchgasen, Ernährungsgetreide, Öl- und Hülsenfrüchte werden mit indirekt erhitzter Luft getrocknet.

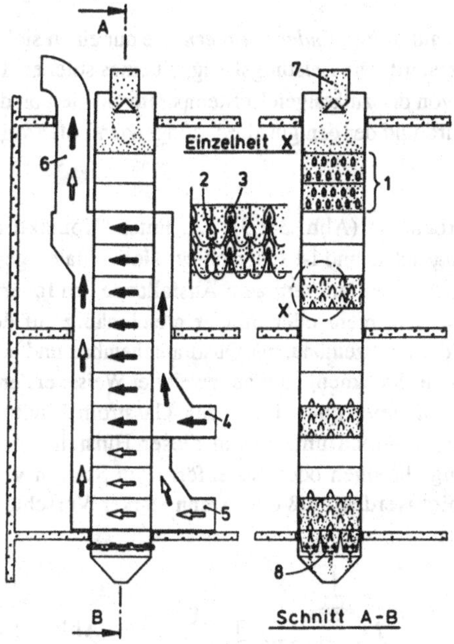

Abb. 3.2.7: Durchström-Gleitschachttrockner (Stele-Trockner, Laxhuber KG)
1 Vorwärm-Heizkörper, 2 Zuluft, 3 Abluft, 4 Zuluftschacht (warme Luft), 5 Zuluftschacht (kalte Luft), 6 Abluftschacht, 7 Trichter (Produkteintritt), 8 Austragvorrichtung.

Durchström-Siebtrommeltrockner. Für Güter, die sich als luftdurchlässige Schichten auf gekrümmte Flächen legen lassen, wird der Durchström-Siebtrommeltrockner angewendet. Güter dieser Art sind Zellulose-Fasern, Wolle, Baumwolle. Der Trockner besteht aus einer Reihe von Trommeln mit bis zu 2 m Durchmesser und 6 m Breite, die sich um horizontale Achsen drehen (Abb. 3.2.8) und deren Mäntel, die aus Lochblechen bestehen, sich nahezu berühren. Die Trommeln werden abwechselnd oben oder unten von der Gutsschicht umschlungen.

Starke Warmluftströme, die das Gut an die Trommel drücken, werden in die Trommel gesaugt. Abdeckbleche im Innern versperren der Luft den Weg durch unbedeckte Stellen der Trommelmäntel. Der Sog an der einen Trommel beginnt dort, wo er an der benachbarten aufhört.

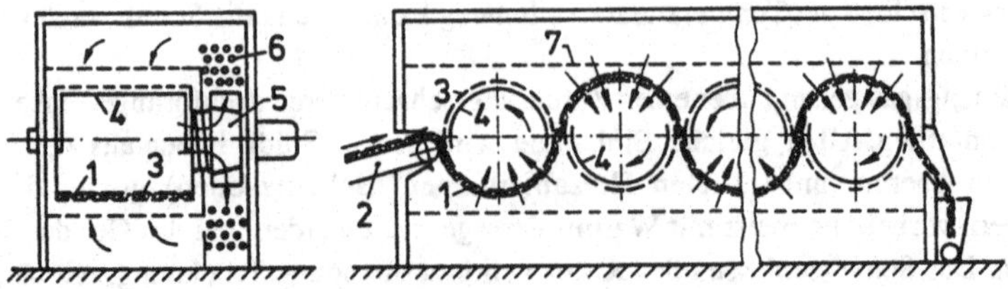

Abb. 3.2.8: Durchström-Siebtrommeltrockner für loses Fasergut (Fleißner GmbH & Co, Egelsbach); 1 Trocknungsgut, 2 Zuführband, 3 Siebtrommel, 4 Abdeckblech, 5 Ventilator, 6 Heizkörper, 7 Luftverteildecke

Luftdurchlässige Papiere werden auf *Saugzylindertrocknern*, die nur einen siebbezogenen perforierten Zylinder besitzen, hergestellt. Die Leistungsfähigkeit eines solchen Trockners hängt von der Porosität der Gutsbahn, von der zulässigen Lufttemperatur sowie von dem Unterdruck ab, der im Zylinder eingestellt wird und der den gutsdurchdringenden Luftstrom bestimmt. Die Trocknung dauert nur Sekunden.

Drehrohrtrockner (Trommeltrockner) (Abb. 3.2.9), s.a. unter "Kontakttrocknung". Die Trommel dreht sich um ihre Längsachse und ist schwach zur Horizontalen geneigt. Material, das vorne eingefüllt wird, wandert daher langsam zum Ausfallende. Im Innern der Trommel befinden sich Einbauten, die das Gut mehr oder minder gleichmäßig auf den Querschnitt verteilen. Die bekanntesten sind der Kreuzeinbau, der Quadranteneinbau und der Hubschaufeleinbau. Die Einbauten verkürzen die Trocknungszeit auf zweierlei Weise: erstens lassen sie das Gut immer wieder als dünnen Schleier quer durch den Gasstrom hindurchrieseln, und zweitens lagern sie das Gut fortwährend um. Die in dieser Hinsicht wenig wirksamen Hubschaufeln werden bei anfangs breiigen oder pastenförmigen Stoffen verwendet. Auch wenn die Trommel öfter gereinigt werden muß oder wenn starker Verschleiß auftritt, sind einfache Einbauten zweckmäßiger.

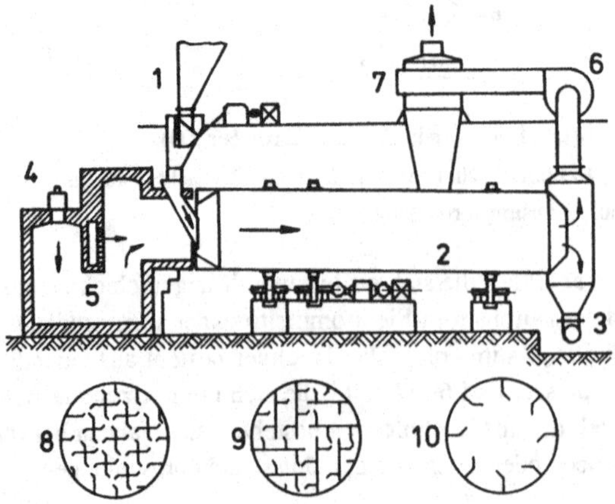

Abb. 3.2.9: Gleichstrom-Trommeltrockner sowie verschiedene Einbauten; 1 Gutsaufgabe, 2 Trommel, 3 Gutsausfall, 4 Brenner, 5 Brennkammer, 6 Abgasventilator, 7 Staubabscheider, 8 Kreuzeinbau, 9 Quadranteneinbau, 10 Hubschaufeleinbau

Gase und Gut werden im Drehrohrtrockner, je nach Erfordernissen, entweder im Gleich- oder Gegenstrom geführt. Drehrohrtrockner werden häufig direkt befeuert. Ihre Durchmesser liegen zwischen 0,3 und 6 m, Längen bis zu 35 m sind möglich. Man benutzt Drehrohrtrockner vornehmlich für körnige und krümelige Güter. Pastenförmige und schlammige Güter nehmen, wenn sie in Berührung mit den heißen Gasen kommen, oft schon nach kurzem Weg im Drehrohr krümelige Form an. Manche flüssigen oder halbflüssigen Stoffe kann man durch Vermischung mit bereits trockenem Gut rieselfähig machen. Drehrohre können im Innern mit Stauringen versehen werden, die die Aufenthaltszeit des Gutes verlängern.

c) Das Gut wird aufgewirbelt

Wirbelschichttrockner zeichnen sich durch hohe Trocknungsleistungen aus. Eine Ausführungsform zeigt Abb. 3.2.10. Das zu trocknende Gut durchläuft die Fließbettrinne in horizontaler Richtung, wobei das Trocknungsmedium Gas oder Luft den Anströmboden senkrecht durchströmt und dadurch eine Fluidisierung des Gutes bewirkt. Beim kontinuierlich arbeitenden Wirbelschichttrockner wird der Transport des Gutes vom Eintritt über ein Stauwehr zum Austritt durch die Eigenbewegung des fluidisierten Gutes bewirkt. Die Förderung des Gutes kann durch besondere Transporthilfen, wie z.B. Ausräumern in Form von umlaufenden Bändern, die mit Mitnehmern bestückt sind, unterstützt werden.

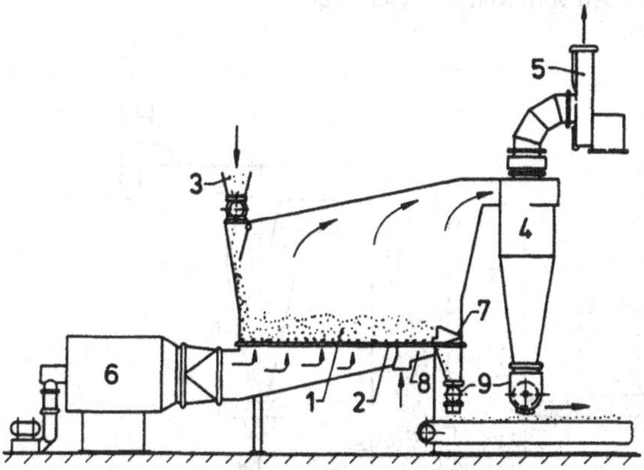

Abb. 3.2.10: Wirbelschichttrockner (Bauart BÜTTNER-SCHILDE-HAAS)
1 Wirbelbett, 2 Anströmboden, 3 Aufgabevorrichtung, 4 Entstauber, 5 Ventilator, 6 Feuerung, 7 Stauwehr, 8 Kühlzone, 9 Austragevorrichtung.

Zur Unterstützung der Fluidisierung und damit zur Verringerung der zur Fluidisierung nötigen Luftgeschwindigkeit werden vibrierte Fließbetten gebaut. Dazu wird der Trockner auf eine Schwingförderrinne gesetzt, die durch Schwingungserreger zum Vibrieren gebracht wird. Die Schwingungsbewegung in Längsrichtung bewirkt den Transport des Gutes. Durch Veränderung des Vibrationsantriebes läßt sich die Verweilzeit des Gutes verändern. Durch Aufteilung des Luftkanals in zwei Zonen kann das Produkt in der ersten Stufe getrocknet und in der zweiten Zone auf Weiterverarbeitungs- oder Abpacktemperatur gekühlt werden. Da sich derartige Trockner auch in geschlossener Bauart ausführen lassen, sind sie auch für Prozesse geeignet, bei denen das Lösungsmittel rückgewonnen werden soll. Zum Wirbeln eignen sich pulverförmige, kristalline, körnige und kurzfasrige Produkte, die rieselfähig bis leicht klebend oder backend sind. Pasten und Schlämme werden durch Zumischen von bereits getrocknetem Gut fluidisierbar gemacht.

Lösungen und Suspensionen können in Sprühwirbelschichten getrocknet werden: Mit Hilfe von Düsen wird die Flüssigkeit in die Wirbelschicht gesprüht. Die Teilchen werden mit einem dünnen Flüssigkeitsfilm überzogen, der sehr schnell, meist nur im Abschnitt reiner Oberflächenverdunstung, trocknet. Zugleich agglomerieren viele Teilchen: Beim kontinuierlichen Betrieb muß der Trockner laufend mit trockenem Material geringer Teilchengröße versorgt werden. Dazu werden entweder ausgetragene, getrocknete kleine Teilchen zurückgeführt oder große Teilchen zerkleinert, klassiert und zurückgeführt. Aus vielen Flüssigkeiten lassen sich so Teilchen zwischen 0,5 bis 5 mm Korngröße erzeugen.

Der *Spin-Flash-Trockner* (Abb. 3.2.11) ist vornehmlich zur Trocknung von Pasten und hochviskosen Produkten geeignet. Das über eine Dosierschnecke oder eine Pumpe in den Trocknungsraum eingetragene Gut wird von einem Rührwerk mit einem mehrarmigen Rührer (50-500 Upm) zerteilt. Luft wird von unten her tangential in den Trocknungsraum geleitet. Im Bereich des Rührers entsteht eine Art Wirbelschicht, aus der getrocknete, zerkleinerte Teilchen ausgetragen werden. Vom Luftstrom etwa mitgerissene grobe, noch feuchte Teile fallen am Behälterrand zurück und werden vom Rührer zerschlagen.

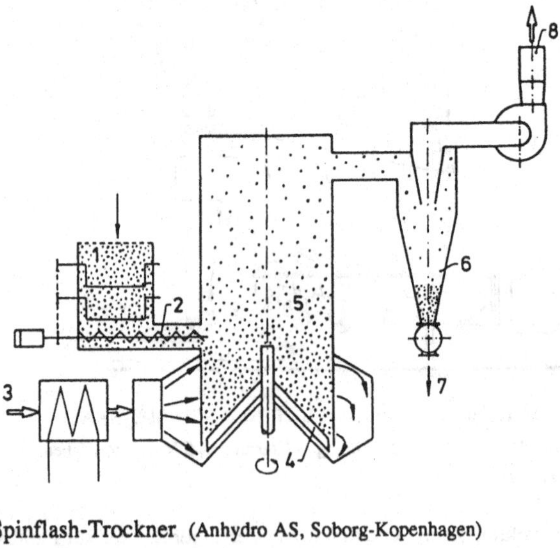

Abb. 3.2.11: Spinflash-Trockner (Anhydro AS, Soborg-Kopenhagen)
1 Feuchtgutbunker, 2 Dosierschnecke, 3 Lufteintritt, 4 Rührer, 5 Haupttrocknungsraum, 6 Gutabscheider, 7 Trockengutaustrag, 8 Abluftaustritt

Schleudertrockner. Das zu trocknende Gut kann auch mechanisch aufgewirbelt werden. Der Schleudertrockner (Abb. 3.2.12) besteht aus einem feststehenden geschlossenen Gehäuse, in dessen Unterteil, je nach Größe des Trockners, ein oder zwei Schleuderwellen eingebaut sind. Diese Schleuderwellen verwirbeln das Aufgabegut im Trocknerraum. Als Wärmeträger werden vornehmlich Rauchgase verwendet, die durch die Verbrennung von Kohle, Öl oder Gas entstehen. Diese Rauchgase werden mit Frischluft gemischt, um die erforderliche Eintrittstemperatur zu erhalten und das Gasvolumen entsprechend der verlangten Wasserdampfsättigung zu erhöhen.

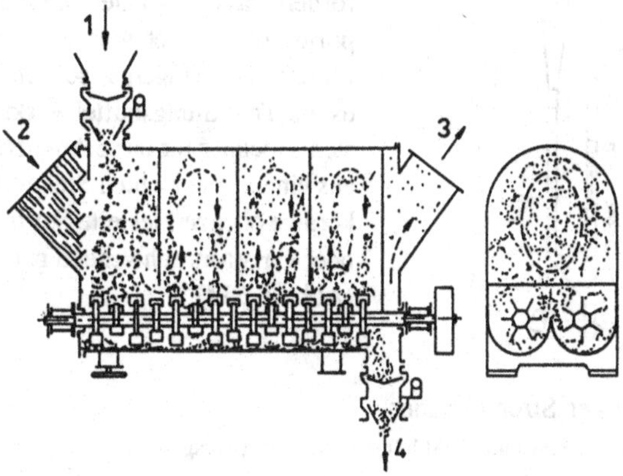

Abb. 3.2.12: Schleudertrockner (Bauart HAZEMAG mbH, Münster/Westf.)
1 Materialaufgabe, 2 Heißgaseintritt, 3 Abgasaustritt, 4 Materialauslauf

Eine Kombination der Verwirbelungsverfahren für das Trockengut liegt im *Wirbelschicht-Behälter-Trockner* vor. Trockner mit Gutsverwirbelung werden z.B. zur Trocknung von Kunststoffgranulaten, Salzen, Kohlen und Chemikalien benutzt.

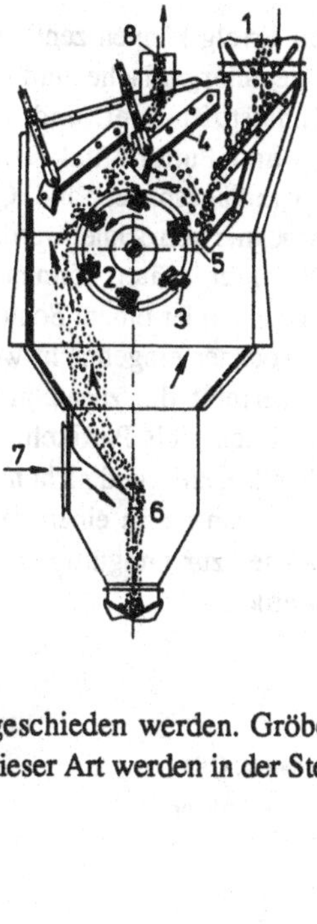

Abb. 3.2.13: Schleuderpralltrockner (HAZEMAG mbH, Münster/Westf.)
1 Feuchtgutzufuhr, 2 Schlagrotor, 3 Schlagleisten, 4 Prallplatten, 5 einstellbarer Spalt, 6 Ausfalltrichter, 7 Heißgaseintritt, 8 Abgasaustritt.

Im *Schleuderpralltrockner* (Abb. 3.2.13), der als Schleudertrockner und Prallbrecher wirkt, werden Gutsbrocken mit bis zu 500 mm Kantenlänge und mit Feuchten bis zu 30 % auf Korngrößen von 0 - 10 mm zerkleinert und durch Heißgas mit Temperaturen bis zu 900 °C getrocknet. Im Trockner läuft ein Schlagrotor um, dessen Schlagleisten das Gut gegen Prallplatten schleudern. Im Kontakt mit heißem Gas wird das Gut getrocknet. Feinste Teilchen verlassen den Trockner mit dem Trocknungsgas und müssen daraus abgeschieden werden. Gröbere Teilchen verlassen den Trockner am Bodenaustritt. Trockner dieser Art werden in der Steine- und Erdenindustrie eingesetzt.

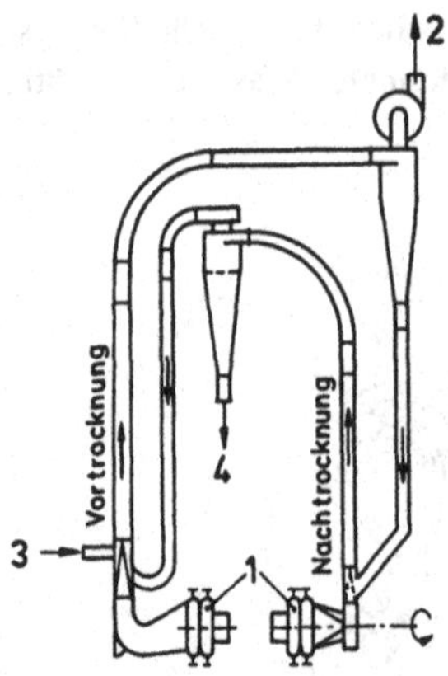

d) Das Gut wird geschleppt

Stromtrockner. Stoffe, die sich pneumatisch fördern lassen, können während des Transportes getrocknet werden, indem man das Förder- oder Trägergas so weit vorwärmt, daß es als Trocknungsmittel wirkt. Die einfachsten Trockner für diese Arbeitsweise bestehen aus einem senkrechten Steigrohr, in welchem körnige oder zerkleinerte Stoffe in einem Luft- oder Gasstrom schwebend getrocknet werden (Abb. 3.2.14).

Abb. 3.2.14: Zweistufiger Stromtrockner
(Bauart H. ORTH, Böhl/Pfalz) 1 Frischluft, 2 Abluft, 3 Eintrag, 4 Austrag

Die Verweilzeit beträgt nur wenige Sekunden, so daß nur feinkörnige Produkte, bei denen ein schneller Wärme- und Stoffaustausch stattfindet, oder grobkörnige Produkte, denen nur Haftwasser entzogen werden soll, getrocknet werden können. Trockengut, bei dem die Feuchtigkeit aus dem Innern herausdiffundieren muß, kann im Stromtrockner nur bedingt getrocknet werden: die für die Diffusionsvorgänge notwendige Zeit steht oft nicht in ausreichendem Maße zur Verfügung. Für derartige Produkte können gegebenenfalls mehrstufige Stromtrockner eingesetzt werden.

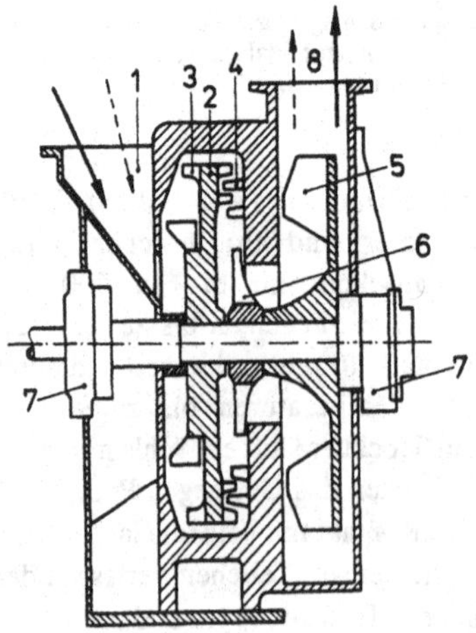

Mit bestem Erfolg können zentrifugen- oder filterfeuchte anorganische und organische Salze, Kunststoffpulver und -granulate, Nahrungs- und Futtermittel sowie andere Produkte, wie Sägespäne, Sand, Quarz usw., im Stromtrockner getrocknet werden. Pastöse oder schlammige Güter können mit einer Eintragschnecke oder einem Schleuderrad in den Stromtrockner eingebracht werden. Der Luftstrom zerreißt die zusammenhängende Phase, es bilden sich Partikeln, die sofort oberflächlich trocknen und nicht mehr zusammenkleben, wenn sie in einen nachgeschalteten Trockner zur endgültigen Trocknung gebracht werden.

Abb. 3.2.15: Atritor-Mahltrockner (Alfred Herbert Ltd., Coventry, GB)
1 Naßgut und Heißgas, 2 Rotor, 3 Hammersegmente, 4 Statorzapfen, 5 Ventilator,
6 Fingersichter, 7 Lager, 8 zum Abscheider

Im *Mahltrockner* (Abb. 3.2.15) wird das Gut gleichzeitig gemahlen und getrocknet. Fast der gesamte hohe Aufwand an mechanischer Energie, der zum Zerkleinern des Gutes nötig ist, geht in thermische Energie über und kommt der Trocknung zugute. Zusätzlich werden heiße Gase in die Mühle geleitet. In der gezeigten Ausführung rutscht das feuchte Material zur Vorderseite der schnell rotierenden Mahlscheibe und wird vorzerkleinert, dann von heißen Gasen in den zweiten Mahlraum getragen, wo es zwischen umlaufenden und feststehenden Stiften weiter zerkleinert wird. Der eingebaute Ventilator befördert Gase und Teilchen schließlich aus der Mühle. Mit der Maschine läßt sich Pulver aus körnigen, knetbaren oder halbflüssigen Stoffen herstellen, die bis zu 80 % Feuchte und 50 mm Stückgröße haben dürfen. Mahltrockner werden zur Zerkleinerung und Trocknung von Braunkohle in Kraftwerken eingesetzt.

e) Das Gut wird zerstäubt

Die Zerstäubungstrocknung wird vorteilhaft zum Trocknen von Lösungen, Suspensionen oder auch Pasten benutzt. Das zu trocknende Gut wird mit geeigneten Vorrichtungen in ein Heizgas hinein zerstäubt, wobei die abzutrennende Flüssigkeit rasch verdampft. Der zurückbleibende Feststoff kann als trockenes Pulver aus dem Gasstrom abgetrennt werden.

Bei der Zerstäubungstrocknung ist die Erzeugung eines möglichst gleichmäßigen Flüssigkeitsnebels besonders wichtig und wird durch besonders ausgebildete, dem jeweiligen Produkt angepaßte Zerstäubungseinrichtungen erreicht. Die wichtigsten Bauformen sind der Scheibenzerstäuber und der Düsenzerstäuber (Abb. 3.2.16). Beim Scheibenzerstäuber wird das zu trocknende Produkt einem Scheibenkörper mit einem Durchmesser von 50-350 mm zugeführt, der sich mit hoher Geschwindigkeit dreht. Die Drehzahlen bewegen sich - je nach Art des Produktes und des gewünschten Zerteilungsgrades - zwischen 4000 und 15000 Umdrehungen je Minute. Scheibenzerstäuber sind besonders geeignet für Suspensionen und Pasten, welche eine Düse korrodieren oder verstopfen würden. Auch dicke Pasten können noch verarbeitet werden, wenn sie mittels Druckpumpen aufgegeben werden.

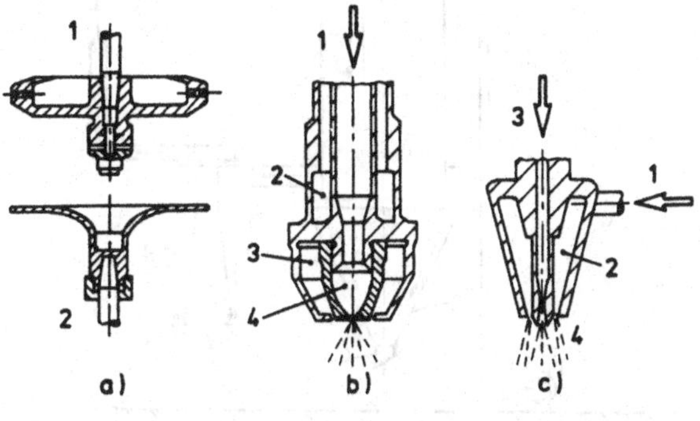

Abb. 3.2.16: Zerstäubungsvorrichtungen

a) Scheibenzerstäuber: 1 für hängenden Einbau, 2 für stehenden Einbau; b) Einstoff-Düse (Druckdüse): 1 Flüssigkeitszuführung, 2 Heiz- oder Kühlmantel, 3 Düsenhalterung, 4 Düsenmundstück; c) Zweistoffdüse: 1 tangentiale Druckluftzuleitung, 2 konische Entspannungs- und Drallkammer, 3 Flüssigkeits-Zuleitungsrohr, 4 Zerstäubungszone.

Bei der Düsenzerstäubung wird das Naßgut entweder in der Einstoffdüse allein aufgrund des Flüssigkeitsdruckes oder bei der Zweistoffdüse unter Mitwirkung eines gasförmigen Mediums, meist Luft, in einen Flüssigkeitsnebel mit Teilchendurchmessern von 20-300 μm zerteilt.

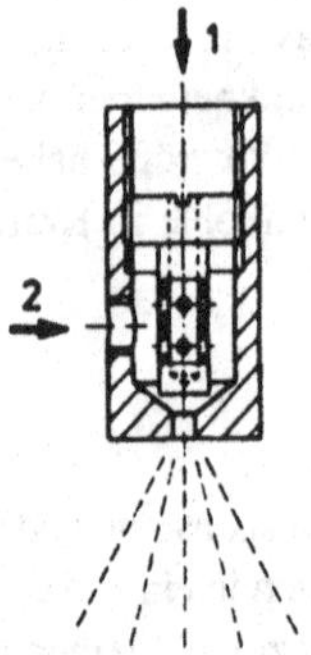

Abb. 3.2.17: Zweistoff-Schallgeschwindigkeitsdüse (Caldyn, Ettlingen); 1 Flüssigkeit, 2 Gas.

Eine Zweistoffdüse, die den Effekt ausnutzt, daß die Schallgeschwindigkeit (kritische Geschwindigkeit) eines Gas-Flüssigkeitsgemisches wesentlich kleiner ist als die Schallgeschwindigkeit der Gas- oder der Flüssigkeitsphase, zeigt Abb. 3.2.17. Gas und Flüssigkeit werden mit relativ geringer Geschwindigkeit in einer Mischkammer zusammengeführt und am Ende der Mischkammer auf einen niedrigeren Druck in die Atmosphäre expandiert. Der Drucksprung am Ende der Mischkammer bewirkt eine Zerteilung der flüssigen Phase, die auch Feststoffe enthalten darf, in kleine Tropfen bei einem engen Tropfenspektrum. Infolge der feinen Zerteilung der Flüssigkeit wird eine große Berührungsoberfläche mit dem Trockenmittel erreicht, so daß die Trockenzeit nur Bruchteile von Sekunden bis höchstens einige Sekunden beträgt. Eine oder mehrere Zerstäubungseinrichtungen werden oben in einen häufig bis zu 20 m hohen zylindrischen Raum (Abb. 3.2.18) mit mehreren Metern Durchmesser eingebaut. Heiße Gase durchströmen den Turm von unten im Gegenstrom oder von oben im Gleichstrom. Das getrocknete Produkt sammelt sich im konischen Unterteil und wird von dort ausgetragen.

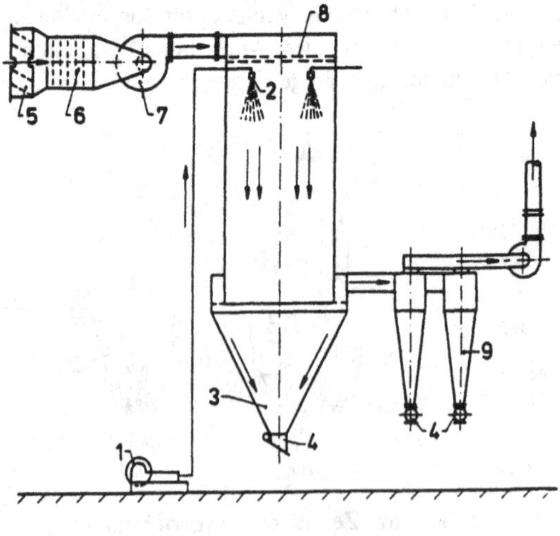

Abb. 3.2.18: Gleichstrom-Zerstäubungstrockner

1 Pumpe für das Gut, 2 Drall-Druckdüse zum Versprühen des Gutes, 3 Auffangtrichter für das Gut, 4 Austragvorrichtungen für das Gut, 5 Frischluftfilter, 6 Lufterhitzer, 7 Heißluftventilator, 8 Luftverteilgitter, 9 Feingutabscheidung in Zyklonen.

Zerstäubungstrockner sind besonders zur Trocknung temperaturempfindlicher Güter, wie Milchprodukte, Kindernährmittel, Eier, Blut und Blutplasma, aber auch von pharmazeutischen Produkten, Chemikalien, Farbstoffen, Kunststoffen, Leimen, Gerbstoffen, Waschmitteln usw. geeignet. Ein Vorteil der Zerstäubungstrocknung gegenüber allen anderen Verfahren liegt in der hohen Lösungsgeschwindigkeit des als Pulver gewonnenen Produktes.

3.2.2 Kontakttrockner

Bei der Kontakttrocknung wird die Wärme unmittelbar von beheizten Flächen an das Gut übertragen, wobei dieses entweder dauernd festen Kontakt mit der Heizfläche hat oder auf der Heizfläche immer wieder umgelagert wird. Die verschiedenen Bauformen der Kontakttrockner sind im wesentlichen durch den Zustand des zu trocknenden Stoffes bestimmt.

a) Flächige und bandförmige Güter

Flächige und bandförmige Güter wie Textilien, Papier, Pappe werden in *Zylindertrocknern* getrocknet. Die Warenbahn umschlingt waagerecht liegende rotierende Zylinder, die meist mit Dampf beheizt werden. Der Dampf gelangt durch Hohlzapfen in den Zylinder, das Kondensat tritt häufig durch den gleichen Zapfen aus. Bahnen, die im nassen Zustand nur geringe Festigkeit aufweisen, laufen zusammen mit endlosen Führungsbändern z.B. aus Wollfilz oder Baumwolle über die Zylinder. Das Führungsband, welches die Bahn an den Zylinder drückt und dabei selbst Feuchte aufnimmt, muß auf seinem Rücklauf getrocknet werden (Abb. 3.2.19). Durch das Andrücken der Bahn wird bei schnellaufenden Maschinen das Einsaugen von Luft in den Spalt vermieden und damit der Wärmeübergang zwischen Zylinder und Bahn verbessert.

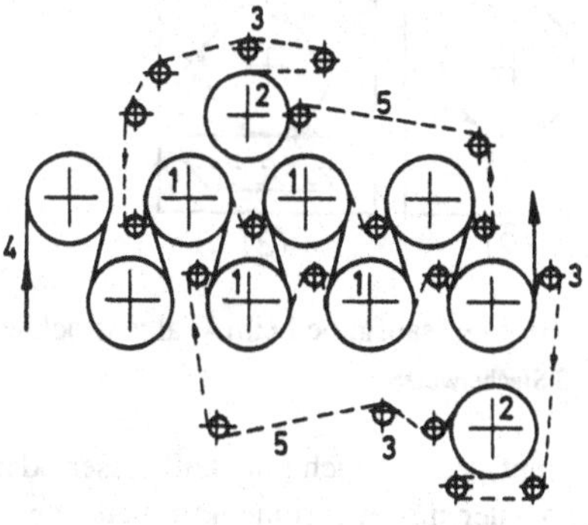

Abb. 3.2.19:
Schema eines Mehrzylindertrockners mit Bandführung
1 Trocknungszylinder für das Gut
2 Trocknungszylinder für das Führungsband, 3 Leitwalze, 4 Gut.

b) Dünnflüssiges Gut

Walzentrockner. Zur Kontakttrocknung von Lösungen organischer oder anorganischer Stoffe wird fast ausschließlich der kontinuierlich arbeitende Walzentrockner (Abb. 3.2.20) verwendet, der sich durch günstige Wärmeausnutzung auszeichnet.

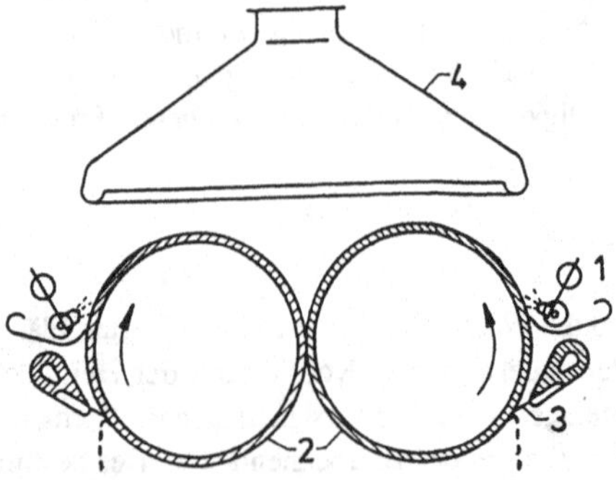

Abb. 3.2.20: Zweiwalzen-Sprühtrockner (Bauart ESCHER WYSS)
1 Aufsprühvorrichtung, 2 Trockenzylinder, 3 Schabermesser, 4 Brüdenabsaugung

Das zu trocknende Gut wird in dünner Schicht auf die Trockenwalze aufgebracht. Während der Drehung des von innen beheizten Zylinders verdunstet die Flüssigkeit. Kurz bevor das getrocknete Produkt den Aufgabepunkt wieder erreicht, wird es durch eine Schabevorrichtung abgeschält, wobei es je nach Art des Ausgangsproduktes in Form eines Filmes, von Flocken, feinen Schuppen oder als Pulver anfällt. Die verschiedenen Aufgabearten für das Feuchtgut, entsprechend dessen Haftfähigkeit und Konsistenz, zeigt Abb. 3.2.21 .

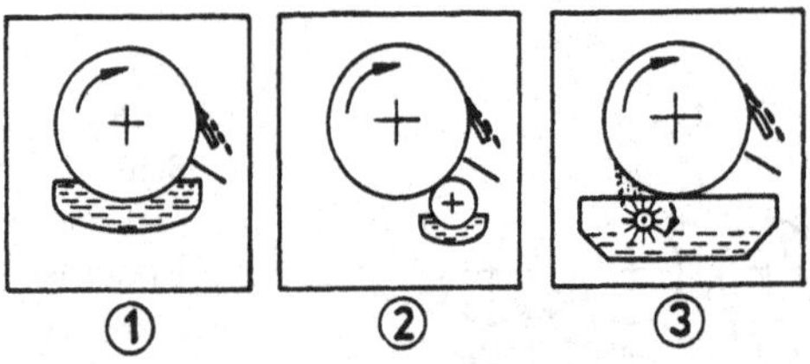

Abb. 3.2.21: Möglichkeiten der Gutsaufgabe beim Walzentrockner
1 Tauchwalze; 2 Auftragswalze; 3 Stachelwalze

Die Walzen werden von innen meist mit Dampf, jedoch auch mit Heißwasser oder Wärmeträgeröl beheizt. Es werden auch Walzentrockner mit elektroinduktiv beheizten Trockenzylindern angeboten. Die Temperatur der Walzenoberfläche läßt sich hierbei zwischen 40 und 400 °C einstellen.

Unter Normaldruck arbeitende Trockner können mit einer Absaughaube oder einem staub- bzw. gasdichten Gehäuse versehen werden. Bei manchen Bauarten wird die Walze zur Steigerung der Trockenleistung mit Warmluft angeblasen oder mit Heizstrahlern bestrahlt. Im Vakuum-Walzentrockner sind die Walzen und die Aufgabe- und Abnahmevorrichtung in einem druckfesten Gehäuse untergebracht.

c) Pastöses Gut

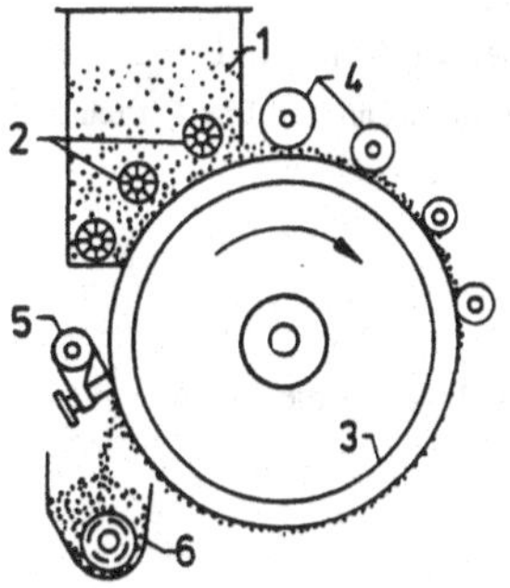

Walzentrockner sind grundsätzlich auch zum Trocknen von brei- und pastenartigen Stoffen geeignet, sofern die Gutsaufgabe in befriedigender Weise gelöst werden kann. Eine bewährte Vorrichtung zeigt Abb. 3.2.22 .

Abb. 3.2.22: Einwalzentrockner für breiiges Gut
1 Aufgabebehälter, 2 Rührwerke, 3 Trockenwalze, 4 Andrückwalze, 5 Schabmesser, 6 Austrag.

Rillenwalzentrockner. Eine Sonderentwicklung ist der Rillenwalzentrockner. Er vermindert den Feuchtigkeitsgehalt von Pasten um etwa 8-10 % und bereitet sie zu stückigem Trocknungsgut auf. Nach der Gutsaufgabe wird die Paste nicht zu einer dünnen Schicht ausgewalzt, sondern von der Anpreßwalze in die Rillen der Trockenwalze eingepreßt, anschließend geglättet, im Verlauf der Walzendrehung eingedickt und von einem kammartigen Schaber abgenommen. Zur vollständigen Trocknung wird ein Bandtrockner nachgeschaltet. Spezielle Einsatzbereiche sind die Trocknung von Stearaten, Carbonaten, Ton, Kaolin, Bleiweiß und Titandioxid.

Hohlschnecken-Wärmeübertrager. Zum kontinuierlichen Trocknen pastöser Güter hat sich der Hohlschnecken-Wärmeübertrager (Abb. 3.2.23) bewährt. Dieser Trockner besteht im wesentlichen aus einem Trog, in dem ein oder zwei Paar Hohlschnecken angeordnet sind, die sich entweder gegen- oder gleichsinnig drehen und teilweise ineinandergreifen. Bei pastösem Gut wird die gleichsinnige Drehung bevorzugt, da die Hohlschnecken dann vollständig miteinander in Eingriff kommen und sich dadurch selbsttätig reinigen. Als Heizmedien dienen Heißwasser, Sattdampf oder organische Wärmeträger.

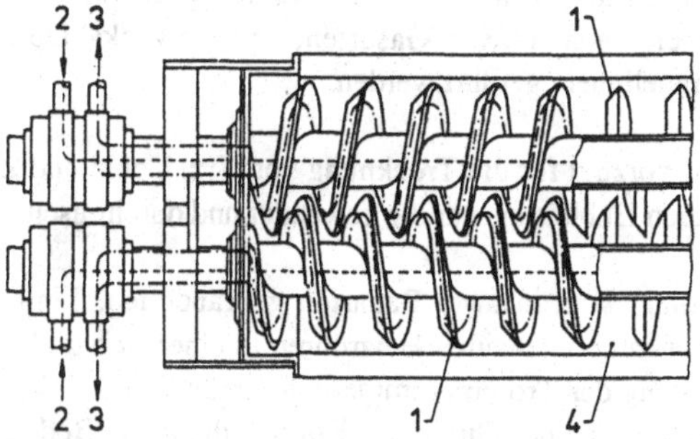

Abb. 3.2.23: Hohlschnecken-Wärmeübertrager (Bauart LURGI)
1 Hohlschnecken, 2,3 Ein- und Austritt des Heizmittels, 4 Trog.

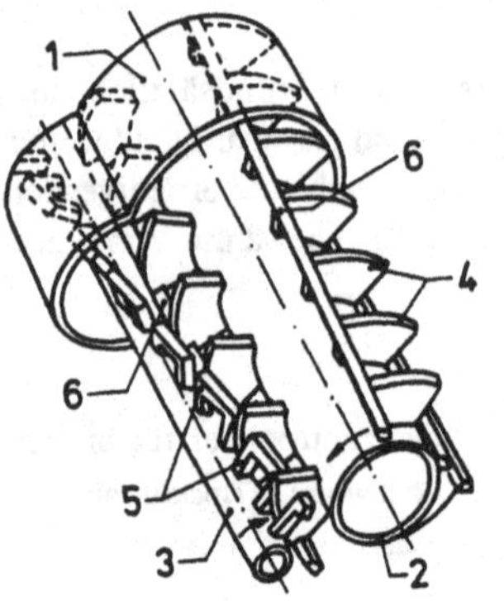

Abb. 3.2.24:
Kontakttrockner mit Rühr- und Knetwerk
(AP-Trockner des Ingenieurbüros List, Pratteln)
1 Doppelwandiges Gehäuse
2 Hauptwelle
3 Putzwelle
4 Rührscheiben
5 rahmenförmige Rührelemente
6 Knetbarren

List-AP-Trockner (Allphasentrockner) Abb.3.2.24. Für Stoffe, deren Zustand sich während der Trocknung von flüssig oder pastös über zähpastös bis körnig ändert, die klebrig sind oder krustende Produkte bilden, ist dieser Trockner geeignet. In einem entsprechend geformten horizontalen Gehäuse rotieren die "Hauptwelle", die mit Scheibenelementen bestückt ist, und gegenläufig dazu die parallele "Putzwelle" mit rahmenförmigen Rührelementen. Die Putzwelle rotiert mit der vierfachen Drehzahl der Hauptwelle und reinigt deren Oberfläche. Die an den Scheibenelementen der Hauptwelle befestigten Knetbarren reinigen das Gehäuse. Durch Schrägstellung der Elemente wird eine Förderung des Gutes erzielt. Beheizt werden Gehäuse, Deckel, die hohlen Rührwellen und die Scheibenelemente mit Dampf, Heißwasser oder Wärmeträgeröl. Das Gehäuse ist druckfest, der Trockner kann auch im Vakuum betrieben werden.

d) Granuliertes Gut

Trommeltrockner. Bei der Kontakttrocknung im Trommeltrockner wird die nötige Wärme durch die Wände der Trommel zugeführt. Zur Abführung der verdunsteten Feuchtigkeit genügt eine kleine Luftmenge. Die Luftgeschwindigkeit ist deshalb sehr gering, und es können auch Stoffe getrocknet werden, die staubförmig sind oder während der Trocknung staubförmig werden. Bei Bedarf können auch andere Gasarten, etwa zwecks Durchführung von Reaktionen, durch das Trommelinnere geführt werden.

Trommeltrockner werden bevorzugt für die Trocknung von Erz, Kohle und Zement benutzt. Das Trocknungsgut wird durch Hubleisten ständig gewendet und durchmischt.

Kontakt-Drehröhrentrockner sind in zwei Bauarten gebräuchlich. Einmal als Kontakt-Abriesel-Drehröhrentrockner mit eingebauten Heizröhren in einer sich drehenden Trommel. Das Gut rieselt bei der Drehung der Trommel immer wieder über die heißen Rohre hinweg. Bei der anderen Bauart befindet sich das Gut in den Rohren, die in die Böden einer Trommel eingewalzt sind. In der Trommel befindet sich Dampf, der außen an den Rohren kondensiert. Die Trommel steht schräg, so daß die Teilchen in den Rohren durch die Schwerkraft und durch Mitreißen durch den entstehenden Dampf gefördert werden. In beiden Bauarten werden sehr gute Trocknungsleistungen erzielt.

Schneckentrockner (Abb. 3.2.25). Bei diesem Gerät ist in die Trommel ein Rotor mit einer Vielzahl kleiner Paddel eingebaut. Sie wenden das Gut ständig um, bringen es in Kontakt mit der Heizwand und transportieren es durch den Trockner hindurch. Die Verweilzeit des Gutes kann durch Verstellen der Paddel reguliert werden.

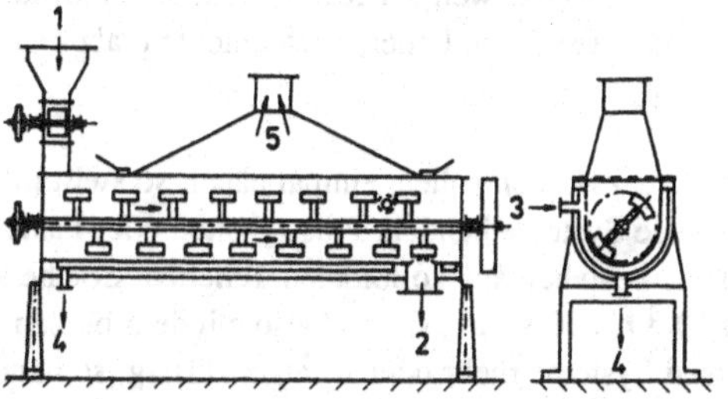

Abb. 3.2.25: Schneckentrockner (Bauart BÜTTNER-SCHILDE-HAAS)
1 Gutaufgabe, 2 Gutaustrag, 3,4 Zu- und Abführung des Heizmediums, 5 Lösungsmitteldämpfe.

Konus-Schneckentrockner. In einem abgeschlossenen senkrechten, trichterförmigen Raum, der vom Mantel her beheizt wird, rotiert an der Wand entlang eine Schnecke. Die Schnecke befördert das Gut nach oben und sorgt damit für eine schonende Umlagerung.

Tellertrockner (Abb. 3.2.26). Diese wurden schon im Kap. "Konvektionstrocknung" besprochen. Als Kontakttrockner werden sie mit beheizbaren Tellern ausgeführt. Verschieden starke Beheizung der einzelnen Teller ermöglicht eine weitgehende Anpassung an die geforderten Trocknungsbedingungen. So kann z.B das Gut in den untersten Etagen gekühlt werden. Die Brüden werden auch hier mittels Warmluft im Gegenstrom abgeführt.

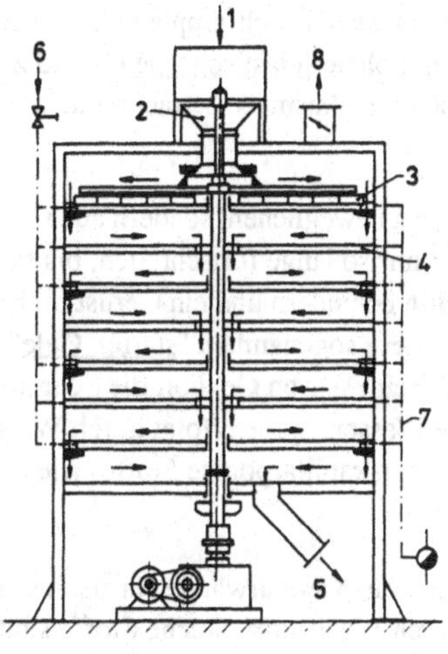

Abb. 3.2.26: Tellertrockner
(Bauart Büttner-Schilde-Haas)
1 Materialaufgabe
2 Drehtellerspeiser
3 Krählwerk
(nur für die oberste Etage gezeichnet)
4 beheizte Teller
5 Materialaustritt
6 Dampf
7 Kondensat
8 Abluft

Bei der produktschonenden Gefriertrocknung wird der Trockner bei Drücken unterhalb des Tripelpunktes im Vakuum betrieben. Der Eintrag des bereits vorher auf einem Kratzkühler gefrorenen stückigen Gutes und der Austrag erfolgen über Schleusen. Der entstehende Dampf sowie Inertgase werden über Pumpen und Kondensatoren abgezogen.

3.3 Eigenschaften der Trocknungsgüter

3.3.1 Struktur der zu trocknenden Stoffe

Die zu trocknenden Stoffe können als Feststoff, Brei, Paste oder Flüssigkeit vorliegen. Endziel der Trocknung ist immer ein mehr oder weniger fester Stoff, also Partikeln, Körner, Flocken, flächige Güter wie Papier oder Textilien, Leder, Farbschichten, aber auch einzelne Stücke z.B. aus Keramik.

Betrachtet man die Güter, die getrocknet werden sollen, einmal näher, so stellt man fest, daß es sich in der Regel um kolloiddisperse Systeme handelt. Flüssigkeiten oder Pasten enthalten kolloidale Teilchen, die festen Stoffe bestehen aus kolloidalen Teilchen. Solche kolloidalen Teilchen haben Durchmesser von 10^{-4} bis 10^{-6} mm, sie sind also mit dem bloßen Auge nicht sichtbar. Sind diese kolloiddispersen Systeme mehr oder weniger flüssig, so handelt es sich um kolloidale Lösungen, die man auch "Sole" nennt. In echten Lösungen dagegen ist der gelöste Stoff molekular oder atomar als Ion enthalten.

Sind die Partikeln in einer Flüssigkeit größer als kolloidale Teilchen, so spricht man von einer Suspension. Sind die kolloidalen Teilchen zu einer netz- oder wabenartigen Struktur verbunden, wodurch sich die Viskosität des Systems stark erhöht, so spricht man von einem Gel. Mit abnehmendem Wassergehalt besitzen die Gele immer mehr die Eigenschaften fester Körper.

Bei den Molekülkolloiden sind die einzelnen Teilchen sehr große einzelne Moleküle (Makromoleküle), bei den Micellkolloiden bestehen die einzelnen Teilchen aus Zusammenballungen einer großen Zahl von Molekülen kleineren Molekulargewichts, die durch van der Waals'sche Kräfte aneinander gebunden sind. Abhängig vom Verhalten der Teilchen schrumpfen die Gele beim Trocknen mehr oder weniger.

- Bei Gelen mit beweglichen Kolloidteilchen kann das Schrumpfen bis zu dem meist kleineren Volumen des Feststoffes fortschreiten. Solche "elastische Gele" sind z.B. Leim, Gelatine, Agar-Agar. Sie ändern beim Trocknen ihre Ausmaße beträchtlich, behalten aber die elastischen Eigenschaften.

- Wenn die Kolloidteilchen des Gels nicht aus beweglichen, sondern aus starren Teilchen bestehen, dann kann der Schrumpfprozeß nur so lange fortschreiten, bis sich die näherkommenden sperrigen Teilchen gegenseitig behindern und ein Gerüst bilden, das in seinen äußeren Abmessungen fixiert ist. Diese sogenannten "starren Gele" werden spröde und können zu Pulver gemahlen werden. Beim starren Gel hört die Schrumpfung nach Ausbildung des Gerüstes auf, die weitere Wasserabgabe erfolgt durch Wasseraustritt aus dem Gerüst unter Porenbildung. Es entstehen kapillarporöse Stoffe, wie z.B. die keramischen Materialien, Beton.

- Elastische, kapillarporöse Stoffe, bei denen die Kapillarwände elastisch sind, entstehen häufig durch natürlichen Aufbau oder durch Wachstum. Solche Stoffe sind z.B. Torf, Holz, Leder, Korn, Brot, Pappe, Papier usw.

Die Kräfte, die die Teilchen untereinander binden, wenn sie durch die Trocknung erst einmal in engen Kontakt miteinander gebracht worden sind, sind sehr verschiedener Natur und unter schiedlich groß. Von ihnen hängt die Festigkeit des Materials ab. Beim Papier z.B. werden die Zellulosefasern durch mechanische Verschlingungen und durch Wasserstoffbrücken zusammengehalten. Natürliche Makromoleküle sind Zellulose, Stärke, Pektine, Chitine, Kautschuk, Proteine wie Kollagen und Gelatine. Synthetische Makromoleküle entstehen u.a. durch Polykondensation wie Bakelit, Nylon, Perlon, durch Polyaddition wie Polyurethane oder - wie Polystyrol und Buna - durch andere Polymerisationsverfahren. Der kolloiddisperse Zustand von Trocknungsstoffen wird in den folgenden Bildern deutlich sichtbar.

Die Abb. 3.3.1 zeigt Aufnahmen in verschiedenen Vergrößerungen von Gasbeton, der aufgrund seiner Herstellung aus einer Vielzahl von Blasen mit Durchmessern von 500 bis 1000 µm besteht, die im Trägermaterial eingeschlossen sind. Bei stärkerer Vergrößerung kommt heraus, daß das Trägermaterial eine nadelige Struktur hat, die viele kleine Hohlräume aufweist.

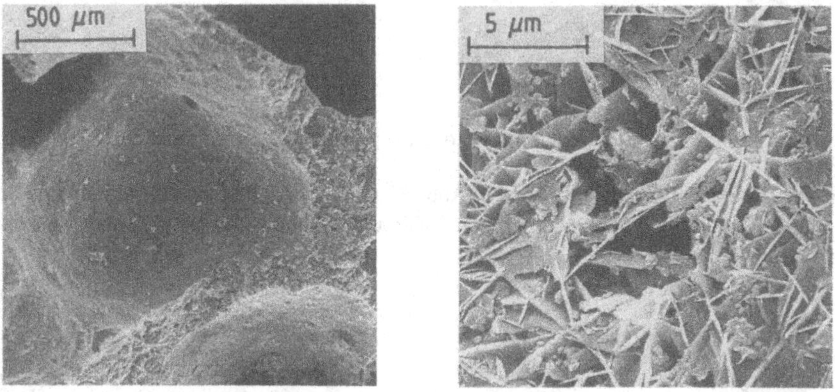

Abb. 3.3.1: Elektronenmikroskopische Aufnahme von Gasbeton

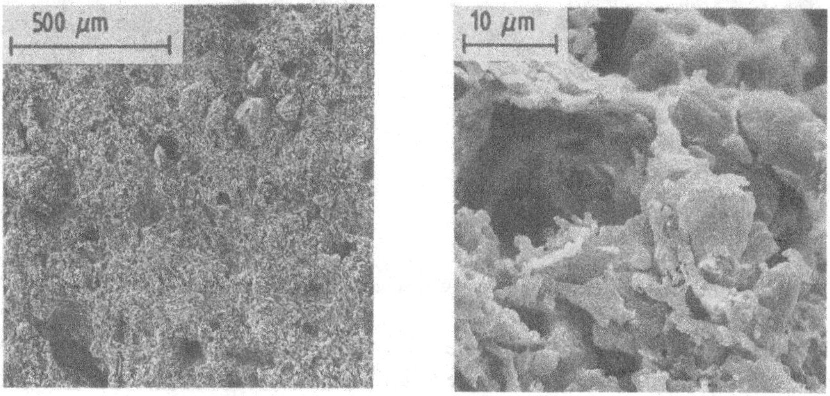

Abb. 3.3.2: Elektronenmikroskopische Aufnahme von Ziegelstein

Der in den Abb. 3.3.2 gezeigte Ziegelstein hat große Poren mit Durchmessern von 100 bis 500 µm, aber auch viele kleine Poren mit 5 bis 20 µm Durchmesser. Die Feststoffpartikel sind zusammengesintert.

Im Gegensatz zu Gasbeton und Ziegelstein besitzt der in Abb. 3.3.3 gezeigte Ton eine homogene feinporige Struktur. Die Porendurchmesser liegen in der Größenordnung von 0,1 bis 5 µm. Die Feststoffpartikel haben die Form von Plättchen.

Abb. 3.3.3: Elektronenmikroskopische Aufnahme von gebranntem Ton

Die Struktur eines Leinentuches wird in Abb. 3.3.4 deutlich. Die Leinenfasern sind vielfach aufgerissen und bilden neben den großen Hohlräumen, die durch das Verweben entstehen, viele kleine Poren.

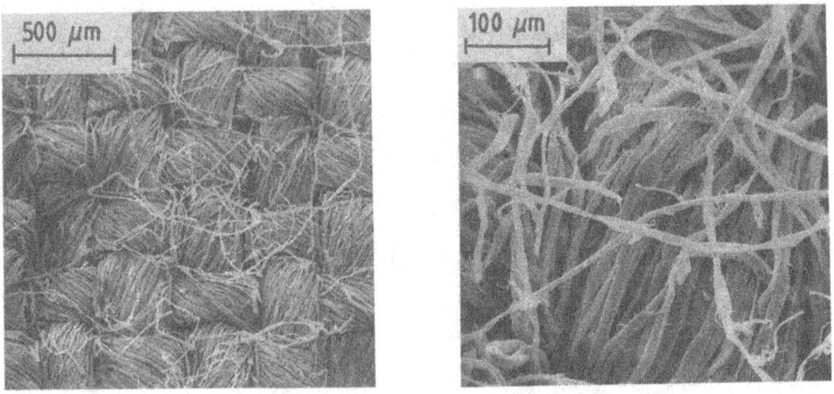

Abb. 3.3.4: Elektronenmikroskopische Aufnahme eines Leinentuches

Wir halten fest: Die meisten Stoffe, die getrocknet werden sollen, sind kolloiddisperse Systeme. Sie besitzen daher große innere Oberflächen. Feuchtigkeit wird an diesen Oberflächen adsorbiert, sie kann in das Innere von Micellen eindringen. Flüssigkeit kann auch bei der Vernetzung von Makromolekülen im entstehenden Feststoffgerüst mechanisch eingeschlossen werden. Kapillarporöse Stoffe saugen die Flüssigkeit auf. Elastische Gele absorbieren Flüssigkeiten, wobei sie sich räumlich vergrößern oder quellen. Läßt man die chemisch gebundene Flüssigkeit, deren Entfernen nicht zu den Aufgaben der Trocknungstechnik zählt, außer Betracht, so kann man nach Art der Bindung zwischen Feuchtigkeit und Trockenstoff unterscheiden zwischen

a) Haftflüssigkeit, die einen zusammenhängenden Film auf der Oberfläche bildet;

b) Kapillarflüssigkeit, die sich in den Poren und Adern des kapillarporösen Systems befindet und

c) Quellflüssigkeit, die durch osmotische Kräfte im Stoff festgehalten wird.

3.3.2 Bindung der Feuchtigkeit an das Trocknungsgut

a) Freie Gutsfeuchte

Man unterscheidet zwischen freier und gebundener Gutsfeuchte. Die freie Gutsfeuchte unterliegt keinen Bindungskräften an den Feststoff, die zu einer Veränderung des Dampfdruckes gegenüber dem über einer freien Flüssigkeitsoberfläche führen. Dies gilt bei den zunächst flüssigen, breiigen oder pastösen Trocknungsgütern solange, bis sich eine feste Struktur ausgebildet hat, die zu Bindungskräften führt. Dies gilt auch für die Haftflüssigkeit an der Oberfläche fester Güter, für die Flüssigkeit, die relativ große Poren füllt, und für Flüssigkeitsfilme an Porenwänden, die so dick sind, daß die von den Porenwänden ausgehenden Bindungskräfte die Oberfläche der Filme nicht mehr erreichen. In solchen Fällen ist der Dampfdruck p_V über der Flüssigkeitsoberfläche gleich dem Sattdampfdruck $p_V{}^*$ der Flüssigkeit bei der jeweiligen Temperatur der Flüssigkeit, die dann identisch ist mit der Temperatur ϑ_O des Gutes. Es gilt

$$p_V = p_0^* (\vartheta_0) \ . \qquad (3.3.1)$$

b) Durch Kapillarkräfte gebundene Flüssigkeit

Bei fortschreitender Trocknung werden die Zwischenräume, aus denen die Flüssigkeit entfernt werden soll, immer enger. Infolge von Oberflächenspannungskräften krümmt sich die Flüssigkeitsoberfläche, es bilden sich in den als Kapillare wirkenden Zwischenräumen Menisken aus, der Dampfdruck wird gegenüber dem Sattdampfdruck erniedrigt. Diese Dampfdruckerniedrigung läßt sich aus der Gleichgewichtsbedingung

$$ds = (s_V - s_l)\, dT + v_V\, dp_V - v_l\, dp_l = 0 \qquad (3.3.2)$$

berechnen, (v = Dampf, l = Flüssigkeit).

Im isothermen Gleichgewicht gilt

$$v_V\, dp_V = v_l\, dp_l \ . \qquad (3.3.3)$$

Ersetzt man v_V durch den Druck p_V mit Hilfe des idealen Gasgesetzes

$$v_V = R_V\, T/p_V\ , \tag{3.3.4}$$

so folgt mit

$$v_l = 1/\rho_l \tag{3.3.5}$$

$$\int_{p_V^*} \frac{dp_V}{p_V} = \int_0 \frac{dp_l}{\rho_l\, R_V T} \tag{3.3.6}$$

Die untere Integrationsgrenze ergibt sich aus der Bedingung, daß sich der Sattdampfdruck p_V^* einstellt, wenn keine Kräfte auf die Flüssigkeit einwirken ($p_l = 0$). Die Integration ergibt

$$\frac{p_V}{p_V^*} = \exp\left(\frac{p_l}{\rho_l\, R_V\, T}\right) \tag{3.3.7}$$

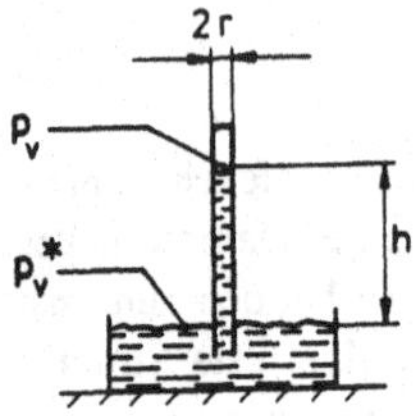

Abb. 3.3.5:
Steighöhe von Flüssigkeit in einer Kapillaren

Die in der Flüssigkeitsoberfläche durch die Oberflächenspannung σ erzeugte Spannung p_l läßt sich in einer flüssigkeitsgefüllten, dem Schwerefeld ausgesetzten Kapillaren sichtbar machen, siehe Abb. 3.3.5. In der Kapillaren steigt die Flüssigkeit infolge der Kräfte an der Grenzfläche zwischen Flüssigkeit und Wand um die Höhe h. Bei vollständiger Benetzung der Kapillarwand ergibt sich die Höhe h aus der Gleichgewichtsbedingung

$$g\, \rho_l\, h\, \pi\, r^2 + 2\, \pi\, r\, \sigma = 0\ . \tag{3.3.8}$$

Am Meniskus der Kapillaren wirkt also eine Zugspannung p_l, die die Flüssigkeitssäule hält

$$p_l = g\, \rho_l\, h = -\, \frac{2\, \sigma}{r}\ . \tag{3.3.9}$$

Eingesetzt in Gl.(3.3.7) ergibt sich

$$\frac{p_V}{p_V^*} = \exp\left(-\, \frac{2\, \sigma}{r\, \rho_l\, R_V T}\right) \tag{3.3.10}$$

Über der ebenen Flüssigkeitsoberfläche im Gefäß in Abb. 3.3.5 herrscht der Sattdampfdruck p_V^*, am oberen Meniskus der Kapillaren nur noch der Dampfdruck $p_V < p_V^*$. Aus Gl.(3.3.10) ergibt sich auch die Erklärung für den Vorgang der sog. Kapillarkondensation: Ist der über den Kapillaren eines feinporigen Stoffes herrschende Dampfdruck p_V kleiner als der Partialdruck des Dampfes in der Umgebung, so setzt Kondensation ein.

c) Durch Adsorption gebundene Flüssigkeit

Jede Oberfläche ist infolge von Oberflächenkräften (van der Waals-Kräfte, elektrostatische Kräfte) mit Molekülen der umgebenden Stoffe belegt. Diese Art der Bindung bezeichnet man als Adsorption (genauer physikalische Adsorption). Die einfachste Vorstellung zur Beschreibung des Zusammenhangs zwischen den von der Oberfläche herrührenden Kräften und der

Belegung der Oberfläche mit Molekülen stammt von Langmuir: Jede Oberfläche verfügt für eine monomolekulare Belegung über eine maximale Anzahl von Plätzen n_{max}. Die Zahl der belegten Plätze n hängt vom Druck p_v des umgebenden Gases bzw. Dampfes und einem stoffspezifischen, aus Versuchen zu bestimmenden Zahlenwert, dem sog. Langmuirschen Adsorptionskoeffizienten b ab. Er hängt stark von der Temperatur ab. Es gilt

$$b \cdot p_v = \frac{n}{n_{max} - n} \quad . \tag{3.3.11}$$

Statt der Zahl der Moleküle kann auch die Beladung X kg adsorbierter Stoff pro kg Adsorbens gesetzt werden, so daß sich umgeformt ergibt:

$$X = \frac{X_{max}\, b\, p_v}{1 + b\, p_v} \quad . \tag{3.3.12}$$

In Abb. 3.3.6 ist die auf Holzkohle adsorbierte Kohlendioxidmasse in Abhängigkeit von der Temperatur und dem Druck des gasförmigen CO_2 dargestellt. Bei tiefer Temperatur ist die Beladung X bedeutend höher als bei hoher Temperatur.

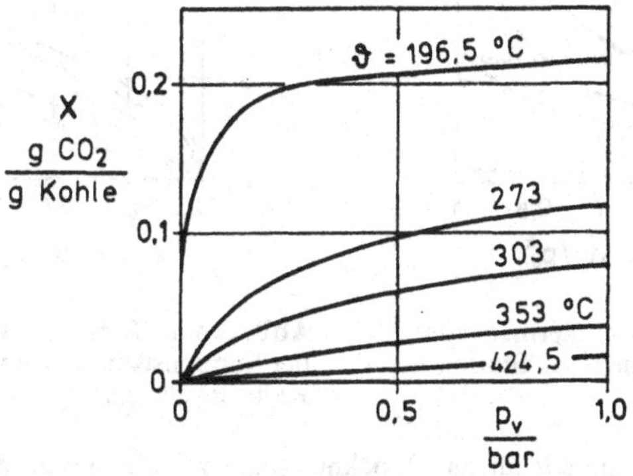

Abb 3.3.6: Adsorptionsisothermen von CO_2 auf Holzkohle

Trocknungsgüter besitzen große innere Oberflächen. Bringt man sie im trockenen Zustand in eine mit Dampf beladene Atmosphäre gleicher Temperatur, so nehmen sie bis zum Eintreten eines Gleichgewichtszustandes Dampfmoleküle auf. Das Bestreben, aus der Atmosphäre Dampfmoleküle aufzunehmen, nennt man "Hygroskopizität", die sich einstellende Gleichgewichtsbeladung "hygroskopische Gleichgewichtsfeuchte" $X_{hygr.,Gl.}$. Als Maß für den Dampfdruck in der Atmosphäre benutzt man den relativen Dampfdruck

$$\varphi = p_v / p_v^* \, , \tag{3.3.13}$$

wobei p_v^* den Sattdampfdruck, also den maximal möglichen Dampfdruck bei der jeweiligen Temperatur bezeichnet. Bei Luft mit einem Wasserdampfpartialdruck p_v nennt man φ auch "relative Luftfeuchte". Den Zusammenhang zwischen der sich einstellenden Gleichgewichtsbeladung des Gutes und dem relativen Dampfdruck φ in der Atmosphäre bei konstanter Temperatur bezeichnet man als Sorptionsisotherme.

Abb. 3.3.7 zeigt solche Wasserdampf-Isothermen für einige Trocknungsgüter bei 20°C. Den Verlauf bei niedrigen relativen Dampfdrücken deutet man als monomolekulare Belegung nach Langmuir, den Übergangsbereich als mehrschichtige Adsorption, den Verlauf bei hohen Werten von φ mit Kapillarkondensation.

Abb. 3.3.8 zeigt Sorptionsisothermen von Kartoffeln bei verschiedenen Temperaturen. Aus der Sorptionsisotherme ist zu entnehmen, wie groß die Gleichgewichtsfeuchte, also die geringste Feuchte, bis zu der man ein Gut trocknen kann, in Abhängigkeit von der Temperatur und dem relativen Dampfdruck in die Umgebung ist.

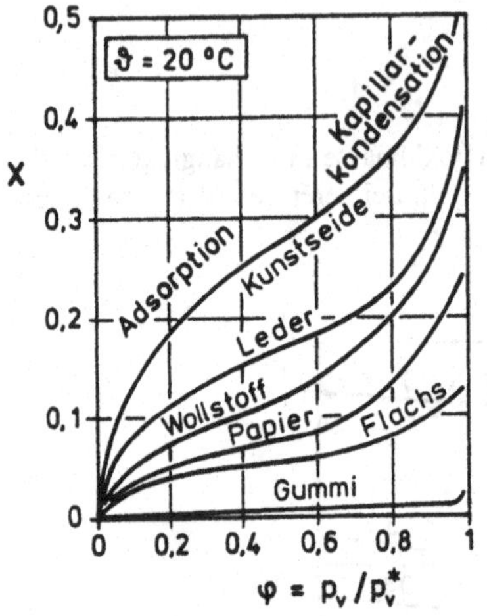

Abb. 3.3.7: Sorptionsisothermen von Wasserdampf an verschiedenen Stoffen

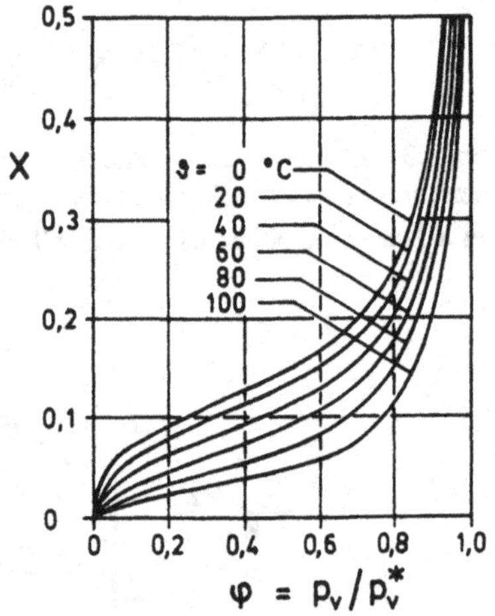

Abb. 3.3.8: Temperaturabhängigkeit der Sorpionsisothermen von getrockneten Kartoffelstücken

Die Bindung von Flüssigkeit an das Trocknungsgut mit der Folge einer Dampfdruckerniedrigung ist mit einem Energieverlust, der sog. Bindungs- oder Sorptionsenthalpie, verbunden. Sie ist aus den Sorptionsisothermen berechenbar. Im Vergleich zum übrigen Energieaufwand ist sie bei den meisten Trocknungsvorgängen vernachlässigbar.

d) Experimentelle Bestimmung von Sorptionsisothermen

Man unterscheidet "statische" und "dynamische" Meßmethoden. Bei der statischen Methode wird der zu untersuchende Stoff in kleinen Glasbehältern in einem Einkochglas untergebracht (Abb. 3.3.9). Am Boden des Einkochglases befindet sich eine gesättigte wäßrige Salzlösung. Das Einkochglas wird in einem Wärmeschrank untergebracht, in dem die gewünschte Temperatur konstant gehalten wird. Die gesättigte Salzlösung dient zur Einstellung des gewünschten relativen Dampfdrucks. In der relativen Feuchte $\varphi = p_V/p_V^*$ ist p_V^* der zur Schranktemperatur gehörende Sattdampfdruck und p_V der durch die Salzlösung verminderte Dampfdruck der Flüssigkeit, z.B. des Wassers.

Stellt man durch von Zeit zu Zeit vorzunehmende Wägungen keine Gewichtsänderung der Probe mehr fest, so erhält man die Masse M_{feucht} der mit dem Wasserdampf vom Druck p_v bei der eingestellten Temperatur im Gleichgewicht stehenden Probe. Am Ende der Versuchsreihe muß noch die Trockenmasse M_{TM} des eingewogenen Gutes bestimmt werden.

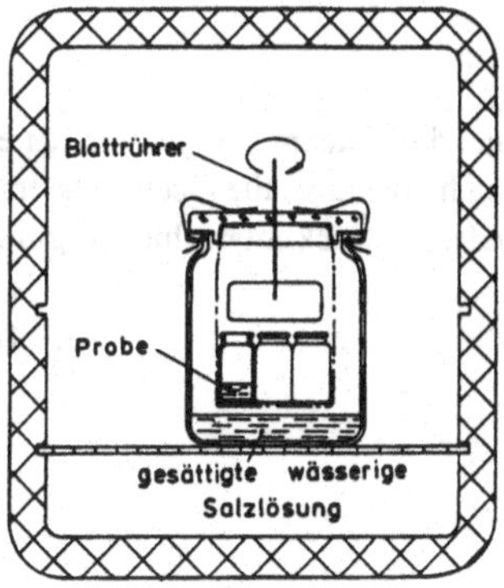

Abb. 3.3.9: Bestimmung von Sorptionsisothermen nach der Ausgleichsmethode

Es ist notwendig, den Zustand "trocken" zu definieren. Die Trockenmasse M_{TM} wird in der Regel nach längerem Ausheizen bei 130°C unter Vakuum bestimmt. Im Einzelfall können auch andere Ausheizbedingungen vereinbart werden. Die Feuchtebeladung X des Gutes beträgt

$$X = \frac{M_{feucht} - M_{TM}}{M_{TM}} \Big/ \frac{\text{kgWasser}}{\text{kgTrockenmasse}} . \qquad (3.3.14)$$

Bei Raumtemperatur und hohen relativen Feuchten der Luft (über 85 %) ergeben sich mit der geschilderten statischen Methode sehr lange Zeiten bis das Gut das Gleichgewicht erreicht (3-4 Wochen), so daß bei organischen Substanzen Strukturveränderungen, auch Schimmelpilzbefall auftreten können. In solchen Fällen ist es zweckmäßig, als Inertgas Stickstoff zu benutzen. Über eine Versuchsapparatur, in der mit Stickstoff gearbeitet werden kann und die nach der dynamischen Methode arbeitet, wird in [2] berichtet.

3.3.3 Bewegung der Feuchtigkeit im Trocknungsgut

a) Feuchteleitung

Bildet sich in einem Gut ein Feuchtegefälle z.B. dadurch aus, daß an der Oberfläche Feuchte verdunstet, so entsteht im Gut ein Feuchtegefälle und infolgedessen ein Flüssigkeitstransport. Mechanismen des Transports sind die kapillare Flüssigkeitsleitung - feinere Kapillaren ziehen wegen des größeren kapillaren Zugs aus gröberen die Flüssigkeit heraus - und Flüssigkeitsdiffusion, z.B. in den Zwischenräumen von großen Molekülen (Seife, Kunststoff). Die kapillare Flüssigkeitsleitung hält die Oberfläche eines Trocknungsgutes solange feucht, bis die kritische Gutsfeuchte X_{krit} erreicht ist. Zur Beschreibung der Feuchteleitung ist folgender Ansatz üblich

$$\mathring{M}_l = A \, \kappa \, \rho_s \, (dX/dl) \ . \qquad (3.3.15)$$

Darin sind

$\mathring{M}_l$ = bewegte Flüssigkeitsmasse z.B. in kg/s
A = Oberfläche des Gutes in m^2
κ = Feuchteleitkoeffizient in m^2/s
dX/dl = Feuchtegefälle, Dimension 1/m
ρ_s = Dichte der Trockenmasse in kg/m^3.

Der mit Gl.(3.3.15) definierte Feuchteleitkoeffizient ist stark von der Feuchte selbst abhängig. Mit abnehmender Feuchte geht er gegen Null. Stoffe, in denen während des ganzen Trocknungsvorganges wegen des Fehlens von Kapillaren oder Poren nur Flüssigkeitsbewegung (keine Dampfbewegung) möglich ist, wie z.B. Seife, Gelatine oder Kunststoffe, sind deshalb besonders schwer zu trocknende Stoffe, weil κ mit fortschreitender Trocknung immer kleiner wird. Im mittleren Feuchtebereich liegen Feuchteleitkoeffizienten zwischen 10^{-7} und 10^{-1} m^2/s.

b) Dampfbewegung in Poren

Trocknet das Gut von der Oberfläche ausgehend fortschreitend ins Innere aus, so muß der entstandene Dampf durch die bereits ausgetrockneten Schichten hindurch an die Oberfläche transportiert werden. Für jede Art von Stoffbewegung aufgrund von Druckunterschieden gilt das Gesetz

$$\mathring{M}_v = -A\, b\, (dp_v/dl) \tag{3.3.16}$$

Darin bezeichnen

$\mathring{M}_v$ = Massenstrom des Dampfes z.B. in kg/s
A = Bezugsquerschnitt für die Bewegung in m^2
b = Bewegungsbeiwert in s
dp_v/dl = Druckgefälle in Pa/m .

Der Bewegungsbeiwert b hängt von der Art der Stoffbewegung - Molekularströmung, Diffusion oder erzwungene Strömung - ab. Bei der Stoffbewegung durch poröse Güter ist folgender Ansatz üblich:

$$\mathring{M}_v = -A \frac{b}{\mu} \frac{\Delta p_v}{\Delta s} \;. \tag{3.3.17}$$

Darin ist μ ein Widerstandsfaktor, der vom Gut abhängt und berücksichtigt, daß die Summe aller Porenquerschnitte kleiner ist als die Oberfläche A des Gutes, daß die Länge der Poren größer ist als die Schichtdicke Δs und daß die Poren keine geraden Rohre, sondern eine Aneinanderreihung von Hohlräumen unterschiedlicher Abmessungen mit Verengungen und Erweiterungen darstellen. Bei lose geschütteten Gütern (Glaskugeln) und bei fasrigen Stoffen ist $\mu \approx 1/\psi$, also gleich dem Kehrwert der Porosität. Je feiner die Partikeln, um so mehr weicht μ von diesem groben Richtwert nach oben hin ab. Sind die Porendurchmesser klein gegen die freie Weglänge der Dampfmoleküle, so bewegt sich der Dampf nach dem Gesetz der Knudsenschen Molekularströmung und es gilt $b = b_{Mol}$ mit

$$b_{Mol} = \frac{4}{3} d \sqrt{\frac{1}{2\,\pi\,\tilde{R}}} \cdot \sqrt{\frac{\tilde{M}_v}{T}} \;. \tag{3.3.18}$$

Darin ist d der Porendurchmesser, $\tilde{R}$ die universelle Gaskonstante und T die absolute Temperatur, $\tilde{M}_v$ die Molmasse des Dampfes.

Sind die Porendurchmesser groß gegen die freie Weglänge der Dampfmoleküle, so ist das Gesetz der Dampfdiffusion nach Stefan maßgebend. Der daraus hergeleitete Bewegungsbeiwert $b = b_{Diff}$ lautet:

$$b_{Diff} = \frac{\delta\, \tilde{M}_v}{\tilde{R}T} \cdot \frac{P}{P - p_{v,m}} \;. \tag{3.3.19}$$

Darin bezeichnen

δ = Diffusionskoeffizient des Dampfes im Gas in m^2/s

P = Gesamtdruck in N/m^2

$p_{v,m} = P - \left[(p_{v1}-p_{v2})/\ln\left((P-p_{v2})/(P-p_{v1})\right)\right]$

$p_{v,m}$ = mittlerer Partialdruck des Dampfes; p_{v1}, p_{v2} sind Partialdrücke des Dampfes.

Tabelle 3.3.1: Diffusionswiderstandsfaktor verschiedener Produkte im trockenen Zustand

Stoff	Porosität ψ	$1/\psi$	μ
Schicht aus Seesand 0,2 mm	0,36	2,78	4,7
Schicht aus Glaskugeln 1,9 mm	0,365	2,74	3,1
Ziegelstein	0,286	3,5	9,3
Mehl	0,69	1,45	3,7
Gasbeton	0,8	1,25	5,0

3.4 Das Molliersche h-Y-Diagramm

Bei den meisten Trocknungsverfahren wird der aus dem Gut entweichende Dampf mit Hilfe eines inerten Gasstromes, häufig Luft, weggeführt. Bei der Konvektionstrocknung wird mit dem Gas gleichzeitig noch die zur Verdunstung nötige Wärme an das Gut herangetragen. Ein Diagramm, in dem der Zusammenhang zwischen der Enthalpie, der Feuchte und der Temperatur des Gases dargestellt ist, gehört zu den wichtigsten Handwerkzeugen bei der Dimensionierung und Erläuterung von Trocknungsverfahren. Am Beispiel des Mollierschen h-Y-Diagramms für wasserfeuchte Luft sollen die Grundlagen einer solchen Darstellung erläutert werden.

3.4.1 Grundlagen

Beim Durchgang von Luft durch eine Trocknungsanlage bleibt die Masse an trockener Luft konstant, während sich der Dampfanteil und damit die Gemischmenge und das Gemischvolumen ändern. Man bezieht deshalb zweckmäßigerweise alle Zustandsgrößen auf die Masse an trockener Luft (kg trockene Luft). So ist die Wasserdampfbeladung der Luft

$$Y = \frac{M_v}{M_g}\ , \qquad (3.4.1)$$

mit der in der feuchten Luft enthaltenen Dampfmasse M_v und der Masse an trockener Luft M_g. Luft und Dampf nehmen den gleichen Raum ein, so daß im Bereich der Gültigkeit des idealen Gasgesetzes für Luft und Dampf gilt

$$M_v = p_v \cdot V \cdot \tilde{M}_v/(\tilde{R}T) \quad \text{und} \quad M_g = p_g \cdot V \cdot \tilde{M}_g/(\tilde{R}T).$$

Damit ergibt sich

$$Y = \frac{\tilde{M}_v}{\tilde{M}_g}\frac{p_v}{p_g} \qquad (3.4.2)$$

oder mit dem Gesamtdruck $P = p_g + p_v$

$$Y = \frac{\tilde{M}_v}{\tilde{M}_g} \frac{p_v}{P - p_v} \tag{3.4.3}$$

Für den Zusammenhang zwischen Molenbruch $\tilde{y}_v = p_v/P$ und Beladung Y ergibt sich

$$Y = \frac{\tilde{M}_v}{\tilde{M}_g} \frac{\tilde{y}_v}{(1-\tilde{y}_v)} \quad . \tag{3.4.4}$$

Der relative Dampfdruck oder die relative Feuchte der Luft wird mit φ bezeichnet und ist

$$\varphi = \frac{p_v}{p_v^*} \tag{3.4.5}$$

bei der jeweiligen Temperatur ϑ. Damit ist der Dampfgehalt auch

$$Y = \frac{\tilde{M}_v}{\tilde{M}_g} \frac{\varphi\, p_v^*}{P-\varphi\, p_v^*} \quad . \tag{3.4.6}$$

Ist der Partialdruck des Dampfes in der Luft gleich dem Sättigungsdruck p_v^* bei der jeweiligen Temperatur, so nennt man die Luft "gesättigt", weil ein höherer Dampfdruck bei dieser Temperatur nicht herrschen kann. Höhere Beladungen der Luft mit Flüssigkeit sind nur mit Tröpfchen (Nebel) oder Eis möglich. Die Sättigungsbeladung der Luft ist demnach

$$Y^* = \frac{\tilde{M}_v}{\tilde{M}_g} \frac{p_v^*}{P - p_v^*} \tag{3.4.7}$$

oder

$$Y^* = \frac{\tilde{M}_v}{\tilde{M}_g} \frac{\tilde{y}_v^*}{(1 - \tilde{y}_v^*)} \quad . \tag{3.4.8}$$

Die Molmasse von Wasserdampf ist $\tilde{M}_v$ = 18,02 g/mol, die von Luft $\tilde{M}_g$ = 28,96 g/mol, so daß sich für das Verhältnis $\tilde{M}_v/\tilde{M}_g$ ergibt

$$\frac{\tilde{M}_v}{\tilde{M}_g} = 0{,}622 \quad . \tag{3.4.9}$$

Die Enthalpie der wasserdampfbeladenen Luft wird ebenfalls auf die Masse an trockener Luft bezogen und wird bei $\vartheta = 0$ °C gleich Null gesetzt. Es gilt

$$h = h_g + Y\, h_v \quad . \tag{3.4.10}$$

Dabei ist

$$h_g = c_{pg} \cdot \vartheta \quad . \tag{3.4.11}$$

Die spezifische Wärmekapazität c_{pg} ist der mittlere Wert zwischen 0 und ϑ. Diese mittlere spezifische Wärmekapazität ist nicht sehr von der Temperatur abhängig, sie wird häufig mit c_{pg} = 1,005 kJ/(kg K) als konstant bleibend angenommen.

Die Enthalpie h_v des Dampfes bei einer Temperatur ϑ beträgt, wenn man sie bei $\vartheta = 0$°C ebenfalls gleich null setzt:

$$h_v = c_l\, \vartheta_s + \Delta h_v\, (\vartheta_s) + c_{pv}\, (\vartheta - \vartheta_s) \quad . \tag{3.4.12}$$

Darin ist ϑ_S die Siedetemperatur bei dem herrschenden Dampfdruck, $\Delta h_V\,(\vartheta_S)$ die Verdampfungsenthalpie bei dieser Temperatur und c_l die spezifische Wärmekapazität des flüssigen Wassers. Die Enthalpie h_V nach Gl.(3.4.12) ist die eines Dampfes, bei dem die Flüssigkeit bis zur Temperatur ϑ_S erhitzt, bei ϑ_S verdampft und der Dampf anschließend auf die Temperatur ϑ überhitzt wurde.

Die Enthalpie eines Dampfes, der bei 0 °C aus Flüssigkeit entstanden und auf die Temperatur ϑ überhitzt wurde, beträgt

$$h_{v0} = \Delta h_{v0} + c_{pv}\,\vartheta \quad . \tag{3.4.13}$$

Die Enthalpien h_v und h_{vo} sind, wie in Abb. (3.4.1) dargestellt, bei niedrigen Dampfdrücken (bis $p_v \approx 100$ kN/m²) praktisch unabhängig vom Weg, auf dem sie entstanden sind, weil sich der Dampf bei niedrigen Drücken und niedrigen Temperaturen auch in der Nähe der Sättigung wie ein ideales Gas verhält.

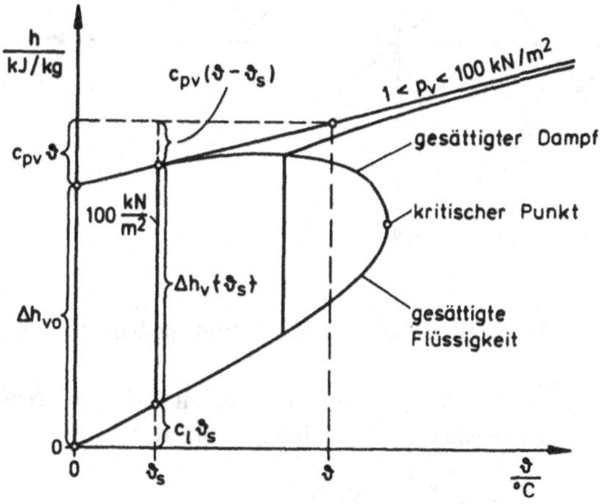

Abb. 3.4.1: Enthalpie-Temperaturdiagramm von Wasserdampf

Setzt man h_v und h_{v0} nach den Gl. (3.4.12) und (3.4.13) gleich, so ergibt sich für die Verdampfungsenthalpie bei der Temperatur ϑ_S

$$\Delta h_v\,(\vartheta_s) = \Delta h_{v0} - (c_l - c_{pv})\,\vartheta_s \quad . \tag{3.4.14}$$

Es wird gewöhnlich eingesetzt

$$\Delta h_{v0} = 2500 \quad \text{kJ/kg} \quad , \tag{3.4.15}$$

$$c_l = 4{,}187 \quad \text{kJ/(kg K)} \quad , \tag{3.4.16}$$

im Bereich 0-100 °C

$$c_{pv} = 1{,}842 \quad \text{kJ/(kg K)} \quad . \tag{3.4.17}$$

Der Unterschied zwischen der thermodynamischen richtigen und der sich aus Gl.(3.4.14) ergebenden Verdampfungsenthalpie beträgt bei $\vartheta_s = 70$ °C 0,9 ‰, bei $\vartheta_s = 100$ °C 4 ‰.
Damit gilt für die spez. Enthalpie dampfbeladener Luft, bezogen auf die Masse der trockenen Luft:

$$h = c_{pg} \cdot \vartheta + Y\,(\Delta h_{v0} + c_{pv}\,\vartheta)\ . \tag{3.4.18}$$

Im Mollierschen h-Y-Diagramm in Abb. 3.4.2 ist die Enthalpie so über der Dampfbeladung Y aufgetragen, daß sich für $\vartheta = 0$ °C die Abszisse im rechtwinkligen Koordinatensystem ergibt.

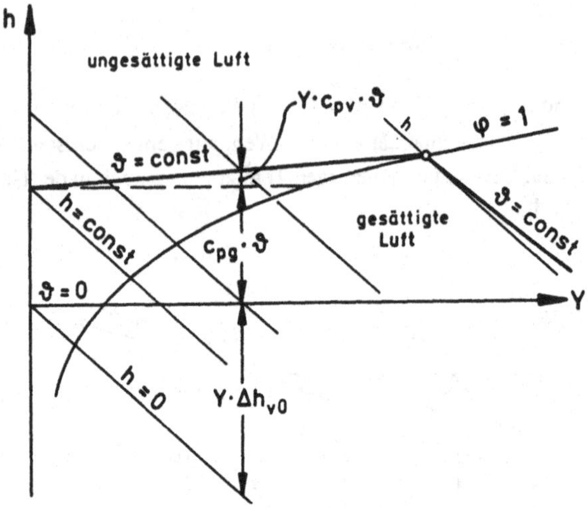

Abb. 3.4.2: Mollierscches h-Y-Diagramm für feuchte Luft

Im Nebelgebiet gilt, soweit die Nebeltröpfchen als Flüssigkeit vorliegen, wenn man mit h^* die Enthalpie der wasserdampfbeladenen Luft im Sättigungszustand, also bei Y^*, bezeichnet:

$$h = h^* + c_l\,(Y - Y^*)\,\vartheta_s\ , \tag{3.4.19}$$

das heißt, zu dem auf der Grenzkurve $\varphi = 1$ gültigen Wert h^* wird die Flüssigkeitsenthalpie der Nebeltröpfchen $c_l(Y - Y^*)\,\vartheta_s$ addiert (siehe Abb. 3.4.3).
Es gilt damit

$$\frac{h - h^*}{Y - Y^*} = c_l\,\vartheta_s\ . \tag{3.4.20}$$

Dies bedeutet, daß die Kurve, die Punkte unterschiedlichen Flüssigkeitsgehalts bei konstanter Temperatur (Isotherme) verbindet, eine Gerade ist, die durch den Sättigungspunkt bei ϑ_s geht. Man nennt diese Gerade die "Nebelisotherme".

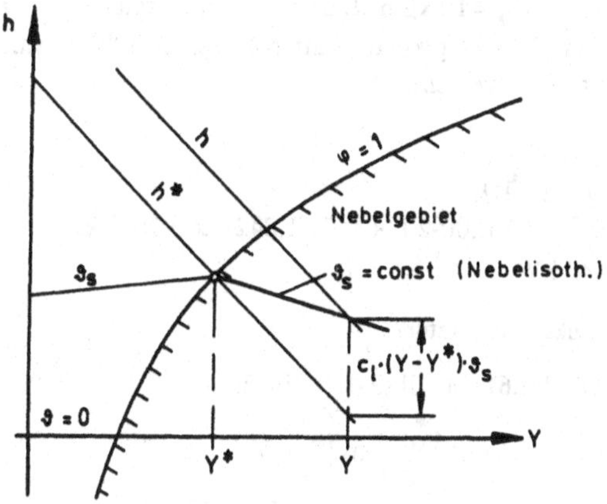

Abb. 3.4.3: Nebelisotherme im Mollierschen h-Y-Diagramm

3.4.2 Darstellung von Zustandsänderungen

a) Erwärmen und Abkühlen, Taupunkt von feuchter Luft

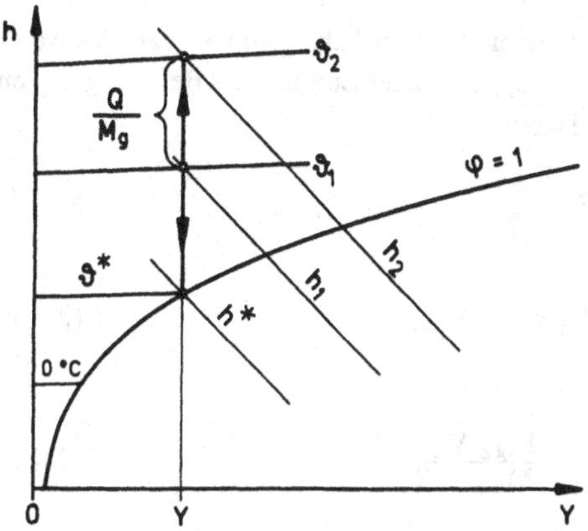

Abb. 3.4.4: Erwärmung von Luft bei gleichbleibender Feuchtebeladung

Die Erwärmung von Luft bei gleichbleibender Feuchtebeladung Y ist in Abb. 3.4.4 dargestellt. Zur Erwärmung einer Masse trockener Luft M_g mit der Beladung Y von der Temperatur ϑ_1 auf die Temperatur ϑ_2 ist die Wärmemenge

$$Q = M_g (h_2 - h_1) \qquad (3.4.21)$$

erforderlich. Vernachlässigt man die Temperaturabhängigkeit der spezifischen Wärme, so gilt:

$$Q = M_g \left\{ c_{pg}(\vartheta_2 - \vartheta_1) + Y\, c_{pv}(\vartheta_2 - \vartheta_1) \right\} \, . \qquad (3.4.22)$$

Kühlt man Luft von der Temperatur ϑ_1 auf die Temperatur ϑ^* ab, bei der der in der Luft enthaltene Dampf den Sättigungszustand erreicht, so bezeichnet man die Luft als mit Wasserdampf gesättigt. Die Temperatur ϑ^* ist die Taupunkt-Temperatur. Bei weiterer Abkühlung kondensiert Wasserdampf als Nebel aus. Im h-Y-Diagramm erhält man den Taupunkt als Schnittpunkt zwischen der Sättigungskurve φ =1 und der Geraden Y = const.

Beispiel 3.4-1:
Ein Frischluftmassenstrom $\mathring{M}_g$ =10 kg tr. Luft/s der Temperatur ϑ_1 = 20 °C und einer Wasserdampfbeladung von Y = 10 g/kg tr. Luft soll auf 200 °C erwärmt werden. Welche Wärmemenge muß zugeführt werden?

Lösung:

$$\mathring{Q} = \mathring{M}_g\,(h_2 - h_1)$$

$$\mathring{Q} = 10\,\{1{,}005\,(200\text{-}20) + 0{,}01 \cdot 1{,}842\,(200\text{-}20)\}\ \text{kJ/s}$$

$$\mathring{Q} = 1842\ \text{kW}$$

Wie groß ist die Taupunkt-Temperatur?

Lösung: Nach Gl.(3.4.6) und Gl.(3.4.9) gilt für $\varphi = 1$:

$$p_v^* = \frac{Y\ P}{0{,}622 + Y} \ .$$

Bei einem Gesamtdruck von 1 bar ergibt sich ein Dampfdruck von

$$p_v^* = \frac{0{,}01 \cdot 1000}{0{,}622 + 0{,}01} = 16{,}1\ \text{mbar} \ .$$

Einem Sattdampfdruck von 16,1 mbar entspricht eine Sättigungstemperatur von $\vartheta^* = 14{,}1$ °C.

b) Mischung von Luftmassen

Zwei Massen trockener Luft M_{g1} und M_{g2} mit einer Wasserbeladung von Y_1 bzw. Y_2 werden miteinander gemischt, so daß eine Masse von M_{gm} trockener Luft mit der Beladung Y_m entsteht. Die Massenbilanz für die trockene Luft lautet:

$$M_{g1} + M_{g2} = M_{gm} \ . \tag{3.4.23}$$

Die Bilanz für die Luftfeuchte lautet

$$Y_1\,M_{g1} + Y_2\,M_{g2} = Y_m\,M_{gm} \ . \tag{3.4.24}$$

Aus der Kombination beider Gleichungen ergibt sich

$$Y_m = \frac{M_1\,Y_1 + M_{g2}\,Y_2}{M_{g1} + M_{g2}} \ . \tag{3.4.25}$$

Für die Enthalpie der Mischung gilt:

$$h_1\,M_{g1} + h_2\,M_{g2} = h_m\,M_{gm} \tag{3.4.26}$$

oder

$$h_m = \frac{h_1\,M_{g1} + h_2\,M_{g2}}{M_{g1} + M_{g2}} \ . \tag{3.4.27}$$

Gl.(3.4.25) und Gl.(3.4.27) können zur Darstellung im h-Y-Diagramm in eine zweckmäßigere Form gebracht werden. Bezieht man M_{g1} und M_{g2} auf die Gesamtmasse $(M_{g1}+M_{g2})$ an trockener Luft, so gilt

$$m_{g1} = \frac{M_{g1}}{M_{g1} + M_{g2}} \tag{3.4.28}$$

und

$$m_{g2} = \frac{M_{g2}}{M_{g1} + M_{g2}} \quad . \tag{3.4.29}$$

Mit $m_{g2} = 1 - m_{g1}$ ergibt sich aus Gl.(3.4.25)

$$Y_m = m_{g1}\, Y_1 + (1 - m_{g1})\, Y_2 \tag{3.4.30}$$

und

$$\frac{Y_2 - Y_m}{Y_m - Y_1} = \frac{m_{g1}\, Y_2 - m_{g1}\, Y_1}{(1-m_{g1})\, Y_2 - (1-m_{g1})\, Y_1} = \frac{m_{g1}}{1-m_{g1}} = \frac{m_{g1}}{m_{g2}} \quad . \tag{3.4.31}$$

In gleicher Weise kann aus Gl.(3.4.27) bestimmt werden

$$\frac{h_1 - h_m}{h_m - h_1} = \frac{m_{g1}}{1-m_{g1}} = \frac{m_{g1}}{m_{g2}} \quad . \tag{3.4.32}$$

Teilt man also den Abstand zwischen Y_1 und Y_2 bzw. Strecke 1-2 im Verhältnis der Luftmassen, so erhält man den Zustand der Mischung.

In Abb. 3.4.5 ist die Teilung geometrisch auf einer beliebigen Geraden in beliebigem Maßstab vorgenommen worden. Die lineare Mischungsvorschrift nennt man Hebelgesetz.

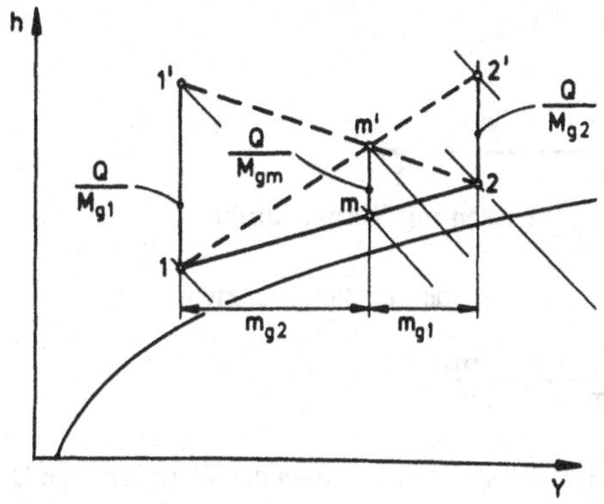

Abb. 3.4.5: Mischung zweier Luftmassen unterschiedlichen Zustandes

Beispiel 3.4-2:
Gesucht ist der Mischungszustand, wenn folgende Luftmassen adiabat gemischt werden.

	Masse 1	Masse 2
h/(kJ/kg)	200	600
Y	0,01	0,15
M_g/kg	20	80

Lösung:

$$m_{g1} = \frac{20}{20 + 80} = 0{,}2$$

$$m_{g2} = \frac{80}{20 + 80} = 0{,}8 \quad .$$

Beladung der Mischung nach Gl.(3.4.30)

$$Y_m = 0{,}2 \cdot 0{,}01 + (1 - 0{,}2) \cdot 0{,}15$$
$$Y_m = 0{,}122 \text{ kg/kg} \; .$$

Enthalpie der Mischung

$$h_m = m_{g1}\,h_1 + m_{g2}\,h_2 = 0{,}2\cdot 200 + 0{,}8\cdot 600$$
$$h_m = 520\ \text{kJ/kg}\ .$$

c) Mischung von Luftmassen mit Wärmezufuhr

Führt man der Mischungsluftmasse M_{gm} eine Wärmemenge Q zu, so vergrößert sich die Enthalpie der Mischungsluft um den Betrag Q/M_{gm}. Wie in Abb. 3.4.6 dargestellt ist, verändert sich dadurch die Lage des Zustandspunktes m der Mischung nach m'.

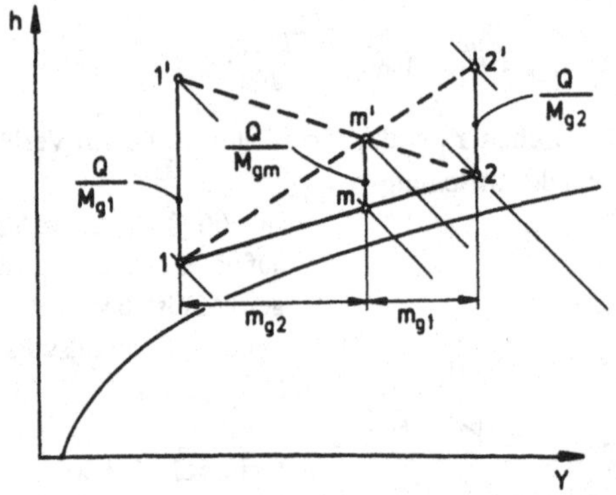

Abb. 3.4.6: Mischung zweier Luftmassen mit Wärmezufuhr

Aus dem Hebelgesetz ergibt sich für die Strecken zwischen den Zustandspunkten

$$\frac{2\ -\ m}{m\ -\ 1} = \frac{2\ -\ m'}{m'\ -\ 1'} = \frac{2'\ -\ m'}{m'\ -\ 1} = \frac{m_{g1}}{m_{g2}}\ .$$

Es ist demnach gleichgültig für die Lage des Mischungspunktes, ob man die Wärmemenge Q der Luftmasse M_{g1}, der Luftmasse M_{g2} oder der Mischungsluftmasse $M_{gm} = (M_{g1} + M_{g2})$ zuführt.

d) Zustandsverlauf bei adiabater Befeuchtung

Wir betrachten einen Apparat, bei dem Wasser von der Oberfläche eines nassen Bandes in darüberströmende Luft verdunstet. Vor Eintritt in den Apparat wird die Luft bei $Y = Y_u$ = konst. von der Umgebungstemperatur ϑ_u auf die Eintrittstemperatur ϑ_e aufgeheizt. Sind, wie in Abb. 3.4.7 dargestellt, M_g der Massenstrom der Luft und M_s der Massenstrom des Bandes, dessen Feuchtebeladung X ist, so gelten für eine differentielle Länge dz des Bandes folgende Bilanzen:

Massenbilanz:

$$\mathring{M}_g\,Y_z + \mathring{M}_s\,X_z = \mathring{M}_g\,Y_{z+dz} + \mathring{M}_s\,X_{z+dz} \tag{3.4.33}$$

oder

$$\mathring{M}_g\,dY + \mathring{M}_s\,dX = 0\ . \tag{3.4.34}$$

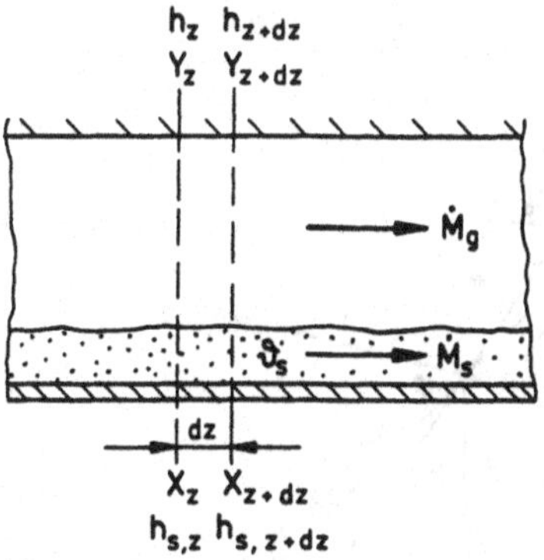

Abb. 3.4.7: Differentielle Bilanzen bei der adiabaten Befeuchtung eines Luftstromes

Enthalpiebilanz:

$$\mathring{M}_g h_z + \mathring{M}_s \cdot h_{s,z} = \mathring{M}_g h_{z+dz} + \mathring{M}_s \, h_{s,z+dz} \tag{3.4.35}$$

oder

$$\mathring{M}_g \, dh + \mathring{M}_s \, dh_s = 0 \ . \tag{3.4.36}$$

Die Division der Gl.(3.4.34) und (3.4.36) ergibt

$$\frac{dh}{dY} = \frac{dh_s}{dX} \ . \tag{3.4.37}$$

Es ist

$$h_s = (c_s + X\, c_l)\, \vartheta_s \tag{3.4.38}$$

und differenziert

$$dh_s = (c_s + X\, c_l)\, d\vartheta_s + c_l\, \vartheta_s\, dX \ . \tag{3.4.39}$$

Wie verändert sich der Luftzustand, wenn sich die Bandtemperatur nicht mehr ändert, also alle Energie aus der Luft nur zur Verdunstung verbraucht wird und damit gilt $d\vartheta_s = 0$?

Es folgt aus Gl.(3.4.37) und (3.4.39)

$$\frac{dh}{dY} = c_l\, \vartheta_s = \text{konst.} \tag{3.4.40}$$

Dies ist die gleiche Steigung, die die Nebelisotherme nach Gl.(3.4.20) besitzt. Integriert man Gl.(3.4.40) vom vorgegebenen Luftzustand bis zur Sättigung der Luft, so ergibt sich

$$\frac{h - h^*}{Y - Y^*} = c_l\, \vartheta_s \ , \tag{3.4.41}$$

also eine Gerade, die die Verlängerung der Nebelisothermen für die Temperatur ϑ_s ins ungesättigte Gebiet im Mollier-Diagramm darstellt. Die so ermittelte Temperatur wird auch mit "Kühlgrenztemperatur" oder "adiabater Sättigungstemperatur" bezeichnet.

Die Kühlgrenztemperatur ist danach lediglich eine Funktion des Eintrittszustandes h_e und Y_e. Alle möglichen Eintrittszustände, die zur gleichen Kühlgrenztemperatur führen, liegen auf der Verlängerung der Nebelisothermen. Man findet die Kühlgrenztemperatur und den Sättigungszustand für Luft vom Eintrittszustand ϑ_e, Y_e indem man - wie in Abb. 3.4.8 dargestellt - die Nebelisotherme sucht, deren Verlängerung durch den Eintrittspunkt geht. Der Schnittpunkt mit der Linie $\varphi = 1$ ergibt dann den Sättigungszustand, die Temperatur der entsprechenden Nebelisotherme ist die Kühlgrenztemperatur.

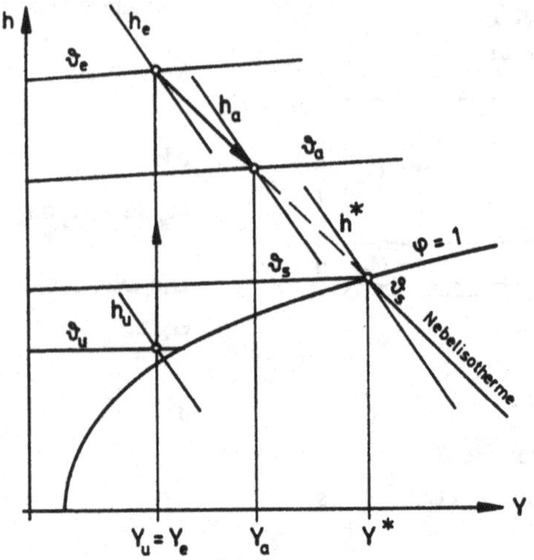

Abb. 3.4.8: Darstellung der adiabaten Befeuchtung im Mollierschen h-Y-Diagramm und Auffinden der Kühlgrenztemperatur

Besitzt das Band bereits am Eintritt die Temperatur ϑ_s, so verändert sich der Luftzustand auf der Verlängerung der Nebelisotherme der Temperatur ϑ_s. Die Kühlgrenztemperatur ist mit guter Näherung die Temperatur, die ein feuchtes Gut beim Überströmen mit Luft annimmt, wenn alle Energie zur Verdunstung aus der Luft stammt.

Beispiel 3.4-3:
Wie groß ist die Kühlgrenztemperatur zu einem Luftzustand $\vartheta = 200$ °C, Y = 10 g/kg, P = 1 bar?

Lösung: Die Kühlgrenztemperatur wird iterativ nach Gl.(3.4.41) ermittelt.

$$\frac{h - h^* \{\vartheta_s\}}{Y - Y^* \{\vartheta_s\}} = c_l \, \vartheta_s \tag{3.4.41}$$

Die Enthalpie der Luft läßt sich nach Gl.(3.4.18) berechnen.

$$h = c_{pg} \, \vartheta + Y \, (\Delta h_{v0} + c_{pv} \, \vartheta) \tag{3.4.18}$$

Unter Einsetzen von Gl.(3.4.14)

$$\Delta h_v \{\vartheta_s\} = \Delta h_{v0} - (c_l - c_{pv}) \, \vartheta_s \tag{3.4.14}$$

ergibt sich für die Kühlgrenztemperatur

$$\vartheta - \vartheta_s = \underbrace{\frac{\Delta h_v \{\vartheta_s\} \, (Y^* - Y)}{c_{pg} + Y \, c_{pv}}}_{\text{r.S.}}$$

Für Y^* gilt nach den Gleichungen (3.4.7) und (3.4.9)

$$Y^* = 0{,}622\, p_v^* / (P - p_v^*) \quad .$$

Weiterhin gilt:

$$\Delta h_{v0} = 2500 \text{ kJ/kg}; \qquad c_l = 4{,}187 \text{ kJ/(kg K)}$$
$$c_{pv} = 1{,}842 \text{ kJ/(kg K)}; \quad c_{pg} = 1{,}005 \text{ kJ/(kg K)}$$

Die weitere Rechnung erfolgt tabellarisch

ϑ_s/°C	ϑ-ϑ_s	$p_v^*(\vartheta_s)$/mbar	$Y^*(\vartheta_s)$	$\Delta h_v(\vartheta_s)$	r. S.
45	155	95,85	0,0659	2394,1	130,7
46	154	100,89	0,0698	2391,6	139,7
47	153	106,15	0,0739	2389,5	149,12
48	152	111,66	0,0781	2387,0	159,03
49	151	117,4	0,0827	2384,5	169,47
50	150	123,4	0,0876	2382,4	180,55

Aus dem Schnittpunkt der über ϑ_s aufgetragenen Linien für (ϑ-ϑ_s) und der rechten Seite (r.S.) der Gleichung ergibt sich eine Kühlgrenztemperatur von ϑ_s = 47,4 °C (siehe Abb. 3.4.9). Gleiches kann aus einem h-Y-Diagramm abgelesen werden.

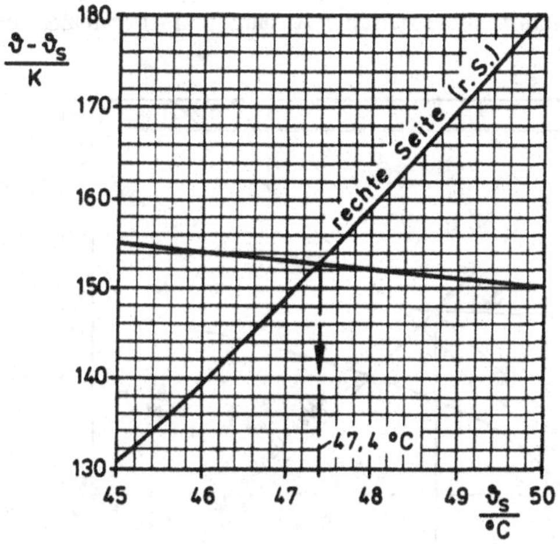

Abb. 3.4.9: Graphische Ermittlung der Kühlgrenztemperatur für das Beispiel

3.4.3 Der Randmaßstab des h-Y-Diagramms

Nimmt man an, wie vorher geschildert, daß die Luft, in die das Wasser verdunstet, vom Umgebungszustand ϑ_u, Y_u auf die Temperatur ϑ_e aufgeheizt wurde und nach der Befeuchtung mit ϑ_a, h_a, Y_a wieder aus dem Apparat austritt, so ergibt sich der Energieverbrauch je kg verdunsteten Wassers aus

$$\mathring{Q}_g = \mathring{M}_g\,(h_e - h_u) \tag{3.4.42}$$

und

$$\mathring{M}_l = \mathring{M}_g\,(Y_a - Y_u) \tag{3.4.43}$$

zu

$$\frac{\mathring{Q}_g}{\mathring{M}_l} = \frac{h_e - h_u}{Y_a - Y_u} \tag{3.4.44}$$

Für die Änderung des Luftzustandes gilt, entsprechend Gl.(3.4.41)

$$\frac{h_e - h_a}{Y_e - Y_a} = c_l\,\vartheta_s \tag{3.4.45}$$

und mit $Y_e = Y_u$ ergibt sich

$$\frac{\mathring{Q}_g}{\mathring{M}_l} = \frac{h_a - h_u}{Y_a - Y_u} - c_l\,\vartheta_s\,. \tag{3.4.46}$$

Meist kann man den zweiten Summanden in Gl.(3.4.46) vernachlässigen, dann stellt die Neigung der Verbindungslinie durch den Ansaug- und Austrittszustand ein Maß für den Energieverbrauch pro kg verdunsteten Wassers dar.

Das Molliersche h-Y-Diagramm enthält, wie in Abb. 3.4.10 gezeigt, einen Randmaßstab, in dem auf einen Pol (h=0, Y=0) bezogene Werte von $\Delta h/\Delta Y$ aufgetragen sind. Man erhält den bei der adiabaten Oberflächenverdunstung auftretenden Energieverbrauch aus dem Strahl des Randmaßstabs, der zur Verbindungslinie zwischen Ansaug- und Austrittszustand parallel ist.

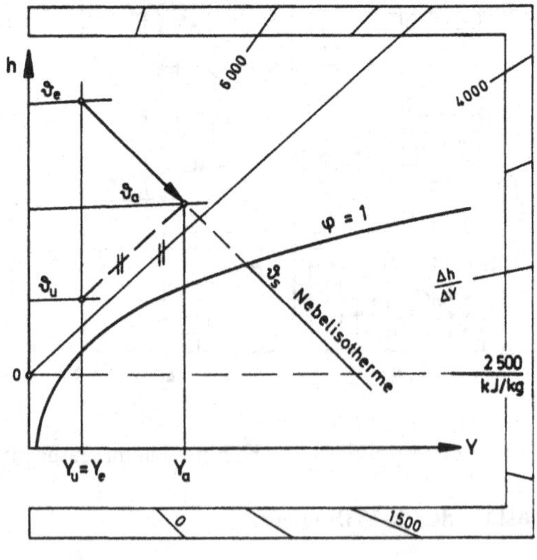

Abb. 3.4.10: Der Randmaßstab im Mollierschen h-Y-Diagramm

Beispiel 3.4-4:
In einen Konvektionstrockner wird ein Frischluftmassenstrom $\mathring{M}_g$ = 10 kg tr. Luft/s, der eine Temperatur von 20 °C und eine Wasserdampfbeladung von Y = 10 g/kg tr. Luft besitzt, auf 200 °C aufgeheizt. Am Austritt des Trockners wird eine Lufttemperatur von 60°C bei einer Beladung von 60 g/kg tr. Luft gemessen. Wie groß ist der Wärmeverbrauch pro kg ausgetriebenen Wassers?

Lösung:
Nach dem Beispiel in Abschnitt 3.4.2 a) werden zur Aufheizung der Luft $\mathring{Q}$ =1842 kW benötigt. Nach Gl.(3.4.43) beträgt die ausgetriebene Wassermasse

$$\mathring{M}_l = 10\,(0{,}06-0{,}01) = 0{,}5 \text{ kg/s} \quad .$$

Der Wärmeverbrauch pro kg ausgetriebenes Wasser beträgt demnach

$$\frac{\mathring{Q}}{\mathring{M}_l} = \frac{1842}{0{,}5} = 3684 \text{ kJ/kg} ,$$

also das 1,5-fache der Verdampfungsenthalpie nach Gl.(3.4.14) von

$$\Delta h_v = 2500 - (4{,}187 - 1{,}842)\cdot\vartheta_s$$
$$\Delta h_v = 2388{,}5 \text{ kJ/kg}$$

bei der Kühlgrenztemperatur ϑ_s = 47,4 °C, wie sie für den hier vorgegebenen Luftzustand im Beispiel 3.4-3 berechnet wurde.

3.5 Konvektionstrocknung

Heißes Gas, meist Luft, wird mit dem zu trocknenden Stoff in Berührung gebracht. Es überströmt oder durchströmt das Gut, nimmt Feuchte auf und gibt Wärme ab. Der überwiegende Teil der Güter wird auf diese Weise getrocknet. Hier soll exemplarisch die Trocknung wasserfeuchter Güter mit Luft behandelt werden. Die Trocknung lösungsmittelfeuchter Güter u.U. mit anderen heißen Gasen, z.B. wegen Explosionsgefahr, verläuft analog, sofern es sich um Einzelstoffe handelt. Bei der Trocknung von Gütern, die mit Lösungsmittelgemischen beladen sind, treten außer der Frage des Trocknungsverlaufs und der damit verbundenen Frage der Geschwindigkeit der Trocknung zusätzlich Fragen nach der Zusammensetzung der verdunstenden Feuchte auf.

3.5.1 Trocknungsverlauf bei Wärmezufuhr durch Konvektion

Beobachtet man die Masse eines wasserfeuchten porösen Körpers, der in einem Trockner von einem heißen Luftstrom überströmt wird, und wählt dabei einen so großen Luftstrom, daß sich dessen Zustand durch die Wasseraufnahme nicht merklich ändert, so ergibt sich der in Abb. 3.5.1 gezeigte Verlauf der um die Trockenmasse M_{TM} reduzierten Masse M des Körpers über der Zeit.

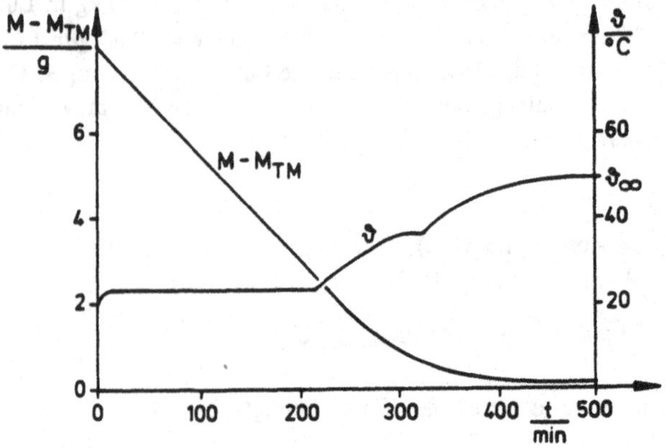

Abb. 3.5.1: Gewichtsabnahme und Temperaturverlauf im Gut bei der Trocknung

An einen Abschnitt, in dem sich die Masse der Probe linear mit der Zeit ändert, schließt sich ein Abschnitt an, in dem sich die Massenänderung ständig vermindert. Am Ende wird die Trockenmasse der Probe nicht erreicht. Beobachtet man gleichzeitig, z.B. über ein in der Probe eingebettetes Thermoelement, die Temperatur der Probe, so stellt man fest, daß sie nach kurzer Zeit einen Wert erreicht, auf dem sie während der ganzen Zeit des linearen Massenabfalls beharrt. Diese Temperatur heißt daher auch Beharrungstemperatur. Danach steigt die Temperatur mit zunehmender Austrocknung der Probe stetig an und erreicht schließlich asymptotisch die Lufttemperatur ϑ_∞. Die Größe

$$X = \frac{M - M_{TM}}{M_{TM}} \tag{3.5.1}$$

ist die jeweilige Gutsfeuchte oder die "Beladung" der Trockenmasse mit Wasser.
Aus der Steigung des zeitlichen Verlaufs der Gutsfeuchte ergibt sich unter Bezug auf die Oberfläche A der Probe die Geschwindigkeit des Feuchteentzugs oder die sog. Trocknungsgeschwindigkeit $\mathring{m}_v$ zu

$$\mathring{m}_v = \frac{M_{TM}}{A}\frac{dX}{dt}\,. \tag{3.5.2}$$

Trägt man die Trocknungsgeschwindigkeit $\mathring{m}_v$ über der jeweiligen Gutsfeuchte X auf, so ergibt sich der in Abb. 3.5.2 gezeigte typische Verlauf. Mit eingezeichnet ist wieder der Temperaturverlauf der Probe. Deutlich sind drei unterschiedlich verlaufende Abschnitte der Trocknungskurve zu erkennen:

Im "ersten Trocknungsabschnitt" bleibt die Trocknungsgeschwindigkeit nach einer kurzen Anlaufphase von der Anfangsgutsfeuchte X_0 an ebenso wie die Temperatur praktisch konstant.

Nach Unterschreiten einer "1. kritische Gutsfeuchte" genannten Gutsfeuchte $X_{kr,I}$ vermindert sich die Trocknungsgeschwindigkeit ständig, die Temperatur der Probe steigt an. Bis zum Erreichen eines weiteren Knickpunktes $X_{kr,II}$ wird dieser Abschnitt der "zweiten Trocknungsabschnitt" genannt.

- Im darauffolgenden "dritten Trocknungsabschnitt" fällt die Trocknungsgeschwindigkeit noch steiler ab, die Temperatur steigt weiter an bis sie die Lufttemperatur erreicht.
- Die Endfeuchte des Gutes ist die hygroskopische Gleichgewichtsfeuchte $X_{hyg,Gl}$.

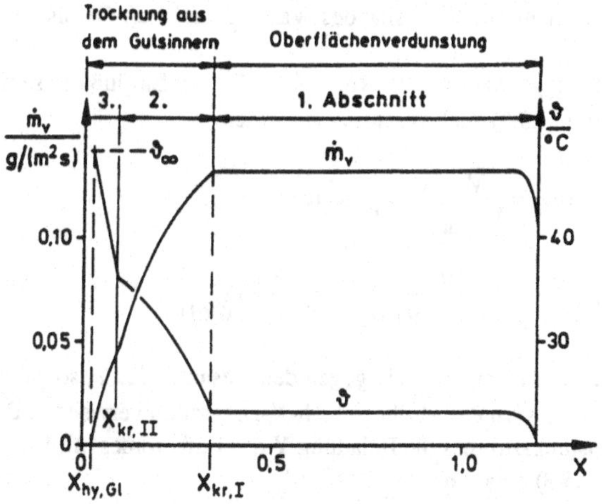

Abb. 3.5.2: Trocknungskurve und Verlauf der Temperatur im Gut bei konvektiver Trocknung eines hygroskopischen kapillarporösen Materials bei konstanten äußeren Trocknungsbedingungen (Druck, Lufttemperatur, Luftfeuchte, Luftgeschwindigkeit)

3.5.2 Der erste Trocknungsabschnitt

a) Die Trocknungsgeschwindigkeit im ersten Trocknungsabschnitt

Im ersten Trocknungsabschnitt verdunstet die Feuchte an der Oberfläche des Gutes. Das Gut verhält sich wie eine freie Flüssigkeitsoberfläche, die Gutseigenschaften spielen im Hinblick auf die Trocknungsgeschwindigkeit keine Rolle. Die verdunstende Flüssigkeit wird durch kapillare Flüssigkeitsleitung aus dem Gutsinnern an die Oberfläche gesaugt. An der Oberfläche herrscht der zur Oberflächentemperatur gehörende Gleichgewichts-Sattdampfdruck $p_v^* = p_v^*(\vartheta_0)$.

Die Trocknungsgeschwindigkeit läßt sich aus den Gesetzen des Stoffaustausches berechnen, wobei zu berücksichtigen ist, daß hier die Stoffaustauschfläche eine semipermeable Wand ist (für Wasser durchlässig, für Luft undurchlässig). Es gilt:

$$\mathring{m}_{v,I} = \frac{P \cdot \tilde{M}_v}{\tilde{R}\, T_m}\, \beta \ln\left\{\frac{P - p_{v,\infty}}{P - p_v^*\,(\vartheta_0)}\right\} \quad . \tag{3.5.3}$$

Darin ist P der Gesamtdruck in N/m^2, $\tilde{M}_v$ die Molmasse des verdunstenden Stoffes in g/mol, $\tilde{R}$ die universelle Gaskonstante in J/(mol K), T_m die mittlere Temperatur zwischen der Oberfläche und der vorbeiströmenden Luft in K, β der Stoffübergangskoeffizient in m/s, $p_{v,\infty}$ der Partialdruck des verdunstenden Stoffes in der vorbeiströmenden Luft.

Den Stoffübergangskoeffizienten β erhält man unter Anwendung der Analogie zwischen Wärme- und Stoffübertragung, indem man in den entsprechenden Gleichungen zur Berechnung des Wärmeübergangskoeffizienten aus der Nußeltzahl Nu = Nu (Re, Pr, ...) die Kenngröße Nu durch die Kenngröße $Sh = \beta \cdot L/\delta$, die Sherwoodzahl, und die Prandtlzahl Pr durch die Kennzahl $Sc = \nu/\delta$, die Schmidtzahl, ersetzt. Darin sind δ der Diffusionskoeffizient Wasser-Luft und ν die kinematische Viskosität des Wasserdampf-Luft-Gemisches.

Unter der Einführung der sog. "Stefan-Korrektur" $K_{s,p}$, die den Einfluß der semipermeablen Wand wiedergibt, kann Gl.(3.5.3) auch geschrieben werden

$$\mathring{m}_{v,I} = \frac{\tilde{M}_v}{\tilde{R}\, T_m}\, \beta\, K_{s,p}\, (p_v^*\{\vartheta_0\} - p_{v,\infty}) \tag{3.5.4}$$

mit

$$K_{s,p} = \frac{P}{p_v^*\{\vartheta_0\} - p_{v,\infty}} \ln\left\{\frac{P - p_{v,\infty}}{P - p_v^*\{\vartheta_0\}}\right\} . \tag{3.5.5}$$

Sind die Partialdrücke p_v des Dampfes klein gegen den Gesamtdruck P, so geht $K_{s,p} \to 1$. In der Trocknungstechnik wird gern das Molliersche h-Y-Diagramm verwendet. Dann wird zur Berechnung des Verdunstungsstromes die Beladung Y des Luftstromes mit Wasserdampf benutzt. Anstelle von Gl.(3.5.3) erhält man

$$\mathring{m}_{v,I} = \frac{P\, \tilde{M}_g}{\tilde{R}\, T_m}\, \beta\, K_{s,Y}\, (Y^*\{\vartheta_0\} - Y_\infty) \tag{3.5.6}$$

mit

$$K_{s,Y} = \frac{1}{C\,(Y^*\{\vartheta_0\} - Y_\infty)} \ln\left\{\frac{1 + C\, Y^*\{\vartheta_0\}}{1 + C\, Y_\infty}\right\} . \tag{3.5.7}$$

Darin ist C das Verhältnis der Molmasse der Luft zu der des Wassers:

$$C = \tilde{M}_g / \tilde{M}_v \ . \tag{3.5.8}$$

Es ergibt sich für Wasser-Luft C = 1/0,622 und damit

$$Y = 0{,}622\, p_v/(P - p_v) \ . \tag{3.5.9}$$

Berechnet man die Stefan-Korrektur nach den Gln.(3.5.5) und (3.5.7) z.B. für den Fall P = 1 bar und Verdunstung in trockene Luft $p_{v,\infty} = 0$, $Y_\infty = 0$ für verschiedene Temperaturen ϑ_0 der Verdunstungsfläche, so ergeben sich die in Abb. 3.5.3 dargestellten Werte.

Man erkennt, daß bei Annäherung des Wasserdampfpartialdruckes an den Gesamtdruck $K_{s,p}$ gegen ∞, dagegen $K_{s,Y}$ gegen null strebt. Beträgt der Dampfpartialdruck weniger als 10 % des Gesamtdruckes, so ist die Stefan- Korrektur ebenfalls kleiner als 10 %.

Bei der reinen Konvektionstrocknung wird die gesamte zur Verdunstung benötigte Energie aus der Luft genommen. Berücksichtigt man, daß der Dampf an der Verdunstungsoberfläche die Temperatur ϑ_0 besitzt und auf die Temperatur ϑ_∞ der vorbeiströmenden Luft aufgeheizt werden muß und daß die dafür verbrauchte Energie nicht mehr für die Verdampfung zur Verfügung steht, so erhält man

$$\mathring{q} = \alpha \frac{\Delta h_v}{c_{pv}} \ln\left(1 + \frac{c_{pv}}{\Delta h_v} (\vartheta_\infty - \vartheta_0)\right) \tag{3.5.10}$$

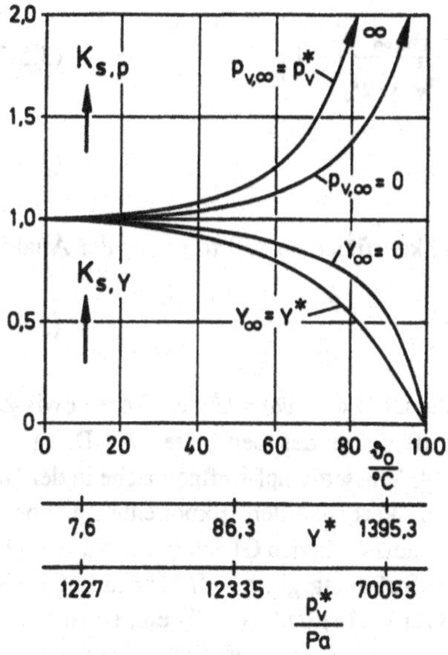

Abb. 3.5.3: Stefan-Korrektur bei der Verdunstung von Wasser in Luft bei P = 1 bar.

Um den Anteil der zur Dampfüberhitzung notwendigen Energie an der gesamten aus der Luft entnommenen Energie deutlich zu machen, definiert man ebenfalls einen Korrekturfaktor. Es gilt:

$$\mathring{q} = \alpha\, K_A\, (\vartheta_\infty - \vartheta_0) \tag{3.5.11}$$

mit der sog. "Ackermann-Korrektur"

$$K_A = \frac{\ln(1+Ph)}{Ph} \tag{3.5.12}$$

in der Ph die sog. Phasenumwandlungszahl

$$Ph = \frac{c_{pv}(\vartheta_\infty - \vartheta_0)}{\Delta h_v} \tag{3.5.13}$$

ist. Für geringe Temperaturunterschiede geht $K_A \rightarrow 1$.

In den Gln.(3.5.10) und (3.5.11) ist α der Wärmeübergangskoeffizient, c_{pv} ist die spezifische Wärme des Dampfes bei $\vartheta_m = (\vartheta_\infty + \vartheta_0)/2$ und Δh_v die Verdampfungsenthalpie bei der Temperatur ϑ_0. Bei Verdunstungsvorgängen ist $K_A < 1$.

b) <u>Die adiabatische Gutsbeharrungstemperatur</u>

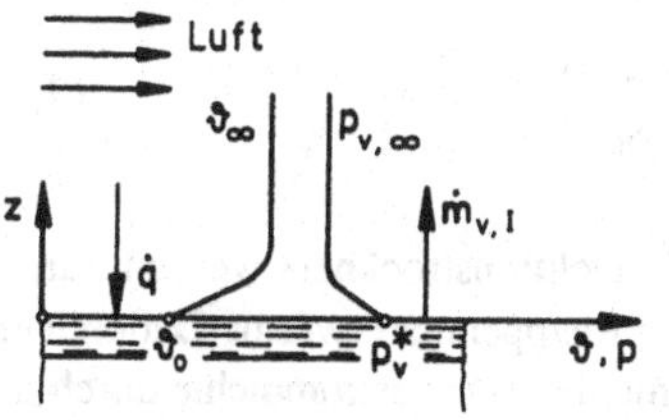

Abb. 3.5.4: Verdunstung an einer überströmten nassen Oberfläche

An der Verdunstungsoberfläche gilt, sofern die Gutstemperatur ϑ_0 konstant ist, wie Abb. 3.5.4 zeigt, die Energiebilanz

$$\mathring{q} = \mathring{m}_{v,I}\, \Delta h_v \tag{3.5.14}$$

Einsetzen der Gln.(3.5.3) und (3.5.10) in (3.5.14) ergibt

$$\alpha \frac{\Delta h_v}{c_{pv}} \ln\left(1 + \frac{c_{pv}}{\Delta h_v}(\vartheta_\infty - \vartheta_0)\right) = \Delta h_v \frac{P \tilde{M}_v}{\tilde{R}\, T_m} \beta \ln\left\{\frac{P - p_{v,\infty}}{P - p_v^*\,(\vartheta_0)}\right\} \tag{3.5.15}$$

oder

$$(\vartheta_\infty - \vartheta_0) = \frac{\Delta h_v}{c_{pv}} \left[\left(\frac{P - p_{v,\infty}}{P - p_v^*\,(\vartheta_0)}\right)^{\gamma} - 1\right] \tag{3.5.16}$$

mit

$$\gamma = \frac{\beta}{\alpha} \frac{P}{\tilde{R}\, T_m} \tilde{M}_v\, c_{pv} \,. \tag{3.5.17}$$

Für das Verhältnis von Wärme- zu Stoffaustauschkoeffizienten α/β folgt aus der Analogie zwischen Wärme- und Stoffaustausch:

$$\frac{\alpha}{\beta} = \rho\, c_p\, Le^{(1-n)} \,. \tag{3.5.18}$$

Darin sind ρ die Dichte, c_p die spez. Wärmekapazität und $Le = (a/\delta) = \lambda/(\rho\, c_p\, \delta)$ die Lewis-Zahl des Wasserdampf-Luft-Gemisches (λ = Wärmeleitfähigkeit des Gemisches, δ = Diffusionskoeffizient Wasser-Luft). Die Lewis-Zahl Le liegt für Wasserdampf-Luftgemische in der Nähe von 1. Es ist daher nicht sehr erheblich, welchen Wert man dem Exponenten n, von der Herleitung her der Exponent der Prandtl- bzw. Schmidtzahl in den Gleichungen Nu = Nu (Re, Pr, ...) und Sh = Sh (Re,Sc,...), gibt. Für laminare Strömung gilt $n = 1/3$ für turbulente $n \approx 0{,}4$. Setzt man die entsprechenden Werte in die Gl.(3.5.18) und (3.5.17) ein, so findet man für Wasserdampf-Luft-Gemische in einem weiten Temperatur- und Partialdruckbereich

$$\gamma = 1{,}3 \,. \tag{3.5.19}$$

Aus Gl.(3.5.16) kann damit iterativ die Oberflächentemperatur ϑ_0 bestimmt werden. Die Verdampfungsenthalpie Δh_v ist bei ϑ_0, $c_{p,v}$ als mittlere spezifische Wärme des Dampfes bei der mittleren Temperatur $\vartheta_m = (\vartheta_0 + \vartheta_\infty)/2$ einzusetzen . Abb. 3.5.5 enthält bei einem Gesamtdruck P = 1 bar für unterschiedliche Partialdrücke und Temperaturen in der überströmenden Luft die berechneten Gutsbeharrungstemperaturen ϑ_0.

Bei vielen Trocknungsprozessen ist das Verhältnis $(p_v^*/P) << 1$, dann kann die rechte Seite von Gl.(3.5.16) in eine Taylorreihe entwickelt und nach dem linearen Glied abgebrochen werden, so daß man erhält

$$\vartheta_\infty - \vartheta_0 = \gamma \frac{\Delta h_v}{c_{pv}} \left(\frac{p_v^* - p_{v,\infty}}{P - p_v^*\,(\vartheta_0)}\right) . \tag{3.5.20}$$

Die das Trocknungsgut umgebenden Wände eines Konvektionstrockners werden durch die vorbeiströmende heiße Luft auf Temperaturen bis zur Lufttemperatur erwärmt. Dadurch ergibt sich ein zusätzlicher Wärmefluß auf das Gut, der hier mit der Wärmestromdichte durch Strahlung $\mathring{q}_R$ bezeichnet werden soll. Durch $\mathring{q}_R$ wird die Gutsbeharrungstemperatur ϑ_0 beeinflußt. Führt man $\mathring{q}_R$ in die Energiebilanz in Gl.(3.5.14) ein, so erhält man:

$$\mathring{q} + \mathring{q}_R = \mathring{m}_{v,I}\, \Delta h_v \,. \tag{3.5.21}$$

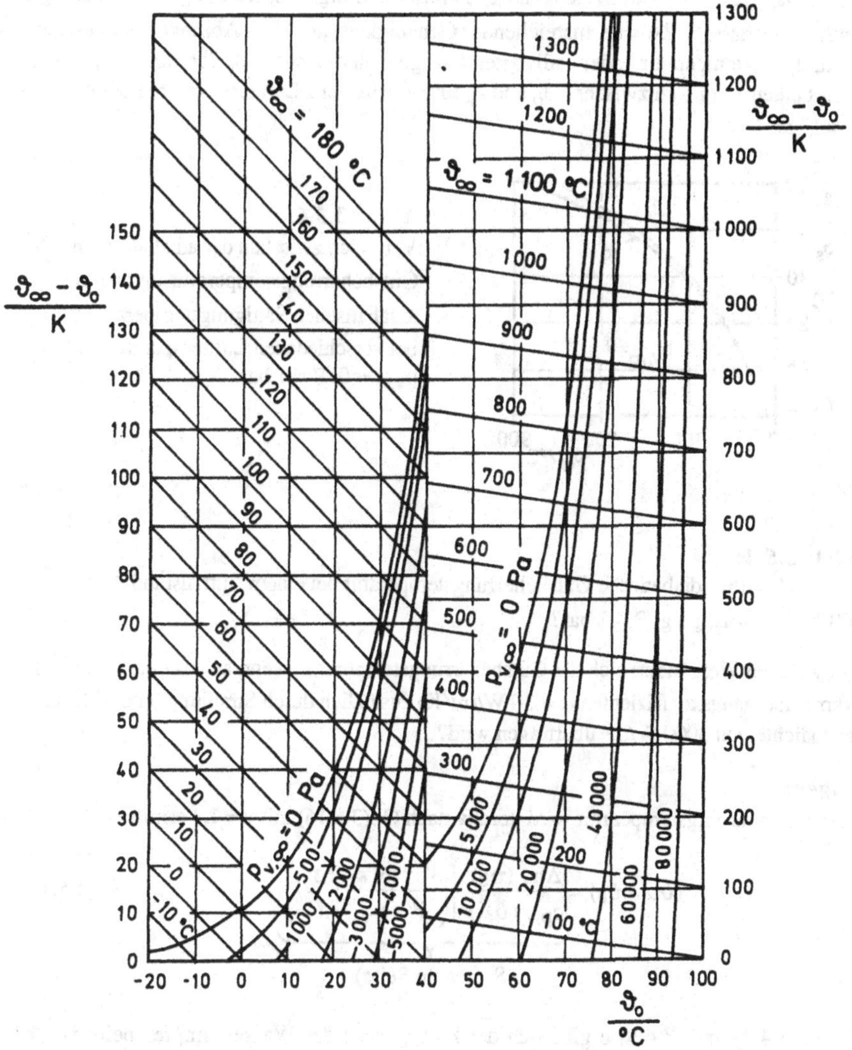

Abb. 3.5.5: Die Gutsbeharrungstemperatur ϑ_0 bei verschiedenen Lufttemperaturen ϑ_∞ und verschiedenen Dampfteildrücken $p_{V,\infty}$ in der Luft, P = 1 bar. (An Stelle der Lufttemperatur ϑ_∞ kann auch die äquivalente Lufttemperatur $\vartheta_{\infty,R}$ nach Gl.(3.5.22) eingesetzt werden).

In Gl.(3.5.20) kann diese zusätzliche Energie durch Einführung einer fiktiven Gastemperatur

$$\vartheta_{\infty,R} = \vartheta_\infty + \frac{\mathring{q}_R}{\alpha} \tag{3.5.22}$$

berücksichtigt werden. Dabei ist α der Wärmeübergangskoeffizient zwischen dem Gut und der vorbeiströmenden Luft.

Für Wasser-Luft ist die Lewiszahl Le nicht sehr verschieden von 1. Man kann zeigen (siehe z.B. [3,4]), daß für diesen Fall die adiabatische Gutsbeharrungstemperatur ϑ_0 bei Werten $\vartheta_0 <$ 40°C mit für technische Zwecke ausreichender Genauigkeit mit der in Abschnitt 3.4 hergeleiteten "Kühlgrenztemperatur" oder "adiabaten Sättigungstemperatur" ϑ_s übereinstimmt. Abb. 3.5.6 zeigt einen Vergleich zwischen ϑ_0 und ϑ_s für verschiedene Lufttemperaturen bei $p_{v\infty} = 0$ und P = 1 bar.

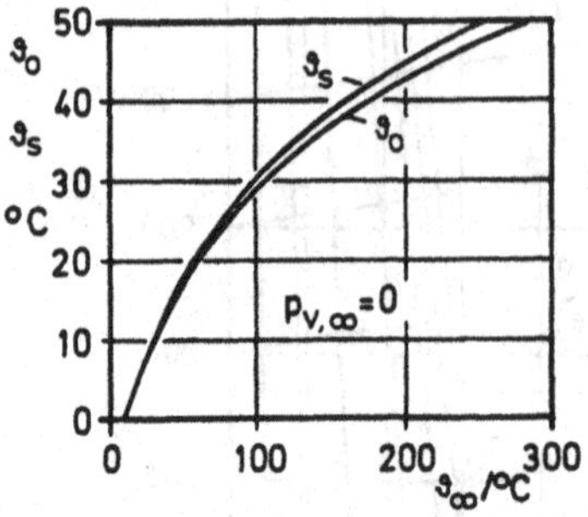

Abb. 3.5.6:
Vergleich zwischen der adiabatischen Gutsbeharrungstemperatur ϑ_0 und der adiabatischen Sättigungstemperatur ϑ_s bei verschiedenen Lufttemperaturen, $p_{v,\infty} = 0$, P = 1 bar.

Beispiel 3.5-1:

a) Wie groß ist die adiabatische Gutsbeharrungstemperatur bei einem Luftzustand $\vartheta_\infty =$ 200 °C, $Y_\infty = 10$ g/kg, P = 1 bar?

b) Auf welchen Wert ändert sich die Gutsbeharrungstemperatur, wenn an das Gut bei einem Wärmeübergangskoeffizienten $\alpha = 30$ W/(m²K) zusätzlich durch Strahlung eine Wärmestromdichte von 3000 W/m² übertragen wird?

Lösungen:

a) Die Gutsbeharrungstemperatur wird iterativ nach Gl.(3.5.16) mit $\gamma = 1{,}3$ ermittelt

$$(\vartheta_\infty - \vartheta_0) = \underbrace{\frac{\Delta h_v(\vartheta_0)}{c_{p,v}(\vartheta_m)} \left\{ \left(\frac{P - p_{v,\infty}}{P - p_v^*} \right)^{1,3} - 1 \right\}}_{\text{r.S. (rechte Seite)}} \tag{3.5.16}$$

Nach Gln.(3.4.3) und (3.4.9) ergibt sich der Partialdruck des Wasserdampfes beim vorgegebenen Luftzustand zu

$$p_{v,\infty} = P \frac{Y_\infty}{0{,}622 + Y_\infty}$$

$$p_{v,\infty} = 100 \frac{0{,}01}{0{,}622 + 0{,}01} = 15{,}82 \text{ mbar}$$

Für die Beharrungstemperatur wird ein Wert zwischen 45 °C und 50 °C angenommen. Dann beträgt die mittlere Temperatur ϑ_m, bei der die spezifische Wärme des Wasserdampfes einzusetzen ist, $\vartheta_m = 122{,}5$ bis 125 °C. Dazu ergibt sich aus Tabellen eine mittlere spezifische Wärme $c_{pv}(\vartheta_m) = 1{,}95$ kJ/(kg K). Die weitere Rechnung erfolgt tabellarisch.

Tabelle 3.5.1: Ermittlung der Zahlenwerte zu Abb. 3.5.7

ϑ_0 °C	ϑ_∞ K	p_v^* mbar	$\Delta h_v\,(\vartheta_0)$ kJ/kg	r.S. Gl.(3.5.16)	r.S Gl.(3.5.20)
45	155	95,85	2394,1	143,8	141,9
46	154	100,89	2391,6	153,7	151,6
47	153	106,15	2389,5	164,2	161,7
48	152	111,66	2387,0	175,1	172,6
49	151	117,4	2384,5	186,9	183,8
50	150	123,4	2382,4	199,4	194,9

Die grafische Ermittlung der Gutsbeharrungstemperatur mit Hilfe der in Tabelle 3.5.1 enthaltenen Werte ist in Abb. 3.5.7 dargestellt:. Es ergibt sich $\vartheta_0 = 46{,}0$ °C. Damit ist $p_v^*/P = 100{,}9/1000 = 0{,}101$. Für $(p_v^*/P) << 1$ kann die Beharrungstemperatur auch nach Gl.(3.5.20) berechnet werden.

$$\vartheta_\infty - \vartheta_0 = \underbrace{1{,}3\,\frac{\Delta h_v\,(\vartheta_0)}{c_{p,v}\,(\vartheta_m)}\,\frac{(p_v^* - p_{v,\infty})}{(P - p_v^*)}}_{\text{r.S.}} \tag{3.5.20}$$

In der Tabelle sind die Zahlenwerte der rechten Seite von Gl.(3.5.20) angegeben. Ihre Eintragung in Abb. 3.5.7 ergibt eine Gutsbeharrungstemperatur von 46,25 °C, also keinen erheblichen Unterschied.

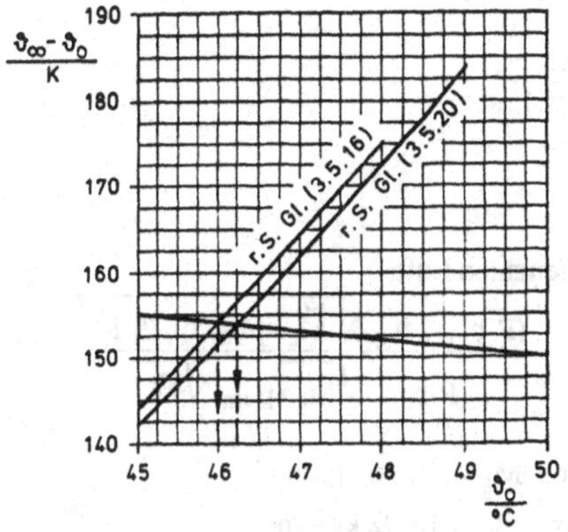

Abb. 3.5.7: Grafische Darstellung der adiabatischen Gutsbeharrungstemperatur ϑ_0

b) Die zusätzliche Energiezufuhr durch Strahlung kann bei der Berechnung der Gutsbeharrungstemperatur durch Einführung einer fiktiven Gastemperatur nach Gl.(3.5.22)

$$\vartheta_{\infty,R} = \vartheta_\infty + \frac{\mathring{q}_R}{\alpha} \tag{3.5.22}$$

berücksichtigt werden. Es ist $\vartheta_{\infty,R} = 200 + 3000/30 = 300$ °C. Die analoge Vorgehensweise wie unter a) führt auf eine Gutsbeharrungstemperatur von $\vartheta_{0,R} = 53{,}7$ °C.

Beispiel 3.5-2:
In einem Kammertrockner wird eine L = 2 m lange, B = 1 m breite feuchte Platte von Luft mit 1 m/s Geschwindigkeit überströmt. Wie groß ist die Trocknungsgeschwindigkeit im 1. Trocknungsabschnitt, wenn die Lufttemperatur ϑ_∞ = 200 °C und die Feuchtebeladung der Luft Y_∞ = 0,01 beträgt? Der Luftmassenstrom sei so groß, daß sich der Luftzustand beim Überströmen der Platte nicht ändert. Die zur Verdunstung erforderliche Wärme soll allein durch die Luft übertragen werden (adiabate Trocknung), Gesamtdruck P = 1 bar.

Lösung:
Die adiabatische Beharrungstemperatur wird aus Beispiel 3.5-1 zu 46,0 °C übernommen. Der Wasserdampfpartialdruck an der Plattenoberfläche beträgt also p_v^* = 100,9 mbar, der in der überströmenden Luft bei Y = 0,01 $p_{v,\infty}$ = 15,8 mbar.

Zunächst soll der mittlere Stoffübergangskoeffizient β der überströmten Platte nach [5] aus der Sherwoodzahl Sh = βL/δ nach folgender Gleichung berechnet werden:

$$Sh = \sqrt{Sh_{lam}^2 + Sh_{turb}^2}$$

mit

$$Sh_{lam} = 0{,}664\,(Sc)^{1/3}\,(Re)^{1/2}$$

$$Sh_{turb} = \frac{0{,}037\,Re^{0{,}8}\,Sc}{1+2{,}443\,(Re)^{-0{,}1}\,(Sc^{2/3}-1)}\;.$$

Die Stoffwerte bei der Berechnung von Re, Pr und β sind bei der mittleren Temperatur $\vartheta_m = (\vartheta_o + \vartheta_\infty)/2$ und $p_{vm} = (p_v^* + p_{v\infty})/2$ einzusetzen.

ϑ_m = (46 + 200)/2 = 123 °C
p_{vm} = (100,9 + 15,8)/2 = 58,4 mbar
p_{vm} = 5840 N/m^2

Stoffwerte:
Dynamische Viskosität der feuchten Luft

$$\eta_m = \frac{(P-p_{vm})\,\eta_g\sqrt{\tilde{M}_g} + p_{vm}\,\eta_v\sqrt{\tilde{M}_v}}{(P-p_{vm})\sqrt{\tilde{M}_g} + p_{vm}\sqrt{\tilde{M}_v}}$$

Molekulargewichte: Luft $\tilde{M}_g$ = 28,96 kg/kmol
Wasser $\tilde{M}_v$ = 18,02 kg/kmol

Viskositäten bei 123 °C:
Luft $\eta_g = 22{,}93\cdot10^{-6}$ kg/(ms)
Wasserdampf $\eta_v = 13{,}05\cdot10^{-6}$ kg/(ms) .

Damit ergibt sich $\eta_m = 22{,}47\cdot10^{-6}$ kg/(ms) .

Dichte der feuchten Luft:

$$\rho_m = \frac{P}{\tilde{R}\, T_m} \; \frac{(P-p_{vm})\cdot \tilde{M}_g + p_{vm}\, \tilde{M}_v}{P} \; .$$

Universelle Gaskonstante $\tilde{R} = 8314$ J/kmol K .

Damit ergibt sich $\rho_m = 0{,}86$ kg/m^3 .

Diffusionskoeffizient nach Schirmer:

$$\delta = 22{,}6\cdot 10^{-6}\ \text{m}^2/\text{s} \left(\frac{1}{P/\text{bar}}\right)\left(\frac{T_m/K}{273{,}1}\right)^{1{,}81}$$

$$\delta = 44{,}3\cdot 10^{-6}\ \text{m}^2/\text{s}$$

Dimensionslose Kennzahlen:

Schmidtzahl:

$$\text{Sc} = \eta_m/(\delta\cdot\rho_m)$$
$$= 22{,}47\cdot 10^{-6}/(44{,}3\cdot 10^{-6}\cdot 0{,}86)$$
$$\text{Sc} = 0{,}59$$

Reynoldszahl:

$$\text{Re} = \frac{w\cdot L\cdot \rho_m}{\eta_m}$$

Überströmlänge: L = Plattenlänge = 2 m

$$\text{Re} = \frac{1\cdot 2\cdot 0.86}{22{,}47}\, 10^6 = 76547$$

$$\text{Sh}_{lam} = 0{,}664\ (0{,}59)^{1/3}\ (76547)^{1/2}$$

$$\text{Sh}_{lam} = 154{,}08$$

$$\text{Sh}_{turb} = \frac{0{,}037\ (76547)^{0{,}8}\ 0{,}59}{1+2{,}443\ (76547)^{-0{,}1}\left(0{,}59^{2/3} - 1\right)}$$

$$\text{Sh}_{turb} = 230{,}52$$

$$\text{Sh} = \sqrt{154{,}08^2 + 230{,}52^2}$$

$$\text{Sh} = 277{,}3$$

Stoffübergangskoeffizient:

$$\beta = \text{Sh}\cdot\delta/L$$

$$\beta = \frac{277{,}3\cdot 44{,}3\cdot 10^{-6}}{2}\ \text{m/s}$$

$$\beta = 0{,}00614\ \text{m/s}.$$

Mittlere Trocknungsgeschwindigkeit im ersten Abschnitt nach Gl.(3.5.3)

$$\mathring{m}_{v,I} = \frac{P\ \tilde{M}_v}{\tilde{R}\ T_m}\,\beta \ln\frac{P-p_{v,\infty}}{P-p_v^*} = \frac{10^5\cdot 18{,}02}{8314\cdot 396{,}1}\ 0{,}00614 \ln \frac{1000 - 15{,}8}{1000 - 100{,}9}$$

$$\mathring{m}_{v,I} = 3{,}04 \cdot 10^{-4}\ \text{kg/(m}^2\text{/s)} \quad .$$

Bei einer Plattenfläche von 2 m^2 ergibt das eine stündliche Trocknungsrate von

$$\mathring{M}_{v,I} = 2{,}19\ \text{kg/h} \quad .$$

Gleiches ergibt sich, wenn man die Trocknungsgeschwindigkeit nach Gl.(3.5.4) mit dem linearen Gefälle $(p_v^* - p_{v,\infty})$ unter Berücksichtigung der Stefan-Korrektur $K_{s,p}$ nach Gl.(3.5.5) berechnet.

Beispiel 3.5-3:
Die im Beispiel 3.5-2 beschriebene Platte wird in einem Kammertrockner getrocknet, bei dem jedoch zwischen Plattenoberfläche und Wand nur ein Abstand von H = 5 cm bleibt. Die Strömungsgeschwindigkeit der Luft und der Luftzustand am Eintritt bleiben wie beim vorigen Beispiel. Wegen des begrenzten Volumens der überströmenden Luft ändert sich jetzt der Luftzustand zwischen Anfang und Ende der Platte.

Wie groß ist die Trocknungsgeschwindigkeit im 1. Abschnitt, wenn wiederum adiabat bei einem Gesamtdruck von 1 bar getrocknet wird?

Lösung:
Für die lokale Trocknungsgeschwindigkeit an jeder Stelle der Platte gilt Gl.(3.5.6), wenn man jetzt einmal mit Beladungen Y des Luftstromes rechnet:

$$\mathring{m}_{v,I} = \frac{P\,\tilde{M}_g}{\tilde{R}\,T_m}\,\beta\,K_{s,Y}\left(Y^*\langle\vartheta_0\rangle - Y\right) \quad .$$

Für die mittlere Trocknungsgeschwindigkeit bei sich änderndem Beladungspotential $(Y^*\text{-}Y)$ über der Plattenlänge gilt analog zur Wärmeübertragung

$$\overline{\mathring{m}}_{v,I} = \frac{P\,\tilde{M}_g}{\tilde{R}\,T_m}\,\beta\,K_{s,Y}\,\frac{\left(Y^*\text{-}Y_e\right) - \left(Y^*\text{-}Y_a\right)}{\ln\dfrac{Y^* - Y_e}{Y^* - Y_a}} \quad .$$

Mit der Wasserdampfbeladung Y_e am Ein- und Y_a am Austritt. Beim ersten Iterationsschritt soll angenommen werden, daß die Beharrungstemperatur über der gesamten Plattenlänge bei dem im Beispiel 3.5-1 berechneten Wert von $\vartheta_0 = 46{,}0$ °C bleibt. (Anmerkung: Je stärker sich die Luft beim Überströmen der Platte mit Wasserdampf absättigt, um so mehr nähert sich die Oberflächentemperatur der Platte der Kühlgrenztemperatur, die im Beispiel 3.4-3 zu $\vartheta_s = 47{,}4$ °C berechnet wurde). Die Beladung an der Plattenoberfläche bei $\vartheta_0 = 46{,}0$ °C und $p_v^* = 100{,}9$ mbar ist dann nach Gl.(3.4.3)

$$Y^* = 0{,}622\,\frac{100{,}9}{1000 - 100{,}9} = 0{,}0698 \quad .$$

Für den ersten Iterationsschritt soll weiterhin für den Stoffübergangskoeffizienten β der im

Beispiel 3.5-2 berechnete Wert von $\beta = 0{,}00614$ m/s beibehalten werden. Unter der gleichen Annahme gilt für die "Stefan-Korrektur" nach Gl.(3.5.7) mit der Wasserdampfbeladung $Y_e = 0{,}01$ am Eintritt:

$$K_{s,Y} = \frac{1}{C\left(Y^* - Y_e\right)} \ln\left\{\frac{1 + C\,Y^*}{1 + C\,Y_e}\right\} .$$

Mit $C = \tilde{M}_g/\tilde{M}_v = 28{,}96/18{,}02$

$$C = 1{,}607$$

ergibt sich $$K_{s,Y} = \frac{1}{1{,}607\,(0{,}0698 - 0{,}01)} \ln\left\{\frac{1+1{,}607 \cdot 0{,}0698}{1+1{,}607 \cdot 0{,}01}\right\}$$

$$K_{s,Y} = 0{,}94 \quad .$$

Zur Berechnung der mittleren Trocknungsgeschwindigkeit $\overline{\mathring{m}}_{v,I}$ fehlt jetzt noch Y_a.

Für den Strömungskanal gilt die Bilanz

$$\mathring{M}_g\,(Y_a - Y_e) = \overline{\mathring{m}}_{v,I} \cdot A \quad .$$

Darin ist $A = B{\cdot}L$ die Stoffaustauschfläche der Platte.

Vernachlässigt man den geringen Wasserdampfanteil der Luft am Eintritt und setzt $p_g = P$, so gilt:

$$\frac{P\,\tilde{M}_g}{\tilde{R}\,T_m}\,\mathring{V}_g\,(Y_a - Y_e) = \frac{P\,\tilde{M}_g}{\tilde{R}\,T_m}\;\beta{\cdot}A{\cdot}K_{s,Y}\;\frac{\left(Y^*-Y_e\right) - \left(Y^*-Y_a\right)}{\ln\dfrac{Y^* - Y_e}{Y^* - Y_a}}$$

Es gilt also

$$\ln\frac{Y^*-Y_e}{Y^*-Y_a} = \frac{\beta\;A\;K_{s,Y}}{\mathring{V}_g}$$

oder

$$\frac{Y^*-Y_a}{Y^*-Y_e} = \exp\,(-\;NTU)$$

mit $$NTU = \frac{\beta\;A\;K_{s,Y}}{\mathring{V}_g}$$

Für die Beladung der Luft am Austritt ergibt sich:

$$Y_a = Y^* - (Y^*-Y_e)\,\exp\left(-\;\frac{\beta\;B{\cdot}L{\cdot}K_{s,Y}}{u{\cdot}B{\cdot}H}\right)$$

$$Y_a = 0{,}0698 - (0{,}0698 - 0{,}01)\,\exp\left(-\;\frac{0{,}00614 \cdot 2 \cdot 0{,}94}{1 \cdot 0{,}05}\right)$$

$$Y_a = 0{,}0223 \quad .$$

Damit ergibt sich für die mittlere Trocknungsgeschwindigkeit im 1. Iterationsschritt:

$$\overline{\mathring{m}}_{v,I} = \frac{10^5 \cdot 28{,}96}{8314 \cdot 396{,}1} 0{,}00614 \cdot 0{,}94 \frac{0{,}0223 - 0{,}01}{\ln \frac{0{,}0698 - 0{,}01}{0{,}0698 - 0{,}0223}}$$

$$\overline{\mathring{m}}_{v,I} = 2{,}71 \cdot 10^{-4}\ \mathrm{kg/(m^2s)}\ .$$

Die lokale Trocknungsgeschwindigkeit am Austritt beträgt:

$$\frac{\mathring{m}_{v,I,a}}{\mathring{m}_{v,I,e}} = \frac{Y^* - Y_a}{Y^* - Y_e} = \exp(-NTU)$$

Mit der im Beispiel 3.5-2 berechneten Trocknungsgeschwindigkeit beim Eintrittszustand von $\mathring{m}_{v,I,e} = 3{,}04 \cdot 10^{-4}$ kg/(m^{2}s) ergibt sich

$$\mathring{m}_{v,I,a} = 3{,}04 \cdot 10^{-4} \frac{0{,}0698 - 0{,}0223}{0{,}0698 - 0{,}01}$$

$$\mathring{m}_{v,I,a} = 2{,}379 \cdot 10^{-4}\ \mathrm{kg/(m^2s)}$$

In Kenntnis der Beladung der Luft am Austritt kann ein zweiter Iterationsschritt unter Berechnung neuer Mittelwerte für die Stoffdaten durchgeführt werden.

3.5.3 Trocknung aus dem Gutsinnern

a) Der zweite und dritte Trocknungsabschnitt

Wie in Abb. 3.5.2 gezeigt, nimmt die Trocknungsgeschwindigkeit nach Unterschreiten der ersten kritischen Gutsfeuchte $X_{kr,I}$ stetig ab. Die Kapillarkräfte sind nicht mehr in der Lage, die Feuchte bis an die Oberfläche des Gutes zu ziehen, die Phasenumwandlung von Flüssigkeit in Dampf muß im Innern des Gutes stattfinden. Diesen Teil des Trocknungsvorganges nennt man den "zweiten Trocknungsabschnitt".

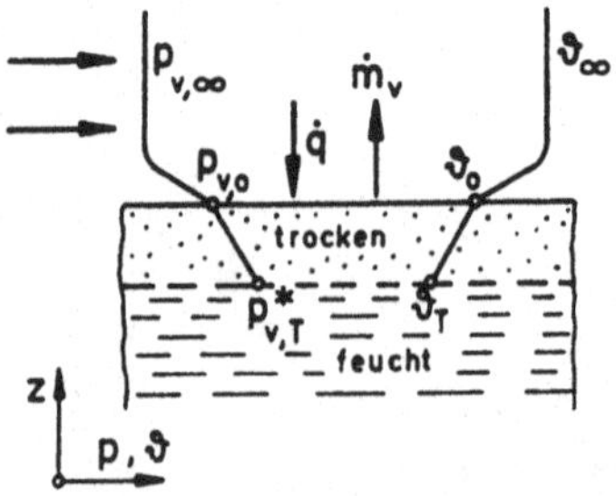

Abb. 3.5.8: Verdunstung aus dem Gutsinneren

Die Energie, die zur Verdunstung benötigt wird, muß - wie in Abb. 3.5.8 dargestellt - durch die bereits ausgetrocknete Schicht an die Phasenumwandlungsstelle, die häufig auch als "Trocknungsspiegel" bezeichnet wird, transportiert werden. Maßgebend für den Energietransport ist nicht mehr allein der äußere Wärmeübergangskoeffizient α, sondern zusätzlich die Wärmeleitfähigkeit der mehr oder weniger stark ausgetrockneten Gutsschicht vor dem Trocknungsspiegel. Dem Abtransport des Dampfes vom Trocknungsspiegel stellt sich der Diffusionswiderstand der trockenen Gutsschicht entgegen, die in Abschnitt 3.3.3,b beschriebenen Gesetzmäßigkeiten über die Dampfbewegung in Poren mit dem Diffusionswiderstandsbeiwert μ kommen zum Tragen.

Der wachsende Diffusionswiderstand der trockenen Schicht verursacht ein Ansteigen des Dampfpartialdrucks und damit der Temperatur am Trocknungsspiegel.

Am Ende des zweiten Trocknungsabschnitts ist ein nicht hygroskopisches kapillarporöses Gut vollkommen trocken, wenn die das Gut überströmende Luft nicht mit Feuchte beladen ist. Ein plattenförmiges Gut dieser Art wird mit der endlichen Trocknungsgeschwindigkeit $\mathring{m}_{v,E}$ trocken, die Verdunstung der letzten Feuchte findet in der Tiefe s statt (bei einseitiger Trocknung ist s gleich der Dicke, bei zweiseitiger gleich der halben Dicke der Platte). Abb. 3.5.9 zeigt schematisch die Trocknungskurve einer solchen Platte. Bei kugeligen und zylindrischen Gütern ist $\mathring{m}_{v,E} = 0$, weil die Fläche, an der die Verdunstung stattfindet, am Ende gegen Null geht.

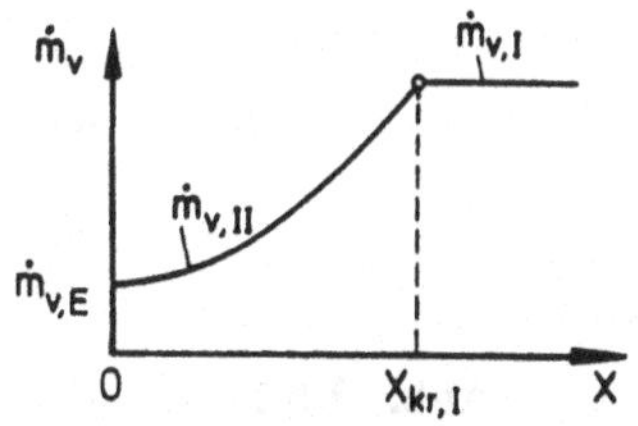

Abb. 3.5.9: Trocknungskurve eines plattenförmigen kapillarporösen nichthygroskopischen Gutes

Bei kapillarporösen hygroskopischen Gütern tritt infolge der Hygroskopizität von einer bestimmten Feuchte des Gutes an eine mit abnehmender Gutsfeuchte immer stärkere Absenkung des Dampfdruckes an der Verdunstungsstelle gegenüber dem Sattdampfdruck auf. Dadurch tritt in der Trocknungskurve ein weiterer Knickpunkt bei der sog. zweiten kritischen Gutsfeuchte $X_{kr,I}$ in Erscheinung. Der Dampfdruck an der Verdunstungsstelle erreicht schließlich den Dampfdruck der am Gut vorbeiströmenden Luft, die Trocknung endet, die hygroskopische Gleichgewichtsfeuchte $X_{hy,Gl}$ ist erreicht. Die von der Gutsfeuchte abhängige Dampfdruckerniedrigung wird durch die in Abschnitt 3.3.2 beschriebenen Sorptionsisothermen bestimmt.

b) Abhängigkeit der Trocknungskurve von unterschiedlichen Trocknungsbedingungen

Die Trocknungsgeschwindigkeit im ersten Trocknungsabschnitt hängt nur von den äußeren Bedingungen, also von der Temperatur, der Feuchte, dem Gesamtdruck der Luft und dem Stoffübergangskoeffizienten Luft/Trocknungsgut ab, wie dies durch Gl.(3.5.3) beschrieben wird. Der Stoffübergangskoeffizient β hängt im wesentlichen von der Form des Gutes und der Luftgeschwindigkeit ab.

Im zweiten und dritten Trocknungsabschnitt sind die Gutseigenschaften von dominierendem Einfluß. Den Einfluß unterschiedlicher Lufttemperaturen auf den Verlauf der Trocknungskurve bei sonst konstanten Bedingungen zeigt Abb. 3.5.10, den Einfluß unterschiedlicher Luftgeschwindigkeiten Abb. 3.5.11 und den Einfluß unterschiedlicher Wasserdampfpartialdrücke in der überströmenden Luft Abb. 3.5.12.

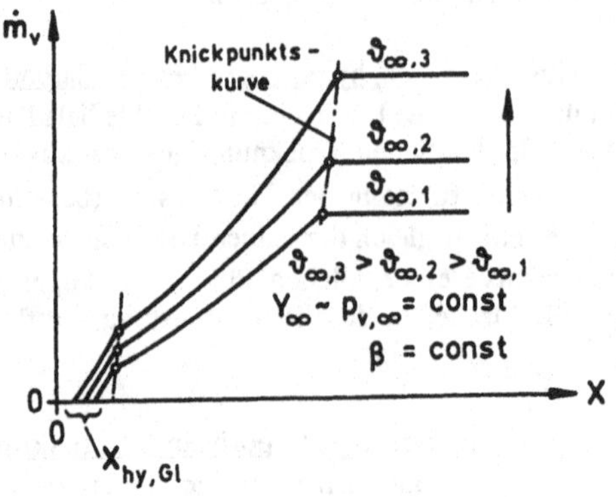

Abb. 3.5.10: Abhängigkeit der Trocknungsgeschwindigkeit von der Lufttemperatur, $\vartheta_{\infty,3} > \vartheta_{\infty,2} > \vartheta_{\infty,1}$

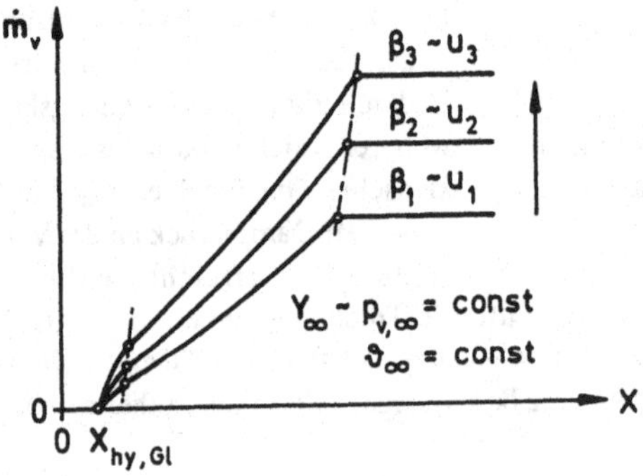

Abb. 3.5.11: Abhängigkeit der Trocknungsgeschwindigkeit von der Luftgeschwindigkeit, $u_3 > u_2 > u_1$

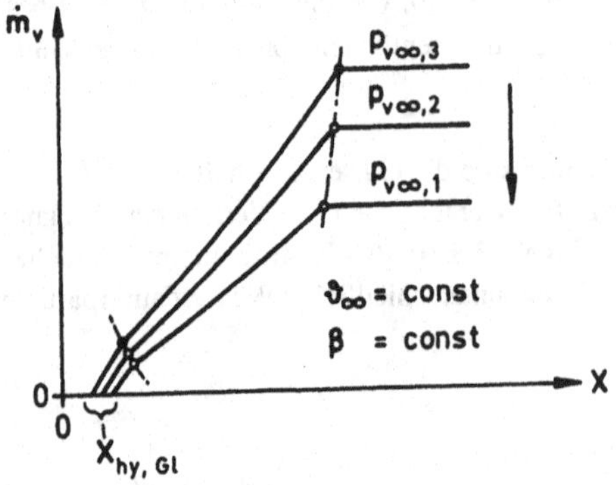

Abb. 3.5.12: Abhängigkeit der Trocknungsgeschwindigkeit vom Wasserdampfpartialdruck der Luft (Luftfeuchte) $p_{v\infty,3} < p_{v\infty,2} < p_{v\infty,1}$

c) Normierte Darstellung von Trocknungskurven

Da sich in einem technischen Trockner der Luftzustand beim Über- oder Durchströmen des Trocknungsgutes ändert, wird zur Dimensionierung, d.h. zur Berechnung der notwendigen Verweilzeit zur Erlangung eines bestimmten Endzustandes, die Trocknungsgeschwindigkeit in Abhängigkeit vom jeweiligen Zustand der Luft, vom Stoffübergangskoeffizienten und von der Gutsfeuchte benötigt. Gesucht werden also Trocknungskurven für einen weiten Bereich von Luftzuständen, Luftfeuchten und Luftgeschwindigkeiten. Man hat sich daher bemüht, Gesetzmäßigkeiten zu finden, nach denen Trocknungskurven vorausberechnet werden können.

Für den ersten Trocknungsabschnitt ist das, wie vorher gezeigt, gelungen. Für den zweiten und dritten Trocknungsabschnitt, die in den meisten Fällen die Größe des Trockners bzw. die Aufenthaltszeit des Gutes im Trockner bestimmen, ist dies jedoch bis heute nicht gelungen: Die die Trocknungsgeschwindigkeit im zweiten und dritten Trocknungsabschnitt bestimmenden Eigenschaften des Gutes sind nicht sicher genug vorausberechenbar, außerdem ändern sie sich während des Trocknungsvorganges. Man hat daher versucht, wenigstens Gesetzmäßigkeiten zu finden, nach denen experimentell festgestellte Trocknungskurven für ein bestimmtes Gut auf andere Trocknungsbedingungen umgerechnet werden können. Die im wesentlichen ähnliche Form der Trocknungskurven bei unterschiedlichen Trocknungsbedingungen legte eine auf bestimmte vorausberechenbare oder aus anderen Experimenten zu ermittelnde Größen bezogene Darstellung - eine Normierung - nahe.

Vorausberechenbar ist, wie gesagt, die Trocknungsgeschwindigkeit $\mathring{m}_{v,I}$ im ersten Trocknungsabschnitt für bekannte Umgebungsbedingungen. Hält man während des gesamten Versuchs, in dem eine Trocknungskurve aufgenommen wird, die Umgebungsbedingungen konstant, so bietet sich die Trocknungsgeschwindigkeit im ersten Trocknungsabschnitt als Bezugsgröße für die jeweilige Trocknungsgeschwindigkeit $\mathring{m}_v$ (X) an. Definiert ist damit eine dimensionslose Trocknungsgeschwindigkeit

$$\mathring{\nu} = \mathring{m}_v\,(X)/\mathring{m}_{v,I} \qquad (3.5.23)$$

Dabei ist $\mathring{m}_v$ (X) die Trocknungsgeschwindigkeit bei der jeweiligen Gutsfeuchte X.

Bei den meisten Trocknungsgütern ist die erste kritische Gutsfeuchte, das Ende des ersten Trocknungsabschnittes also, nur wenig von der Trocknungsgeschwindigkeit im ersten Trocknungsabschnitt abhängig (siehe [4]). Die hygroskopische Gleichgewichtsfeuchte $X_{hy,Gl}$ kann aus einer Sorptionsisothermen entnommen werden, die ohnehin bekannt sein muß, wenn das Gut bis in den hygroskopischen Bereich hinein getrocknet werden soll. Als normierte Größe für die Gutsfeuchte bietet sich daher die dimensionslose Gutsfeuchte

$$\xi = \frac{X - X_{hy,Gl}}{X_{kr,I} - X_{hy,Gl}} \qquad (3.5.24)$$

an.

Trägt man auf diese Weise, $\mathring{\nu} = f\,(\xi)$, experimentell bei verschiedenen Luftzuständen und Stoffübergangskoeffizienten (Luftgeschwindigkeiten) ermittelte Trocknungskurven dimensionslos auf, so lassen sich zwei Gruppen von Trocknungsgütern unterscheiden:

- Trocknungskurven von stark hygroskopischen Gütern fallen in einer Kurve zusammen. Dies zeigt Abb. 3.5.13 .

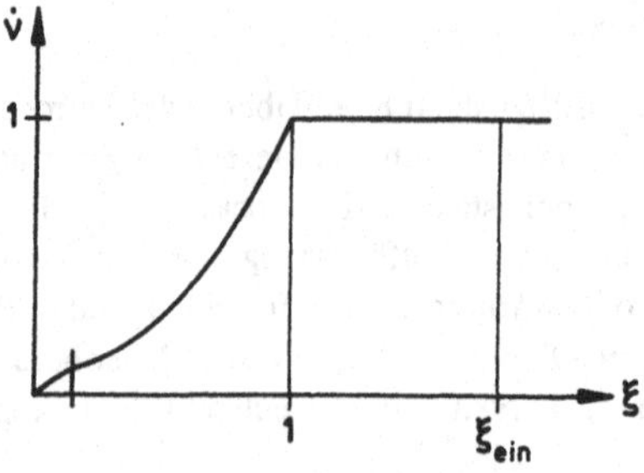

Abb. 3.5.13:
Normierte Trocknungskurve eines stark hygroskopischen Gutes

Trocknungskurven von <u>schwach hygroskopischen</u> Gütern spreizen im zweiten und dritten Trocknungsabschnitt auseinander, wie Abb. 3.5.14 zeigt. Die bei den mildesten Trocknungsbedingungen, also beim geringsten $\mathring{m}_{v,I}$ gemessene Trocknungskurve bildet die Begrenzung nach unten.

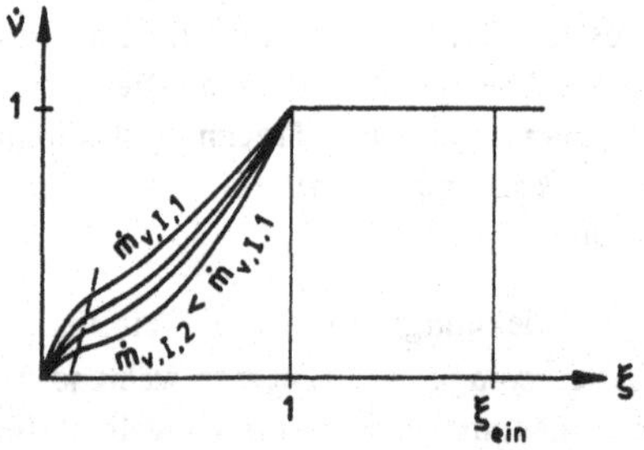

Abb. 3.5.14:
Normierte Trocknungskurven eines schwach hygroskopischen Gutes

Die Entscheidung darüber, ob ein - im Sinne dieser Normierung - stark oder schwach hygroskopisches Gut vorliegt, kann beim Vorliegen von mindestens zwei Trocknungskurven getroffen werden, die unter möglichst verschiedenen, konstanten Bedingungen aufgenommen worden sind. Trocknungskurven nach Abb. 3.5.13 können unmittelbar zur Dimensionierung von Trocknern verwendet werden. Dies wird im nächsten Abschnitt gezeigt.

Zur Beschreibung der Zusammenhänge zwischen den Trocknungskurven nach Abb. 3.5.14 ist das "Modell des wandernden Trocknungsspiegels" aufgestellt worden, das von E.-U. Schlünder in [6] ausführlich dargestellt wurde. Die Anwendung dieses Modells bei der Dimensionierung von Trocknern ist sehr aufwendig.

In erster Näherung können Trockner für Güter nach Abb. 3.5.14 mit der untersten, der für die mildesten vorkommenden Trocknungsbedingungen bestimmten, Kurve dimensioniert werden. Damit ergibt sich die längste Aufenthaltszeit bzw. der größte Trockner.

3.5.4 Berechnung der in Konvektionstrocknern nötigen Verweilzeit

a) <u>Einfluß der Trocknerbauart</u>

Die Auswahl eines Trockners, in dem eine bestimmte Trocknungsaufgabe gelöst werden soll, hängt von der Menge, die getrocknet werden soll, von den Eigenschaften des Gutes vor und während des Trocknens sowie von den Eigenschaften ab, die das Gut nach dem Trocknen besitzen soll. Die Menge des in einem bestimmten Zeitraum zu trocknenden Gutes bestimmt, ob ein diskontinuierlich oder ein kontinuierlich arbeitender Trockner gewählt wird.

Diskontinuierlich arbeitende Trockner verursachen einen hohen Personal- und Energieaufwand je durchgesetzter Mengeneinheit, aber bei einfacher Bauweise nur geringe Anlagekosten. Eine Verminderung des Energieaufwandes, z.B. durch Wärmerückgewinnung, ist zu Lasten höherer Anlagekosten möglich. Diskontinuierlich arbeitende Trockner, auch Chargentrockner genannt, bieten sich an, wenn nur kleine Mengen derselben Art unter denselben Bedingungen zu trocknen sind.

Für die Trocknung großer Mengen pro Zeiteinheit von einheitlichen Stoffen sind dagegen kontinuierlich arbeitende Anlagen vorzuziehen. Zwar sind die Anlagekosten hoch, gleichbleibende Gutseigenschaften gestatten aber eine optimale Energieausnutzung bei geringem Personalaufwand. Im wesentlichen von den Gutseigenschaften abhängig ist die Art der Luftführung im Trockner.

Bei ruhendem Gut wird die Luft meist parallel zur Gutsoberfläche geführt. Bei Schüttgütern, die durchströmungsfähige Schichten bilden, kann sie auch durch die Schicht geblasen werden, was zwar einen erhöhten Druckverlust zur Folge hat, andererseits aber zu kürzeren Trocknungszeiten führt. Sonderfälle von durchströmten Schichten stellen diskontinuierlich trocknende Wirbelschichten oder mechanisch bewegte Schichten dar.

Aus wirtschaftlichen Gründen, das heißt zur Erzielung großer Wärme- und Stoffübergangskoeffizienten durch große Strömungsgeschwindigkeiten bei gleichzeitiger Vermeidung hoher Kosten für die Erwärmung großer Frischluftmengen, führt man den größten Teil der Luft im Kreislauf über oder durch das Gut und ersetzt nur einen kleinen Teil durch Frischluft. Mit Hilfe eines solchen Umluftbetriebs läßt sich auch ein Übertrocknen oder Überhitzen des Gutes an den Eintrittsstellen der Luft vermeiden, kann der Trocknungsverlauf durch Anpassen von Temperatur und Luftgeschwindigkeit an die Gutseigenschaften in gewünschter Weise beeinflußt werden und lassen sich Witterungseinflüsse auf den Zustand der Frischluft ausgleichen.

Bei bewegten Gütern läßt sich die Luft, bezogen auf die Bewegungsrichtung des Gutes, im Gleich-, Gegen- oder Kreuzstrom führen. Beim Gleichstromverfahren trifft die heiße trockene Luft am Trockneranfang auf das frische Naßgut. Infolge des großen Temperatur- und Feuchteunterschiedes wird am Trocknereintritt eine hohe Trocknungsgeschwindigkeit erzielt, die jedoch gegen das Trocknerende hin stark abnimmt, da die Temperatur der Luft beim Durchgang durch den Trockner unter ständiger Feuchtigkeitszunahme sinkt. Geringe Endfeuchten des Gutes werden daher mit dem Gleichstromverfahren bei wirtschaftlichen Luftmengen nicht erreicht. Das Verfahren wird zweckmäßigerweise dann angewendet, wenn das getrocknete Gut gegenüber hohen Temperaturen empfindlich ist, der Feuchtigkeitsentzug nicht oder nicht sehr weit in den hygroskopischen Bereich ausgedehnt werden muß und die anfänglich hohe Trocknungsgeschwindigkeit sich nicht nachteilig auf die Qualität des Gutes auswirkt.

Beim Gegenstromverfahren kommt die heiße Frischluft mit dem austretenden getrockneten Gut in Berührung, während das feuchte Gut beim Eintritt in den Trockner auf bereits abgekühlte und befeuchtete Luft trifft. Das Gut wird daher zunächst nur langsam angetrocknet, was z.B. für schwindungsanfällige Tonformlinge von Vorteil ist, und wird am Trocknerende sehr hohen Temperaturen ausgesetzt. Für temperaturempfindliche Güter eignet sich die Gegenstromtrocknung nicht. Wie später noch im einzelnen gezeigt werden wird, ist die erforderliche Verweilzeit bei Gegenstromführung kürzer als bei Gleichstromführung, wenn das Gut nicht nur im 1. Trocknungsabschnitt getrocknet wird.

Beim Kreuzstromverfahren trifft an jeder Stelle über der Trocknerlänge heiße Frischluft auf das Trocknungsgut, daher muß das Trocknungsgut in diesem Fall unempfindlich gegen hohe Temperaturen sein. Der Vorteil der Kreuzstromführung liegt in den kürzeren Trocknungszeiten gegenüber dem Gleich- oder Gegenstrom.

Ebenso wie beim ruhenden Gut läßt sich auch beim bewegten Gut durch das Umluftverfahren die Wirtschaftlichkeit verbessern und eine gleichmäßigere Trocknung erreichen. Der Trockner wird in seiner Länge in mehrere Zonen aufgeteilt. In den einzelnen Zonen wird dem Umluftstrom immer wieder Wärme und ein geringer Frischluftanteil zugeführt.

b) Voraussetzungen für die Verwendung einer normierten Trocknungskurve bei der Berechnung

Während des Trocknungsvorganges sind in einem technischen Trockner die Trocknungsbedingungen nicht konstant.

In einem diskontinuierlich arbeitenden Trockner ändern sich die Trocknungsbedingungen beim Überströmen oder Durchströmen des feuchten Gutes örtlich durch Abkühlung und Feuchteaufnahme der Luft. Sie ändern sich außerdem zeitlich, weil das Gut immer trockener wird.

Beim kontinuierlich arbeitenden Trockner ändern sich die Trocknungsbedingungen über der Lauflänge des Gutes, bei der Kreuzstromführung über der Höhe der durchströmten Schicht.

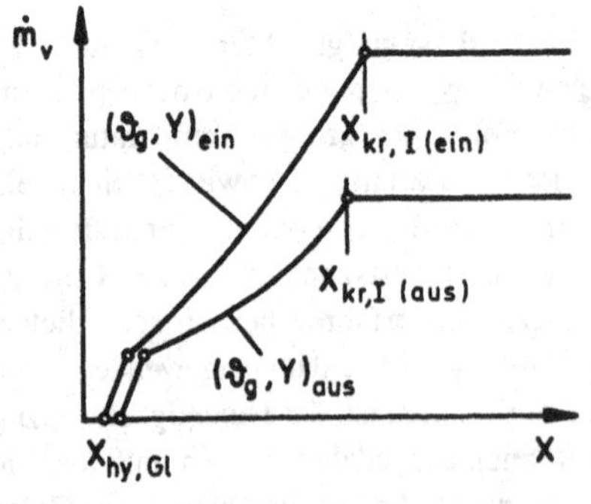

Abb. 3.5.15: Trocknungskurven bei Ein- und Austrittszustand der Luft in einem Gleichstromtrockner

Bei einem Bandtrockner mit z.B. Gleichstromführung ist die Temperatur der Luft ϑ am Eintritt höher und die Feuchte Y niedriger als am Trockneraustritt. Das bedeutet, daß auch die Trocknungsgeschwindigkeit am Trocknereintritt höher ist als am Trockneraustritt. Darüber hinaus ist die zum Eintrittszustand der Luft gehörende hygroskopische Gleichgewichtsfeuchte kleiner als diejenige, die dem Austrittszustand der Luft entspricht.
Auch die kritische Gutsfeuchte $X_{kr,I}$ hängt von den äußeren Trocknungsbedingungen, namentlich von der

Anfangstrocknungsgeschwindigkeit ab. Mit zunehmender Trocknungsgeschwindigkeit im ersten Abschnitt wird die kritische Gutsfeuchte in der Regel größer. Die Zusammenhänge zeigt Abb. 3.5.15.

In Abschnitt 3.5.3 wurde gezeigt, daß Trocknungskurven bei Normierung unter Verwendung der - bei unterschiedlichen Trocknungsbedingungen jeweils unterschiedlichen - Größen $X_{kr,I}$, $X_{hy,Gl.}$ und $\mathring{m}_{v,I}$ bei stark hygroskopischen Gütern in einer Kurve zusammenfallen, sie also durch eine einzige Kurve $\mathring{v} = \mathring{v}\ (\xi)$ beschrieben werden können. Bei schwach hygroskopischen Gütern bietet sich für die Berechnung von Verweilzeiten die unter der mildesten - im praktischen Betrieb vorkommenden - Trocknungsbedingung gemessene normierte Trocknungskurve an. Die Berechnung von Verweilzeiten, also die trocknungstechnische Dimensionierung von Apparaten, wird sehr erleichtert, wenn man sowohl die kritische Gutsfeuchte $X_{kr,I}$ als auch die hygroskopische Gleichgewichtsfeuchte $X_{hy,Gl}$ näherungsweise als von den Trocknungsbedingungen unabhängig, also als konstant bleibend, ansehen darf.

Dies ist in praktischen Fällen zumindest bereichsweise immer möglich, ohne daß die Genauigkeit des Rechenergebnisses zu sehr darunter leidet. Im weiteren wird also davon ausgegangen, daß sich die abhängig vom Umgebungszustand und der Gutsfeuchte einstellende jeweilige Trocknungsgeschwindigkeit $\mathring{m}_v\ (X)$ berechnen läßt aus dem Zusammenhang

$$\mathring{m}_v\ (X) = \mathring{m}_{v,I}\ (\vartheta)\ \mathring{v}\ (\xi), \qquad (3.5.25)$$

in dem der Faktor $\mathring{m}_{v,I}\ (\vartheta)$, d.h. die Trocknungsgeschwindigkeit im ersten Abschnitt, nur von den äußeren Bedingungen (ϑ, Y, α, β, P) und der Faktor $\mathring{v}\ (\xi)$ nur von den inneren Bedingungen, also den Produkteigenschaften, die als gleichbleibend angesehen werden, abhängt. Für $\xi > 1$ ist $\mathring{v} = 1$ und für $\xi < 1$ ist $\mathring{v} < 1$.

Nimmt man an, daß die vorkommenden Wasserdampfpartialdrücke klein sind gegenüber dem Gesamtdruck ($p_v << P$), so ist der in Gl.(3.5.7) definierte Korrekturfaktor $K_{s,Y}$ zur Berücksichtigung des Einflusses der einseitigen Diffusion nicht sehr verschieden von 1. Dann ist auch der Partialdruck der Luft praktisch gleich dem Gesamtdruck und es darf gesetzt werden

$$\frac{P\ \tilde{M}_g}{\tilde{R}\ T_m} = \rho_g\ , \qquad (3.5.26)$$

so daß anstelle von Gl. (3.5.6) geschrieben werden kann

$$\mathring{m}_{v,I} = \rho_g\ \beta\ (Y^*\ (\vartheta_0) - Y)\ , \qquad (3.5.27)$$

worin ϑ_0 die Gutsbeharrungstemperatur im ersten Trocknungsabschnitt ist.

c) Absatzweise Trocknung bei örtlich und zeitlich konstantem Luftzustand

Über das Gut in einem Trockner wird eine so große Luftmenge geführt, daß sich der Luftzustand beim Überströmen des Gutes zeitlich und örtlich nicht ändert, so wie dies in Abb. 3.5.16 dargestellt ist.

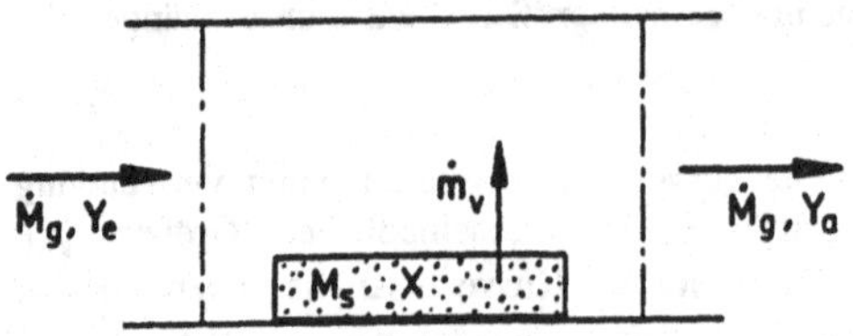

Abb. 3.5.16: Kanaltrockner

Im Trockner befindet sich ein feuchtes Gut mit der Trockensubstanzmasse M_s, mit der anfänglichen Gutsfeuchte X_0 kg Wasser/kg Trockenmasse und der Austauschfläche A zwischen Luft und Gut. Es soll die Zeit t berechnet werden, in der das Gut von X_0 auf X_E trocknet.

Die Wasserbilanz lautet

$$-M_S \frac{dX}{dt} = A \cdot \mathring{m}_v \, . \tag{3.5.28}$$

Für die Trocknungsgeschwindigkeit im ersten Trocknungsabschnitt gilt:

$$\mathring{m}_{v,I} = \rho_g \, \beta \, (Y^* - Y) \tag{3.5.29}$$

und für den gesamten Trocknungsverlauf:

$$\mathring{m}_v = \mathring{m}_{v,I} \cdot \mathring{v}\,(\xi) \, . \tag{3.5.30}$$

Da sowohl Y^* als auch Y konstant sind, ist $\mathring{m}_{v,I}$ konstant.

Definiert man eine dimensionslose Verweilzeit $\tau = t/t_{min}$, in der t_{min} die Zeit wiedergibt, die benötigt würde, um das Gut auch im zweiten und dritten Trocknungsabschnitt - also von $X_{kr,I}$ auf $X_{hy,Gl}$ mit der maximalen - also der Trocknungsgeschwindigkeit im ersten Trocknungsabschnitt zu trocknen, so gilt

$$\tau = \frac{\mathring{m}_{v,I} \cdot A}{M_s \, (X_{kr,I} - X_{hy,Gl})} \, t \, . \tag{3.5.31}$$

Mit

$$\frac{dX}{dt} = (X_{kr,I} - X_{hy,Gl}) \frac{d\xi}{dt} \tag{3.5.32}$$

folgt aus Gl.(3.5.28) und Gl.(3.5.31) die Differentialgleichung zur Berechnung der Trocknungszeit:

$$\frac{d\xi}{d\tau} + \mathring{v}\,(\xi) = 0 \, . \tag{3.5.33}$$

Die Integration liefert:

$$-\int_0^{\tau} d\tau = \int_{\xi_0}^{\xi_E} \frac{d\xi}{\mathring{v}\,(\xi)} \tag{3.5.34}$$

oder

$$\tau = \int_{\xi_E}^{\xi_0} \frac{d\xi}{\mathring{v}\,(\xi)} \, . \tag{3.5.35}$$

Aus der dimensionslosen Trocknungszeit τ läßt sich für einen bestimmten Fall mit Hilfe von Gl.(3.5.31) die Trocknungszeit t berechnen. Sehr vereinfacht läßt sich eine experimentell bestimmte, dimensionslose Trocknungskurve mit Hilfe von zwei Geraden wiedergeben.
Für den ersten Trocknungsabschnitt soll gelten

$$\xi_0 \geq \xi \geq 1 \,;\, \mathring{v} = 1$$

und für den zweiten und dritten Trocknungsabschnitt

$$1 \geq \xi \geq 0 \,;\, \mathring{v} = \xi$$

Damit ergibt sich für die dimensionslose Trocknungszeit:

$$\tau_E = \int_1^{\xi_0} d\xi + \int_{\xi_E}^{1} \frac{d\xi}{\xi} \tag{3.5.36}$$

$$\tau_E = \xi_0 - 1 - \ln \xi_E \ . \tag{3.5.37}$$

Für die Trocknungszeit t ergibt sich

$$t = \frac{M_s\,(X_{kr,I} - X_{hy,Gl})}{\dot{m}_{v,I}\ A} \left\{ \frac{X_0 - X_{hy,Gl}}{X_{kr,I} - X_{hy,Gl}} - 1 - \ln \frac{X_E - X_{hy,Gl}}{X_{kr,I} - X_{hy,Gl}} \right\} \ .$$

Beispiel 3.5-4:

Eine Platte mit der Länge L = 2 m, der Breite B = 1 m und der Dicke S = 3 cm wiegt im nassen Zustand 126 kg. Die Dichte des trockenen Plattenmaterials wurde zu ρ_s = 1865 kg/m^3 bestimmt. Die Platte soll auf eine Restfeuchtebeladung von 3 g Wasser/kg Trockensubstanz getrocknet werden. Zur Verfügung steht ein Kanaltrockner, der mit so großem Luftüberschuß betrieben werden kann, daß die Austrittsfeuchte der Luft praktisch gleich der Eintrittsfeuchte bleibt. Luftgeschwindigkeit u = 1 m/s, Beladung der Luft am Eintritt Y_e = 0,01, Lufttemperatur 200 °C, adiabate Trocknung bei P = 1 bar.

In einem Vorversuch wurde die hygroskopische Gleichgewichtsfeuchte des Plattenmaterials bei diesem Luftzustand zu $X_{hy,Gl}$ = 0,001 bestimmt. Von einer Probe des Plattenmaterials wurden außerdem Trocknungskurven gemessen, die in Abb. 3.5.17 normiert dargestellt sind. Die kritische Gutsfeuchte wurde zu $X_{kr,I}$ = 0,051 bestimmt. Wie lange dauert es, bis die Platte bei Trocknung von beiden Seiten auf die gewünschte Restfeuchte getrocknet ist?

Lösung:
Trocknung bei konstantem Luftzustand: Die gesuchte Trocknungszeit ergibt sich in dimensionsloser Form aus Gl.(3.5.35)

$$\tau = \int_{\xi_E}^{\xi_0} \frac{d\xi}{\mathring{v}(\xi)} \ . \qquad (3.5.35)$$

die Trocknungszeit schließlich nach Gl.(3.5.31) zu

$$t = \tau \, \frac{M_s \, (X_{kr,I} - X_{hy,Gl})}{\mathring{m}_{v,I} \cdot A}$$

Das Gewicht der vollkommen trockenen Platte beträgt

$$M_S = L \cdot B \cdot S \cdot \rho_s$$

$$M_S = 1 \cdot 2 \cdot 0{,}03 \cdot 1865 = 111{,}9 \text{ kg}$$

Anfangsfeuchte $$X_0 = \frac{M_W}{M_S} = \frac{126 - 111{,}9}{111{,}9} = 0{,}126 \ .$$

Die Trocknungskurve in Abb. 3.5.17 wird durch drei Geraden von der Form

$$\mathring{v} = a_j + b_j \, \xi$$

approximiert. Es werden dabei ermittelt:

Gerade 1: $a_1 = -0{,}96$; $b_1 = 1{,}96$
Gerade 2: $a_2 = 0{,}01$ $b_2 = 0{,}12$
Gerade 3: $a_3 = 0$ $b_3 = 0{,}26$.

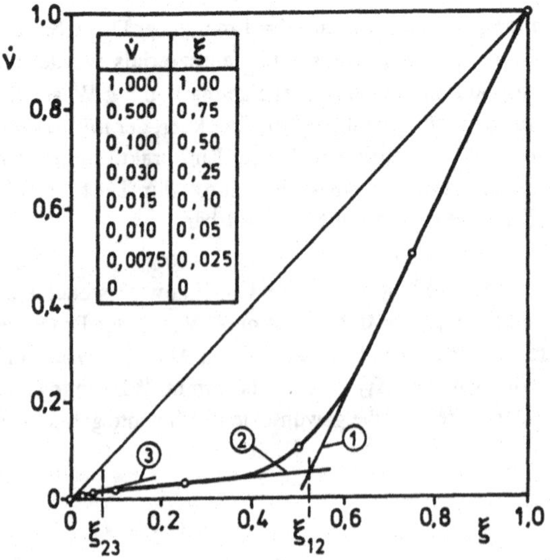

Abb. 3.5.17: Normierte Trocknungskurve für das Plattenmaterial in Beispiel 3.5.-4

Die Schnittpunkte der Geraden werden bestimmt durch Gleichsetzen von $\mathring{v}$

$$a_1 + b_1\,\xi_{12} = a_2 + b_2\,\xi_{12}$$

$$\xi_{12} = \frac{a_1 - a_2}{b_2 - b_1} = \frac{-0{,}96-0{,}02}{0{,}12-1{,}96}$$

$$\xi_{12} = 0{,}527$$

$$\xi_{23} = \frac{a_2 - a_3}{b_3 - b_2} = \frac{0{,}01}{0{,}26 - 0{,}12}$$

$$\xi_{23} = 0{,}071$$

Die Gl.(3.5.35) lautet nach Einsetzen der Geraden $\mathring{v} = a_j + b_j\,\xi$

$$\tau = \int_1^{\xi_0} d\xi + \int_{\xi_{12}}^{1} \frac{d\xi}{a_1+b_1\,\xi} + \int_{\xi_{23}}^{\xi_{12}} \frac{d\xi}{a_2+b_2\,\xi} + \int_{\xi_E}^{\xi_{23}} \frac{d\xi}{a_3+b_3\,\xi}$$

$$\tau = \xi_0 - 1 + \frac{1}{b_1}\ln\frac{a_1+b_1}{a_1+b_1\,\xi_{12}} + \frac{1}{b_2}\ln\frac{a_2+b_2\,\xi_{12}}{a_2+b_2\,\xi_{23}} + \frac{1}{b_3}\ln\frac{a_3+b_3\,\xi_{23}}{a_3+b_3\,\xi_E}\,.$$

Aus den gegebenen Daten wird bestimmt:

$$\xi_0 = \frac{X_0 - X_{hy,Gl}}{X_{kr,I} - X_{hy,Gl}} = \frac{0{,}126 - 0{,}002}{0{,}051 - 0{,}001}$$

$$\xi_0 = 2{,}5$$

$$\xi_E = \frac{0{,}003 - 0{,}001}{0{,}051 - 0{,}001}$$

$$\xi_E = 0{,}04$$

Nach Einsetzen aller Größen ergibt sich

$$\tau = 2{,}5 - 1 + 1{,}39 + 11{,}46 + 2{,}21$$

$$\tau = 16{,}5$$

In Beispiel 3.5-2 wurde für die hier vorliegenden Bedingungen eine Trocknungsgeschwindigkeit im ersten Abschnitt

$$\mathring{m}_{v,I} = 3{,}04 \cdot 10^{-4}\ \mathrm{kg/(m^2s)}$$

ermittelt.

Bei zweiseitiger Trocknung ergibt sich somit die notwendige Trocknungszeit zu

$$t = 16{,}5\ \frac{111{,}9\ (0{,}051 - 0{,}001)}{3{,}04\cdot 10^{-4}\cdot 2\cdot 2\cdot 1} = 7{,}592\cdot 10^4\ \mathrm{s}$$

$$t = 21{,}09\ \mathrm{h}$$

Zur Trocknung des im ersten Trocknungsabschnitts zu entfernenden Wassers wird nur eine Trocknungszeit von

$$\tau_I = \xi_0 - 1$$

$$t_I = 1{,}5 \frac{111{,}9\ (0{,}051 - 0{,}001)}{3{,}04 \cdot 10^{-4} \cdot 4} = 6902\ \mathrm{s}$$

$$t_I = 1{,}92\ \mathrm{h}$$

benötigt.

d) Absatzweise Trocknung bei örtlich konstantem, jedoch zeitlich veränderlichem Luftzustand.

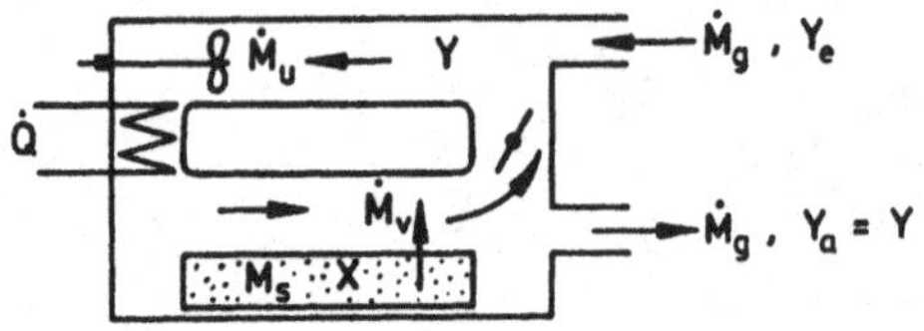

Abb. 3.5.18: Umluft-Kammertrockner

Das Trocknungsgut befindet sich in einer Trockenkammer, wie sie in Abb. 3.5.18 dargestellt ist. Der Ventilator sorgt für eine hinreichend große Umwälzluftmenge $\mathring{M}_u$ im Vergleich zur Frischluftmenge $\mathring{M}_g$, so daß der Luftzustand im gesamten Trockner an jeder Stelle der gleiche ist.

Die Abluftfeuchte Y_a ist jeweils gleich der Luftfeuchte Y im Trockner. Die Feuchtebilanz für den Luftraum im Trockner lautet

$$\mathring{M}_g (Y - Y_e) = \mathring{M}_v \quad . \tag{3.5.38}$$

Man erkennt hieraus, daß die Abluftfeuchte Y_a nur so lange zeitlich konstant ist, wie auch die Trocknungsgeschwindigkeit $\mathring{M}_v$ zeitlich konstant ist. Dies ist der Fall, solange das Gut im ersten Trocknungsabschnitt trocknet. Zunächst müssen die Trocknungsbedingungen, d.h. die Lufttemperatur ϑ und die Luftfeuchte Y im Trockner für diesen Abschnitt festgelegt werden. Bei dieser Festlegung muß auf zwei Dinge geachtet werden. Zum einen soll der Energieverbrauch nicht zu hoch sein, zum anderen soll der Trockner nicht zu groß werden. Beide Forderungen sind gegenläufig und führen durch Minimierung der Summe von Energie- und Investitionskosten zu einem optimalen Luftzustand. Dies läßt sich anhand des Mollier-Diagramms, Abb. 3.5.19, anschaulich zeigen.

Da am Ende der Trocknung das Produkt die Lufttemperatur annimmt, wird mit Rücksicht auf das trockene Produkt eine Temperaturobergrenze existieren. Nachdem man daraufhin die Lufttemperatur ϑ festgelegt hat, besteht eine eindeutige Kopplung zwischen dem spezifischen Energieverbrauch je kg Wasserverdampfung, d.h. dh/dY = const. und der Triebkraft ΔY_I, die die Trocknungsgeschwindigkeit im ersten Trocknungsabschnitt bestimmt.

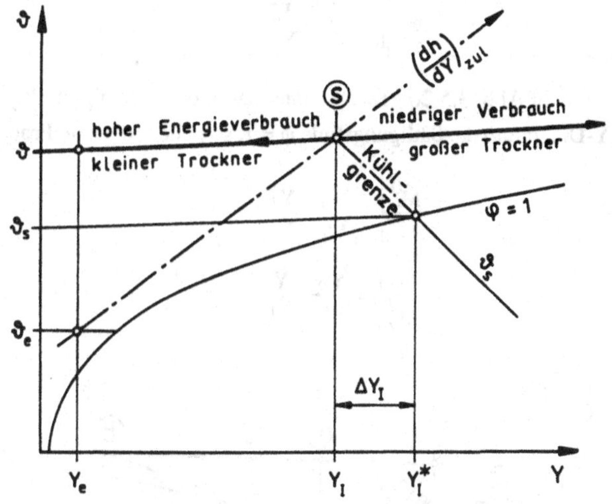

Abb. 3.5.19: Festlegung des Luftzustandes im Umlufttrockner

Maßgeblich ist die Lage des Schnittpunktes S der Linie dh/dY = const mit der Linie konstanter Kühlgrenztemperatur ϑ_s = const auf der Isothermen ϑ = const. Legt man diesen Schnittpunkt auf eine niedrige Luftfeuchte Y, so ist der Energieverbrauch hoch und der Trockner klein (dh/dY groß, ΔY_I groß); legt man den Schnittpunkt auf eine hohe Luftfeuchte Y, so ist der Energieverbrauch niedrig, der Trockner jedoch groß (dh/dY klein, ΔY_I klein).

Im ersten Trocknungsabschnitt ist die Luftfeuchte Y im Trockner entsprechend der gewählten Lage des Schnittpunktes S gleich Y_I. Sie ist während des ersten Abschnitts zeitlich konstant, da die Trocknungsgeschwindigkeit $\mathring{M}_v$ ebenfalls zeitlich konstant ist. Für $\mathring{M}_v$ in Gl.(3.5.38) gilt zu dieser Zeit die Kinetik nach Gl.(3.5.27)

$$\mathring{M}^0_{v,I} = \rho_g \, \beta \, A \, (Y^*_I - Y_I) \, . \tag{3.5.39}$$

Gegen Ende der Trocknung geht $\mathring{M}_v \to 0$. Daraus folgt für die Luftfeuchte im Trockner Y = Y_e, und es gilt für die Trocknungsgeschwindigkeit, die bei diesem Luftzustand im ersten Trocknungsabschnitt gelten würde:

$$\mathring{M}^\infty_{v,I} = \rho_g \, \beta \, A \, (Y^*_\infty - Y_e) \, . \tag{3.5.40}$$

Für dazwischenliegende Luftzustände gilt entsprechend:

$$\mathring{M}_{v,I} = \rho_g \, \beta \, A \, (Y^* - Y_e) \, . \tag{3.5.41}$$

Dividiert man Gl.(3.5.41) durch Gl.(3.5.39), so folgt

$$\frac{\mathring{M}_{v,I}}{\mathring{M}^0_{v,I}} = \frac{Y^* - Y}{Y^*_I - Y_I} \tag{3.5.42}$$

und durch Division von Gl.(3.5.39) durch Gl.(3.5.40)

$$\frac{\mathring{M}^{0}_{v,I}}{\mathring{M}^{\infty}_{v,I}} = \frac{Y^*_I - Y_I}{Y^*_\infty - Y_e} \tag{3.5.43}$$

Linearisiert man - wie in Abb. 3.5.20 gezeigt - innerhalb des durch Y_I und Y_e vorgegebenen Y-Bereichs im h,Y-Diagramm die Sättigungslinie $\varphi = 1$, so gelten folgende Proportionalitäten:

$$\frac{\mathring{M}^{0}_{v,I}}{\mathring{M}^{\infty}_{v,I}} = \frac{Y_P - Y_I}{Y_P - Y_e} \tag{3.5.44}$$

$$\frac{\mathring{M}_{v,I}}{\mathring{M}^{0}_{v,I}} = \frac{Y_P - Y}{Y_P - Y_I} \tag{3.5.45}$$

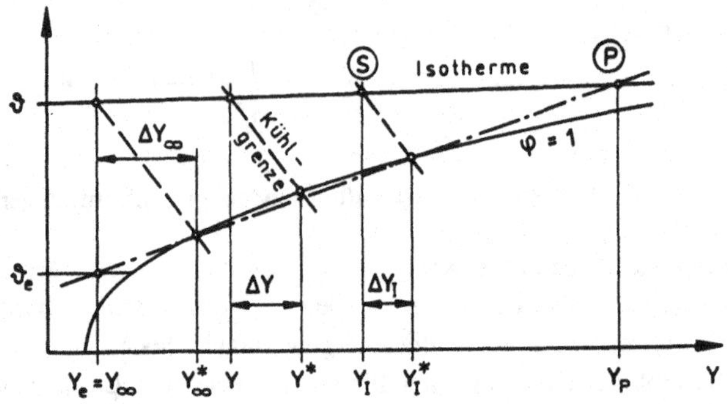

Abb. 3.5.20: Darstellung des zeitlich veränderlichen Luftzustandes im Umlufttrockner

Aus Gl.(3.5.44) folgt

$$Y_P = \frac{Y_I - Y_e\,(\mathring{M}^{0}_{v,I}/\mathring{M}^{\infty}_{v,I})}{1 - (\mathring{M}^{0}_{v,I}/\mathring{M}^{\infty}_{v,I})}\ . \tag{3.5.46}$$

Daraus ergibt sich mit

$$C = (\mathring{M}^{\infty}_{v,I}/\mathring{M}^{0}_{v,I}) \tag{3.5.47}$$

$$Y_P = \frac{C\,Y_I - Y_e}{C - 1}\ . \tag{3.5.48}$$

Einsetzen von Gl.(3.5.48) in Gl.(3.5.45) ergibt:

$$\frac{\mathring{M}_{v,I}}{\mathring{M}^{0}_{v,I}} = C - (C-1)\frac{Y - Y_e}{Y_I - Y_e}\ . \tag{3.5.49}$$

Ersetzt man in dieser Gleichung Y durch die Trocknungsgeschwindigkeit aus der Feuchtebilanz nach Gl.(3.5.38) mit

$$Y = \frac{\mathring{M}_v}{\mathring{M}_g} + Y_e\ , \tag{3.5.50}$$

so erhält man für Gl. (3.5.49)

$$\frac{\mathring{M}_{v,I}}{\mathring{M}^0_{v,I}} = C - (C-1)\frac{\mathring{M}_v}{\mathring{M}_g\,(Y_I - Y_e)}\,. \tag{3.5.51}$$

Nach Gl.(3.5.38) gilt für $\mathring{M}^0_{v,I}$ auch

$$\mathring{M}^0_{v,I} = \mathring{M}_g\,(Y_I - Y_e) \tag{3.5.52}$$

Dies in Gl.(3.5.51) eingesetzt, liefert

$$\frac{\mathring{M}_{v,I}}{\mathring{M}^0_{v,I}} = C - (C-1)\frac{\mathring{M}_v}{\mathring{M}^0_{v,I}} \tag{3.5.53}$$

Die Trocknungsgeschwindigkeit $\mathring{M}_v$ läßt sich nun wieder mit der normierten Trocknungsverlaufskurve nach Gl.(3.5.25) ausdrücken, die jetzt lautet:

$$\mathring{M}_v = \mathring{M}_{v,I}\,\mathring{v}(\xi) \tag{3.5.54}$$

oder

$$\mathring{M}_{v,I} = \frac{\mathring{M}_v}{\mathring{v}(\xi)}. \tag{3.5.55}$$

Setzt man Gl.(3.5.55) in Gl.(3.5.53) ein, so erhält man

$$\frac{\mathring{M}_v}{\mathring{M}^0_{v,I}}\cdot\frac{1}{\mathring{v}(\xi)} = C - (C-1)\frac{\mathring{M}_v}{\mathring{M}^0_{v,I}} \tag{3.5.56}$$

und schließlich

$$\frac{\mathring{M}_v}{\mathring{M}^0_{v,I}} = \frac{C}{\dfrac{1}{\mathring{v}(\xi)} + C - 1} \tag{3.5.57}$$

Diese Gleichung beschreibt die Trocknungsgeschwindigkeit $\mathring{M}_v$ als Funktion der Gutsfeuchte ξ auch für einen zeitlich veränderlichen Luftzustand.

Die Bestimmungsgleichung für die Gutsfeuchte X (bzw. ξ) als Funktion der Zeit folgt nun aus der Kopplung der Wasserbilanz um das Trocknungsgut

$$\mathring{M}_v = -M_s\frac{dX}{dt} \tag{3.5.58}$$

bzw.

$$\mathring{M}_v = -M_s\,(X_{kr,I} - X_{hy,Gl})\frac{d\xi}{dt} \tag{3.5.59}$$

mit der dimensionslosen Gutsfeuchte ξ nach Gl.(3.5.24). Definiert man, wie schon im vorigen Abschnitt c), eine dimensionslose Trocknungszeit

$$\tau = \frac{\mathring{M}^0_{v,I}}{M_s\,(X_{kr,I} - X_{hy,Gl})}\;t\,, \tag{3.5.60}$$

so gilt:

$$d\tau = \frac{\mathring{M}^0_{v,I}}{M_s\,(X_{kr,I} - X_{hy,Gl})}\;dt\,. \tag{3.5.61}$$

Nach Einsetzen in Gl.(3.5.57) und Trennung der Variablen ergibt sich

$$d\tau = \frac{1}{C}\left(\frac{1}{\mathring{v}(\xi)} + C - 1\right)d\xi \qquad (3.5.62)$$

und für die dimensionslose Trocknungszeit von $\tau = 0$, $\xi = \xi_0$ bis $\tau = \tau$, $\xi = \xi_E$

$$\tau = \frac{1}{C}\int_{\xi_E}^{\xi_0} \frac{1}{\mathring{v}(\xi)}\,d\xi - \left(\frac{1}{C} - 1\right)(\xi_0 - \xi_E)\,. \qquad (3.5.63)$$

Setzt man im einfachsten Fall für die normierte Trocknungskurve

$$\mathring{v}(\xi) = 1 \quad \text{für} \quad \xi_0 \geq \xi \geq 1$$

$$\mathring{v}(\xi) = \xi \quad \text{für} \quad 1 \geq \xi \geq 0\,,$$

so ergibt die Integration

$$\tau = \frac{1}{C}\left\{\int_{\xi_E}^{1} \frac{d\xi}{\xi} + \int_{1}^{\xi_0} d\xi\right\} - \left(\frac{1}{C} - 1\right)(\xi_0 - \xi_E) \qquad (3.5.64)$$

und damit

$$\tau = -\frac{1}{C}\,(1 + \ln \xi_E) + \xi_0 - \xi_E\left(1 - \frac{1}{C}\right). \qquad (3.5.65)$$

Beispiel 3.5-5:

Ein Produkt soll in einem Umluft-Kammertrockner von einer dimensionslosen Anfangsfeuchte $\xi_0 = 2{,}5$ auf eine dimensionslose Endfeuchte $\xi_E = 0{,}04$ getrocknet werden. Der Lufteintrittszustand sei $\vartheta_e = 20$ °C; $Y_e = 10 \cdot 10^{-3}$. Als Lufttemperatur werden $\vartheta = 80$ °C zugelassen. Bei einem spezifischen Energieverbrauch von $\Delta h/\Delta Y = 3580$ kJ/kg Wasserverdampfung ergeben sich im Mollierschen h-Y-Diagramm

$$Y_I = 86 \cdot 10^{-3} \quad \text{und} \quad Y_I^* = 100 \cdot 10^{-3}\,.$$

Wie groß ist

- die dimensionslose Trocknungszeit τ,
- die dimensionslose Trocknungszeit $\tau_{hypot.}$, wenn man annimmt, daß die Trocknungsgeschwindigkeit im ersten Abschnitt am Ende genauso groß wäre wie am Anfang?

Lösung:

- Der Schnittpunkt der auf den Punkt $Y = 10 \cdot 10^{-3}$, $\vartheta = 80$ °C verlängerten Nebelisothermen mit der Sättigungslinie $\varphi = 1$ ergibt $Y_I^* = 31 \cdot 10^{-3}$. Damit erhält man nach Gl.(3.5.47) mit Gl.(3.5.43)

$$C = \frac{\mathring{M}_{v,I}^{\infty}}{\mathring{M}_{v,I}^{0}} = \frac{31 - 10}{100 - 86} = 1{,}5\,.$$

Die dimensionslose Trocknungszeit τ nach Gl.(3.5.65) ist also

$$\tau = -\frac{1}{1{,}5}(1+\ln 0{,}04) + 2{,}5 - 0{,}04\left(1 - \frac{1}{1{,}5}\right)$$

$$\tau = 3{,}97\ .$$

- Wäre die Trocknungszeit im ersten Abschnitt $\mathring{M}_{v,I}$ am Ende der Trocknung, $\mathring{M}^{\infty}_{v,I}$, nur genauso groß wie am Anfang, $\mathring{M}^{0}_{v,I}$, dann ist C = 1 und man erhält erwartungsgemäß die längere Trocknungszeit

$$\tau = -(1 + \ln \xi_E) + \xi_0 = 4{,}72\ .$$

e) Kontinuierliche Trocknung bei örtlich veränderlichem, jedoch zeitlich konstantem Luftzustand

Auf einem Band wird Gut durch einen Trockner gefördert. Die Luft strömt im Gleich- oder im Gegenstrom zum Gut. Beim Überströmen des Gutes kühlt sich die Luft ab und nimmt Feuchte auf. Der Luftzustand ist also nicht konstant, sondern vom jeweiligen Ort z im Trockner abhängig. Der Massenstrom $\mathring{M}_s$ an trockenem Gut hat die Eintrittsbeladung X_0 und bewegt sich mit der Geschwindigkeit u_s durch den Trockner. In den Trockner tritt der Massenstrom M_g trockene Luft ein, der mit der Feuchte Y_e beladen ist. Er tritt nach der Länge L mit der Feuchte Y_a beladen aus dem Trockner aus. Abb. 3.5.21 zeigt eine Prinzipskizze des Trockners.

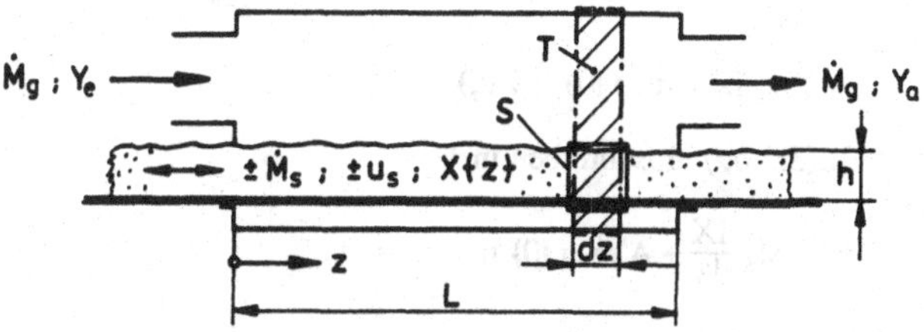

Abb. 3.5.21: Gleich- oder Gegenstrombandtrockner; $+u_s$ = Gleichstrom, $-u_s$ = Gegenstrom

Die Trocknungsgeschwindigkeit ist hier wegen der Zunahme der Luftfeuchte ebenso wie die Feuchte des Gutes vom Weg abhängig. Unbekannt sind die beiden Funktionen Y(z) und X(z), deren Abhängigkeiten von zwei Grundgleichungen beschrieben werden. Die Wasserbilanz um ein Volumenelement des ganzen Trockners (Bilanzraum "T") liefert:

$$\mathring{M}_g \frac{dY}{dz} \pm \mathring{M}_s \frac{dX}{dz} = 0\ . \qquad (3.5.66)$$

(+ M_s = Gleichstrom; - M_s = Gegenstrom)

Die Wasserbilanz um ein Volumenelement des Trocknungsgutes lautet bei einer Breite b des Trockners und einer Höhe h des Trocknungsgutes auf dem Band (Bilanzraum "S"):

$$\pm \mathring{M}_s \frac{dX}{dz} dz + \mathring{m}_v\, b\, dz = 0 \qquad (3.5.67)$$

$$\mathring{M}_s = \rho_s \, b \, h \, u_s \ . \tag{3.5.68}$$

Dabei ist ρ_s die Dichte des trockenen Gutes. Gl.(3.5.68) in Gl.(3.5.67) eingesetzt und mit der Länge L des Trockners multipliziert ergibt:

$$\pm \, u_s \, M_s \frac{dX}{dz} + \mathring{m}_v \, A = 0 \tag{3.5.69}$$

In Gl.(3.5.69) bezeichnet M_s die sich im Trockner befindende Masse an Trockengut und A die gesamte Stoffaustauschfläche im Trockner. An jedem Ort im Trockner gilt

$$\mathring{m}_v = \mathring{m}_{v,I} \, \mathring{v}(\xi) \tag{3.5.70}$$

und

$$\mathring{m}_{v,I} = \rho_g \, \beta \, (Y^* - Y) \tag{3.5.71}$$

mit dem vom Ort abhängigen treibenden Potential $(Y^* - Y)$. Am Eintritt in den Trockner, bei z = 0, ist das treibende Potential bekannt, dort gilt

$$\mathring{m}_{v,I}(0) = \rho_g \, \beta \, (Y^* - Y_e) \ . \tag{3.5.72}$$

Mit Y^* ist die zum Lufteintrittszustand gehörende Sättigungsbeladung bei der Kühlgrenztemperatur der Luft bezeichnet. Definiert man ein dimensionsloses Trocknungspotential der Luft

$$\eta = \frac{Y^* - Y}{Y^* - Y_e} \ , \tag{3.5.73}$$

so ergibt sich

$$\mathring{m}_v = \mathring{m}_{v,I}(0) \, \eta \, \mathring{v}(\xi) \ . \tag{3.5.74}$$

Mit Gl.(3.5.73) läßt sich Gl.(3.5.69) umschreiben in

$$\pm \, u_s \, M_s \frac{dX}{dz} + A \, \mathring{m}_{v,I}(0) \, \eta \, \mathring{v}(\xi) = 0 \ . \tag{3.5.75}$$

Führt man wieder eine dimensionslose Verweilzeit

$$\tau = \frac{\mathring{m}_{v,I}(0) \, A}{M_s \, (X_{kr,I} - X_{hy,Gl})} \cdot t \tag{3.5.76}$$

ein und ersetzt dz durch dz = dt/u_s, so geht Gl.(3.5.75) über in

$$\pm \frac{d\xi}{d\tau} + \eta \, \mathring{v}(\xi) = 0 \ . \tag{3.5.77}$$

In Gl.(3.5.66) können nun Y durch η und X durch ξ ersetzt werden. Man erhält

$$\pm \, d\xi - \frac{1}{\mathring{K}} \, d\eta = 0 \tag{3.5.78}$$

worin

$$\frac{1}{\mathring{K}} = \frac{\mathring{M}_g \, (Y^* - Y_e)}{\mathring{M}_s \, (X_{kr,I} - X_{hy,Gl})} \tag{3.5.79}$$

ein Kapazitätsverhältnis darstellt, in dem die maximale Wasseraufnahmefähigkeit der Luft $\mathring{M}_g (Y^* - Y_e)$ ins Verhältnis gesetzt ist zur maximal möglichen Wasserabgabe im zweiten und dritten Trocknungsabschnitt. Die Integration der Gl.(3.5.78) liefert

für Gleichstrom
$$\xi - \xi_0 - \frac{1}{\mathring{K}}(\eta - 1) = 0 \tag{3.5.80}$$

und für den Gegenstrom
$$\xi_E - \xi - \frac{1}{\mathring{K}}(\eta - 1) = 0 \; . \tag{3.5.81}$$

Setzt man dies in Gl.(3.5.77) ein, so ergeben sich die Grundgleichungen zur Berechnung der erforderlichen Verweilzeit

im Falle des Gleichstroms
$$\frac{d\xi}{d\tau} + \left[1 - \mathring{K}(\xi_0 - \xi)\right] \mathring{v}(\xi) = 0 \tag{3.5.82}$$

und im Fall des Gegenstroms
$$\frac{d\xi}{d\tau} + \left[1 + \mathring{K}(\xi_E - \xi)\right] \mathring{v}(\xi) = 0 \; . \tag{3.5.83}$$

Beide Differentialgleichungen lassen sich durch Trennung der Variablen integrieren, und man erhält

für den Gleichstrom
$$\tau = \int^{\xi_0} \frac{d\xi}{\left(1 - \mathring{K}(\xi_0 - \xi)\right) \mathring{v}(\xi)} \tag{3.5.84}$$

und für den Gegenstrom
$$\tau = \int^{\xi_E} \frac{d\xi}{\left(1 + \mathring{K}(\xi_E - \xi)\right) \mathring{v}(\xi)} \; . \tag{3.5.85}$$

Im ersten Trocknungsabschnitt $1 \leq \xi \leq \xi_0$ gilt

$$\mathring{v}(\xi) = 1 \; .$$

Soll im zweiten und dritten Trocknungsabschnitt $\xi_E \leq \xi \leq 1$ wieder durch eine einzige Gerade $\mathring{v}(\xi) = \xi$ angenähert werden, so ergeben sich folgende dimensionslose Verweilzeiten:

Für den Gleichstrom
$$\tau_{E,GL} = -\frac{1}{\mathring{K}} \ln\left[1 - \mathring{K}[\xi_0 - 1]\right] + \frac{1}{1-\mathring{K}\,\xi_0} \ln\left[\frac{1-\mathring{K}(\xi_0 - \xi_E)}{\xi_E\left(1-\mathring{K}(\xi_0 - 1)\right)}\right] \tag{3.5.86}$$

und für den Gegenstrom
$$\tau_{E,GG} = -\frac{1}{\mathring{K}} \ln\left[\frac{1+\mathring{K}(\xi_E - \xi_0)}{1+\mathring{K}(\xi_E - 1)}\right] - \frac{1}{1+\mathring{K}\,\xi_E} \ln\left[\xi_E\left(1+\mathring{K}(\xi_E - 1)\right)\right] \; . \tag{3.5.87}$$

Wählt man z.B. $\mathring{K} = 0{,}4, \quad \xi_0 = 2 \quad \text{und} \quad \xi_E = 0{,}1$,

so erhält man im Fall des Gleichstroms $\tau_{E,GL} = 8{,}2$
und im Falle des Gegenstroms $\tau_{E,GG} = 5{,}1$.

Daraus folgt, daß die Gegenstromführung günstiger ist.

Im Falle des Gleichstroms ist am Trocknerende die Trocknungsgeschwindigkeit $\mathring{m}_v$ nach Gl.(3.5.74) sehr gering, da sowohl $\eta < 1$ als auch $\mathring{v}(\xi) < 1$ ist und damit $\eta\mathring{v}(\xi) << 1$ ist.

Im Falle des Gegenstroms ist am Luftaustritt $\eta < 1$, jedoch $\mathring{v}(\xi) = 1$ und am Lufteintritt $\eta = 1$, jedoch $\mathring{v}(\xi) < 1$. Im Fall der Gegenstromführung ist das Produkt $\eta\mathring{v}(\xi)$ ausgeglichener. Entscheidend für die Wahl der Stromführung bleiben jedoch in jedem Fall die Eigenschaften des Produktes.

Beispiel 3.5-6:
Platten von der Breite B = 1 m und der Dicke S = 1 cm, einer Dichte des trockenen Materials von $\rho_s = 1865$ kg/m^3 und einer Anfangsfeuchte $X_0 = 0{,}25$ werden in einem Bandtrockner getrocknet. Sie bewegen sich mit $u_s = 1$ mm/s durch den Trockner und trocknen nur von einer Seite.

Luft mit einer Anfangstemperatur von 200 °C, einer Eintrittsfeuchtebeladung $Y_e = 0{,}01$ und einer Geschwindigkeit von u = 1 m/s strömt über die Platten, wobei zwischen Plattenoberfläche und Kanalwand ein Abstand von h = 15 cm bleibt. Die Platten sollen auf eine Restfeuchte von $X_E = 0{,}01$ getrocknet werden. Die hygroskopische Gleichgewichtsfeuchte des Gutes sei vernachlässigbar klein, die kritische Gutsfeuchte $X_{kr,I} = 0{,}1$.

Für die Trocknungskurve des Gutes soll gelten

$$\mathring{v}(\xi) = 1 \quad \text{für} \quad \xi_0 \geq \xi \geq 1$$
$$\mathring{v}(\xi) = \xi \quad \text{für} \quad 1 \geq \xi \geq \xi_E\ .$$

Wie lang muß der Trockner bei Gleichstromführung von Luft und Platten und wie lang bei Gegenstromführung werden?

Lösung:
Die dimensionslosen Trocknungszeiten $\tau_{E,GL}$ und $\tau_{E,GG}$ lassen sich nach Gl.(3.5.86) und Gl.(3.5.87) berechnen. Dazu werden die dimensionslosen Gutsfeuchten ξ_0 und ξ_E benötigt:

$$\xi_0 = \frac{X_0}{X_{kr,I}} = \frac{0{,}25}{0{,}1}$$

$$\xi_0 = 2{,}5$$

$$\xi_E = \frac{X_E}{X_{kr,I}} = \frac{0{,}01}{0{,}1}$$

$$\xi_E = 0{,}1\ .$$

Das Kapazitätsverhältnis $\mathring{K}$ ist:

$$\mathring{K} = \frac{\mathring{M}_s\, X_{kr,I}}{\mathring{M}_g\, (Y^* - Y_e)} = \frac{B \cdot S \cdot u_s \cdot \rho_s \cdot X_{kr,I}}{B \cdot h \cdot u \cdot \rho_g\, (Y^* - Y_e)}$$

$$\rho_g = \frac{P\,\tilde{M}_g}{\tilde{R}\,T_g} = \frac{10^5 \cdot 28{,}56}{8314 \cdot 473}$$

$$\rho_g = 0{,}736\ \text{kg/m}^3\ .$$

Die Sättigungsbeladung Y^* zum Lufteintrittszustand wird aus Beispiel 3.5.-3 zu $Y^* = 0{,}0698$ übernommen. Damit ergibt sich für $\mathring{K}$:

$$\mathring{K} = \frac{0{,}01 \cdot 0{,}001 \cdot 1865 \cdot 0{,}1}{0{,}15 \cdot 1 \cdot 0{,}736\ (0{,}0698 - 0{,}01)}$$

$$\mathring{K} = 0{,}282\ .$$

Für Gleichstrom erhält man

$$\tau_{E,GL} = -\frac{1}{0{,}282} \ln\left(1 - 0{,}282\ [2{,}5 - 1]\right) + \frac{1}{1 - 0{,}282 \cdot 2{,}5} \ln\left[\frac{1 - 0{,}282\ (2{,}5 - 0{,}1)}{0{,}1(1 - 0{,}282\ (2{,}5 - 1))}\right]$$

$$\tau_{E,GL} = 1{,}95 + 5{,}84$$

$$\tau_{E,GL} = 7{,}79$$

und für den Gegenstrom

$$\tau_{E,GG} = -\frac{1}{0{,}282} \ln\left[\frac{1 + 0{,}282(0{,}1 - 2{,}5)}{1 + 0{,}282(0{,}1 - 1)}\right] - \frac{1}{1 + 0{,}282 \cdot 0{,}1} \ln\left[0{,}1(1 + 0{,}282(0{,}1 - 1))\right]$$

$$\tau_{E,GG} = 2{,}967 + 2{,}524$$

$$\tau_{E,GG} = 5{,}49\ .$$

Die dimensionslose Verweilzeit τ ist in Gl.(3.5.76) definiert zu

$$\tau = \frac{\mathring{m}_{v,I}\,\langle 0\rangle\ A}{M_s\ (X_{kr,I} - X_{hy,Gl})} \cdot t\ .$$

Die notwendige Länge des Trockners ergibt sich daraus zu

$$L = \frac{\mathring{M}_s\ (X_{kr,I} - X_{hy,Gl})}{\mathring{m}_{v,I}\,\langle 0\rangle \cdot B}\,\tau\ .$$

Die Trocknungsgeschwindigkeit $\mathring{m}_{v,I}\,\langle 0\rangle$ am Eintritt ist für den gleichen Luftzustand im Beispiel 3.5-2 zu

$$\mathring{m}_{v,I} = 3{,}04 \cdot 10^{-4}\ \text{kg/(m}^2\text{/s)}$$

berechnet worden.

Die notwendigen Trocknerlängen sind für den Gleichstrom

$$L_{GL} = \frac{1 \cdot 0{,}01 \cdot 0{,}001 \cdot 1865 \cdot 0{,}1}{3{,}04 \cdot 10^{-4} \cdot 1} \cdot 7{,}79$$

$$L_{GL} = 47{,}8\ \text{m}$$

und für den Gegenstrom

$$L_{GG} = 47{,}8\,\frac{5{,}49}{7{,}79}$$

$$L_{GG} = 33{,}7\ \text{m}\ .$$

Die Aufenthaltszeit jeder Platte im Trockner $t = L/u_s$ beträgt bei Gleichstrom 12,5 Stunden und bei Gegenstrom 8,8 Stunden.

f) Absatzweise Trocknung einer Wirbelschicht mit ideal durchmischten Partikeln

Rieselfähige feuchte Schüttgüter lassen sich in einer gasdurchströmten Schüttschicht trocknen. Wird dabei die Gasgeschwindigkeit weit genug über den Lockerungspunkt eines durchströmten Festbettes hinaus gesteigert, so bildet sich eine mehr oder weniger homogene Wirbelschicht, in der die Partikeln in der Regel so gut durchmischt sind, daß deren Gutsfeuchte X an jeder Stelle der Wirbelschicht die gleiche ist.

Betrachtet werden soll die absatzweise Trocknung feuchter Partikeln in einer solchen Wirbelschicht, in der die Gutsfeuchte X lediglich eine Funktion der Zeit t, aber keine Funktion des Ortes ist. Dagegen wird das Gas beim Durchströmen der Wirbelschicht kaum rückvermischt, so daß die Beladung des Gases mit Feuchte sowohl eine Funktion der Zeit als auch eine Funktion des Strömungsweges ist. In dem in Abb.3.5.22 dargestellten Wirbelschichttrockner befindet sich die Trockengutmasse M_s mit einer Anfangsbeladung X_0, die sich nach einer Zeit t_E auf die Endfeuchte X_E ändert. Die Wirbelschicht wird von dem trockenen Luftmassenstrom $\mathring{M}_g$ durchströmt, der mit der gleichbleibenden Feuchtebeladung Y_e ein- und mit der vom Fortgang der Trocknung, also der Zeit abhängigen Beladung $Y_a(t)$ austritt. Die Feuchtebilanz für den gesamten Trockner lautet:

$$M_s\frac{dX}{dt} + \mathring{M}_g\,(Y_a(t) - Y_e) = 0\ . \qquad (3.5.88)$$

Da die Feuchtebeladung der Luft vom Strömungsweg, also von der Entfernung z vom Lufteintritt in die Wirbelschicht, und von der Zeit t abhängig ist, muß die Bilanz zur Bestimmung der Luftfeuchte $Y(z;t)$ für ein Volumenelement der Höhe dz gemacht werden. Sie lautet zu jeder Zeit t:

$$-\mathring{M}_g\frac{\partial Y}{\partial z}dz + \mathring{m}_v\,dA = 0\ . \qquad (3.5.89)$$

Hierin ist dA die im Volumenelement von der Höhe dz enthaltene Trockengutoberfläche. Für die Trocknungsgeschwindigkeit gilt wieder Gl. (3.5.25)

$$\mathring{m}_v = \mathring{m}_{v,I}\,\mathring{v}(\xi) \qquad (3.5.25)\ ,$$

und mit den bereits in Abschnitt b) beschriebenen Einschränkungen kann geschrieben werden:

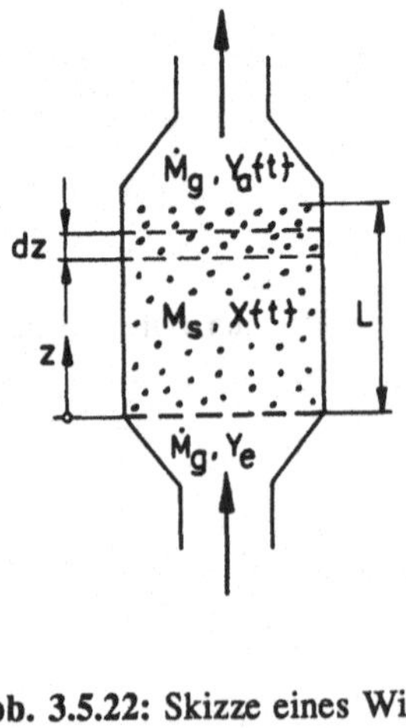

Abb. 3.5.22: Skizze eines Wirbelschichttrockners zur Erläuterung der Bilanzen

$$\mathring{m}_v = \rho_g \, \beta \, (Y^* - Y) \, \mathring{v}(\xi) \; . \qquad (3.5.90)$$

Ist A die gesamte Oberfläche aller Partikeln in der Wirbelschicht von der Höhe L, so gilt bei gleichmäßiger Verteilung der Partikeln in der Schicht:

$$\frac{dA}{dz} = \frac{A}{L} \; . \qquad (3.5.91)$$

Damit wird aus Gl. (3.5.89)

$$-\mathring{M}_g \frac{\partial Y}{\partial z} L + \rho_g \, \beta \, (Y^* - Y) \cdot \mathring{v}(\xi) \, A = 0 \qquad (3.5.92)$$

oder umgeformt

$$-\frac{\partial Y}{(Y^* - Y)} + \frac{\rho_g \, \beta \, A}{\mathring{M}_g} \frac{\partial z}{L} \mathring{v}(\xi) = 0 \; . \qquad (3.5.93)$$

Führt man wieder das dimensionslose Trocknungspotential

$$\eta = \frac{Y^* - Y}{Y^* - Y_e} \qquad (3.5.73)$$

und eine dimensionslose Wirbelschichthöhe

$$\zeta = \frac{\rho_g \, \beta \, A}{\mathring{M}_g} \frac{z}{L} = NTU \frac{z}{L} \qquad (3.5.94)$$

ein, so geht damit Gl.(3.5.93) über in

$$\frac{\partial \eta}{\partial \zeta} + \eta \, \mathring{v}(\xi) = 0 \; . \qquad (3.5.95)$$

Die Gl.(3.5.95) kann durch Trennung der Variablen unmittelbar integriert werden, weil X keine Funktion von z, also ξ keine Funktion von ζ ist. Umformen ergibt

$$\frac{d\eta}{\eta} + \mathring{v}(\xi) \, \partial \zeta = 0 \; . \qquad (3.5.96)$$

Beim Durchströmen der Wirbelschicht ändert sich die Beladung der Luft von Y_e auf Y, d.h., das dimensionslose Trocknungspotential ändert sich von $\eta = 1$ bis η. Die dimensionslose Wirbelschichthöhe ändert sich von z = 0 bis zu einer Stelle z, also von $\zeta = 0$ bis ζ. Gl.(3.5.96) kann damit integriert werden:

$$\int_1^{\eta} \frac{d\eta}{\eta} = -\mathring{v}(\xi) \int_0^{\zeta} d\zeta \qquad (3.5.97)$$

$$\ln \eta = -\mathring{v}(\xi) \, \zeta \qquad (3.5.98)$$

oder

$$\eta = \exp\left(-\mathring{v}(\xi) \, \zeta\right) \; . \qquad (3.5.99)$$

Während des Trocknungsvorganges ist das dimensionslose Trocknungspotential η außerdem von der normierten Trocknungskurve $\mathring{v}(\xi)$ abhängig. Im ersten Trocknungsabschnitt ist $\mathring{v}(\xi) = 1$. Im zweiten und dritten Trocknungsabschnitt ist $\mathring{v}(\xi) < 1$, und bei Erreichen der hygroskopischen Gleichgewichtsfeuchte $X_{hy,Gl}$ gilt $\mathring{v}(\xi) = 0$.

Abhängig von der zu jedem Zeitpunkt sich einstellenden dimensionslosen Trocknungsgeschwindigkeit ergeben sich die in Abb. 3.5.23 dargestellten Verläufe des dimensionslosen Trocknungspotentials über der dimensionslosen Wirbelschichthöhe.

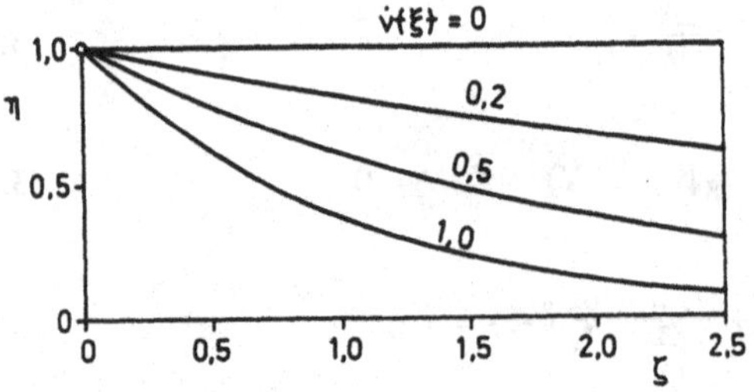

Abb. 3.5.23: Verlauf des dimensionslosen Trocknungspotentials über der dimensionslosen Wirbelschichthöhe in Abhängigkeit vom Trocknungsverlauf

Will man die Zeit ermitteln, die beim Trocknen der Partikeln in einer solchen Wirbelschicht bis zu einer Endfeuchte X_E notwendig ist, so kann das mit Hilfe von Gl. (3.5.88) geschehen. Ersetzt man in Gl.(3.5.88) X durch ξ und Y durch η, so geht diese über in

$$- M_s (X_{kr} - X_{hy,Gl}) \frac{d\xi}{dt} + \mathring{M}_g (Y^*-Y_e)(\eta_a-1) = 0 . \qquad (3.5.100)$$

Führt man wieder eine dimensionslose Trocknungszeit τ ein, für die gilt

$$\tau = \frac{\rho_g \, \beta \, (Y^*-Y_e) \, A}{M_s \, (X_{kr} - X_{hy,Gl})} \cdot t \ , \qquad (3.5.101)$$

so wird aus Gl.(3.5.100)

$$\zeta_L \frac{d\xi}{d\tau} = \eta_a - 1 \ , \qquad (3.5.102)$$

worin $\zeta_L = \rho_g \, \beta A/\mathring{M}_g$ ist . (3.5.103)

Für den Austritt des Gases aus der Wirbelschicht gilt nach Gl.(3.5.99)

$$\eta_a = \exp\left(-\mathring{\nu}\,(\xi)\,\zeta_L\right) . \qquad (3.5.104)$$

Die dimensionslose Gasaustrittsbeladung η_a ist also lediglich eine Funktion von ξ. Daher kann Gl.(3.5.102) durch Trennung der Variablen gelöst werden. Man erhält

$$\tau = \zeta_L \int_{\xi_0} \frac{d\xi}{e^{-\zeta_L \mathring{\nu}(\xi)} - 1} . \qquad (3.5.105)$$

Die Trocknungszeit läßt sich damit bei Kenntnis der Trocknungsverlaufskurve $\mathring{\nu}(\xi)$ berechnen. Läßt sich die Trocknungsverlaufskurve im zweiten und dritten Trocknungsabschnitt wieder durch eine einzige Gerade $\mathring{\nu}(\xi) = \xi$ approximieren, so daß gilt

$$\mathring{\nu}(\xi) = 1 \quad \text{für} \quad \xi > 1$$
$$\mathring{\nu}(\xi) = \xi \quad \text{für} \quad \xi \leq 1 \ ,$$

dann lautet Gl.(3.5.105):

$$\tau_E = \frac{\zeta_L}{1-e^{-\zeta_L}} \int_1^{\xi_0} d\xi + \zeta_L \int_{\xi_E}^{1} \frac{d\xi}{1-e^{-\zeta_L \xi}} . \tag{3.5.106}$$

Integriert erhält man

$$\tau_E = \frac{\zeta_L}{1-e^{-\zeta_L}} (\xi_0 - 1) + \zeta_L (1 - \xi_E) + \ln \frac{1-e^{-\zeta_L}}{1-e^{-\zeta_L \xi_E}} . \tag{3.5.107}$$

Muß, wie im Beispiel 3.5-5, die Trocknungskurve durch mehrere Geradenstücke von der Form $\mathring{\nu}(\xi) = a_j + b_j \xi$ approximiert werden, so ergibt die Integration der Gl.(3.5.105)

$$\tau - \tau_j = -\zeta_L \left\{ (\xi - \xi_j) + \frac{1}{\zeta_L b_j} \ln \frac{1-\exp\left(-\left[a_j + b_j \xi\right]\zeta_L\right)}{1-\exp\left(-\left[a_j + b_j \xi_j\right]\zeta_L\right)} \right\} . \tag{3.5.108}$$

Beispiel 3.5-7:

In einem absatzweise arbeitenden Wirbelschichttrockner sollen $M_f = 30$ kg feuchte Keramikpartikeln getrocknet werden. Der Durchmesser des lichten Querschnitts des Apparates betrage 0,5 m. Die Keramikpartikeln haben einen Durchmesser von 3 mm, ihre Dichte im trockenen Zustand betrage $\rho_s = 1200$ kg/m^3. Sie sollen von einer Anfangsfeuchtebeladung $X_0 = 0{,}12$ auf eine Restfeuchtebeladung von $X_E = 0{,}005$ getrocknet werden. Die kritische Beladung der Partikeln ist $X_{kr,I} = 0{,}05$, ihre hygroskopische Gleichgewichtsfeuchte praktisch Null.

Die Trocknungskurve der Partikeln kann durch zwei Geraden approximiert werden. Es gilt $\mathring{\nu}(\xi) = 1$ für $\xi_0 > \xi > 1$ und $\mathring{\nu}(\xi) = \xi$ für $1 \geq \xi > 0$. Zum Trocknen stehen $\mathring{V} = 2$ m^3/s Luft mit einer Feuchtebeladung $Y_e = 0{,}01$, einer Temperatur $\vartheta_e = 200$°C und einem Druck von P = 1 bar zur Verfügung. Für den Stoffübergangskoeffizienten zwischen den Partikeln und der Luft in der Wirbelschicht wurde nach einschlägigen Korrelationen ein Wert von $\beta = 0{,}34$ m/s berechnet. Wie lange dauert es, bis die Partikeln auf die gewünschte Restfeuchte getrocknet sind?

Lösung:

Die dimensionslose Trocknungszeit τ_E für diesen Vorgang kann nach Gl.(3.5.107) berechnet werden. Dazu werden ζ_L, ξ_0, ξ_E und τ benötigt. Für ζ_L gilt nach Gl.(3.5.103)

$$\zeta_L = \frac{\rho_g \beta A}{\mathring{M}_g} = \frac{\beta A}{\mathring{V}_g} .$$

Der Volumenstrom $\mathring{V}_g$ an trockener Luft ist

$$\mathring{V}_g = \frac{\mathring{V}}{(1+Y_e)} = \frac{2}{1{,}01} = 1{,}98 \text{ m}^3/\text{s}$$

Die Trockengutmasse der zu trocknenden Keramikpartikeln beträgt

$$M_s = M_f / (1 + X_0) .$$

Mit der Anzahl n an Partikeln von d mm Durchmesser gilt

$$M_s = n\,\rho_s\,\pi\,d^3/6\ .$$

Die Austauschfläche dieser Partikeln ist

$$A = n\,\pi\,d^2\ .$$

Damit erhält man für die Austauschfläche

$$A = \frac{M_f}{(1+X_0)}\,\frac{6}{\rho_s\,d} = \frac{30}{1{,}12}\cdot\frac{6}{1200\cdot 0{,}003} = 44{,}6\ m^2\ .$$

Die dimensionslose Wirbelschichthöhe ζ_L ist also

$$\zeta_L = \frac{0{,}34\cdot 44{,}6}{1{,}98} = 7{,}659\ .$$

Die dimensionslosen Gutsfeuchten sind

$$\xi_0 = \frac{X_0}{X_{kr,I}} = \frac{0{,}12}{0{,}05} = 2{,}4$$

und
$$\xi_E = \frac{X_E}{X_{kr,I}} = \frac{0{,}005}{0{,}05} = 0{,}1\ .$$

Die dimensionslose Trocknungszeit τ ist nach Gl.(3.5.101)

$$\tau = \frac{\rho_g\,\beta\,(Y^*-Y_e)\,A}{M_s\,(X_{kr,I} - X_{hy,Gl})}\cdot t\ .$$

Zur Bestimmung der Sättigungsbeladung Y^* und der mittleren Temperatur T_m, die zur Berechnung der mittleren Gasdichte ρ_g benötigt wird, ist die Kenntnis der Gutsbeharrungstemperatur erforderlich. Zum gegebenen Luftzustand $\vartheta_e = 200°C$; $Y_e = 0{,}01$; $P = 1$ bar ergibt sich im Beispiel 3.5-1 eine Gutsbeharrungstemperatur von $\vartheta_0 = 46{,}0°C$ und dazu im Beispiel 3.5-3 ein $Y^* = 0{,}0698$.

Unter Vernachlässigung des geringen Teildrucks des Wasserdampfes in der eintretenden Luft ergibt sich bei einer mittleren Lufttemperatur

$$T_m = 273{,}1 + \frac{200+46}{2} = 396{,}1\ K$$

für die Dichte

$$\rho_g = \frac{P\,\tilde{M}_g}{\tilde{R}\,T_m} = \frac{10^5\cdot 28{,}96}{8314\cdot 396{,}1} = 0{,}88\ kg/m^3\ .$$

Für die Masse an trockenen Partikeln erhält man

$$M_s = M_f/(1+X_0)$$

$$M_s = 30/1{,}12 = 26{,}8\ kg\ .$$

Herrn/Frau

Bitte füllen Sie den Absender mit der Schreibmaschine oder in Druckschrift aus, da er für unsere Adressenkartei verwendet wird. Danke!

Ich bin:
- ☐ Dozent/in
- ☐ Student/in
- ☐ Lehrer/in
- ☐ Praktiker/in

Sonst.: ____________________

an der:
- ☐ Uni/TH
- ☐ Gymn.
- ☐ FH
- ☐ FS
- ☐ Berufsschule
- ☐ Bibl./Inst.

Sonst.: ____________________

Bitte informieren Sie mich über Ihre Neuerscheinungen auf dem Gebiet:

- ☐ (10) Mathematik (H5)
- ☐ (11) Mathematik-Didaktik (H5)
- ☐ (12) Informatik/DV (H55)
- ☐ Computerliteratur/Software
- ☐ (13) Physik (H7)
- ☐ (14) Chemie (H2)
- ☐ (15) Biowissenschaften/Medizin (H2)
- ☐ (16) Geologie/Geophysik (H7)
- ☐ (17) Astronomie (H77)
- ☐ (20) Elektrotechnik/Elektronik (H6)
- ☐ (21) Maschinenbau (H6)
- ☐ (23) Mechanik (H6)
- ☐ (24) Werkstoffkunde (H6)
- ☐ (25) Metalltechnik (H6)
- ☐ (26) Kfz-Technik (H6)
- ☐ (30) Architektur (H9)
- ☐ (31) Bauwesen (H4)
- ☐ (32) Philosophie/Wissenschaftstheorie (H7)

Ich möchte zugleich folgende Bücher bestellen:

Anzahl	Autor und Titel	Ladenpreis

Datum Unterschrift

So ergibt sich für die dimensionslose Trocknungszeit in diesem Fall

$$\tau = \frac{0{,}88 \cdot 0{,}34\,(0{,}0698 - 0{,}01)\,44{,}6}{26{,}8\,(0{,}05 - 0)} \cdot t\,/\,\text{Sekunden}$$

$$\tau = 0{,}6 \cdot t\,/\,\text{Sekunden}$$

Nach Gl.(3.5.107) ergibt sich für τ_E

$$\tau_E = \frac{7{,}659}{1\text{-}\exp(-7{,}659)}(2{,}4-1) + 7{,}659\,(1-0{,}1) + \ln\frac{1\text{-}\exp(-1{,}352)}{1\text{-}\exp(-1{,}352 \cdot 0{,}1)}$$

$\tau_E = 18{,}25$. Es gilt $\tau_E = 0{,}6 \cdot t_E$ / Sekunden .

Die Trocknungszeit beträgt demnach

$$t_E = \frac{\tau_E}{0{,}6} = \frac{18{,}25}{0{,}6} = 30{,}4 \text{ Sekunden} .$$

g) Absatzweise Trocknung eines ruhenden Gutes bei örtlich und zeitlich veränderlichem Luftzustand

In einem Kammer- oder Chargentrockner wird ruhendes Gut von Luft über- oder durchströmt. Dabei nimmt die Luft Feuchte auf und kühlt sich ab, entlang des Strömungsweges ändert sich damit das die Trocknung bewirkende Potential. Soll z.B. ein Schüttgut durch hindurchströmende warme Luft getrocknet werden, so wird sich, wie in Abb. 3.5.24 dargestellt ist, vom Lufteintritt her eine Zone ausbilden, in der die Luft Feuchte bis zur Sättigung aufnimmt.

In dieser Zone trocknet das Gut, die dahinter liegende Zone bleibt unverändert. Mit der Zeit wird das Gut am Lufteintritt trocken, und die Trocknungszone wandert in der Schüttung weiter. Nachdem die Trocknungszone die gesamte Schüttung durchlaufen hat, ist der Trocknungsvorgang beendet, der Trockner kann entleert und mit neuem Feuchtgut gefüllt werden. Bei diesem Trocknungsvorgang sind also der Zustand der Luft und die Feuchte des Gutes vom Ort und von der Zeit abhängig.

Van Meel [7] hat für den Fall, daß das Trocknungsverhalten des betrachteten Produktes durch eine normierte Trocknungsverlaufskurve der Art beschrieben werden kann, wie es in Abschnitt 3.5.3 c) erläutert wurde, eine Lösung angegeben. In dem in Abb. 3.5.25 dargestellten Chargentrockner mit der Querschnittsfläche F befindet sich eine Schüttgutmasse M_s mit der gleichmäßigen Anfangsfeuchte X_0. Der Hohlraumanteil der Schüttung ist ψ. In die Schüttung tritt der Luftmassenstrom $\mathring{M}_g$ mit der Feuchtebeladung Y_e ein. Da die Beladung Y der Luft stromabwärts zunimmt, nimmt die Trocknungsgeschwindigkeit $\mathring{m}_v$ in dieser Richtung ab. Die Feuchtebilanz am Trocknungsgut lautet:

$$-dM_s \frac{\partial X}{\partial t}\,dt = \mathring{m}_v\,dA\,dt\,. \qquad (3.5.109)$$

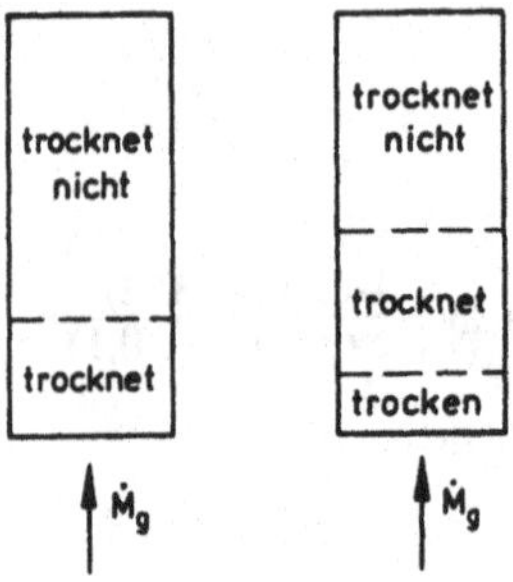

Abb. 3.5.24: Absatzweise Trocknung eines durchströmten Schüttgutes

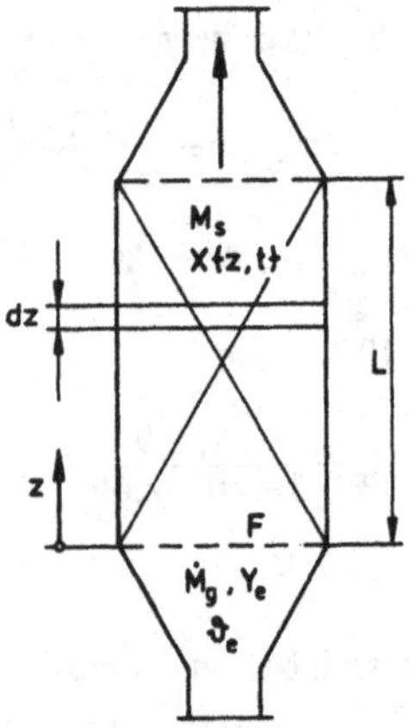

Abb. 3.5.25: Skizze eines Chargentrockners für Schüttgüter zur Erläuterung der Bilanzen

Mit der Dichte ρ_s der Schüttgutpartikeln gilt

$$dM_s = \rho_s (1-\psi) F\, dz \tag{3.5.110}$$

und mit der auf die Volumeneinheit der Schüttung bezogenen Oberfläche a der Schüttgutpartikeln ergibt sich

$$dA = a F\, dz \tag{3.5.111}$$

Für die Trocknungsgeschwindigkeit gilt wieder Gl.(3.5.25)

$$\mathring{m}_v = \mathring{m}_{v,I}\, \mathring{v}(\xi) \ . \tag{3.5.25}$$

Mit der bezogenen Gutsfeuchte

$$\xi = \frac{X - X_{hy,Gl}}{X_{kr,I} - X_{hy,Gl}} \tag{3.5.24}$$

wird aus Gl.(3.5.109)

$$(X_{kr,I} - X_{hy,Gl}) \frac{\rho_s (1-\psi)}{a} \frac{\partial \xi}{\partial t} + \mathring{m}_{v,I}\, \mathring{v}(\xi) = 0 \ . \tag{3.5.112}$$

Die lokale Trocknungsgeschwindigkeit im ersten Trocknungsabschnitt $\mathring{m}_{v,I}$ ist mit der am Trocknereintritt verknüpft durch die Beziehung

$$\mathring{m}_{v,I} = \mathring{m}_{v,I}(0) \frac{Y^* - Y}{Y^* - Y_e} \ . \tag{3.5.113}$$

Setzt man dies in Gl.(3.5.112) ein, so erhält man

$$(X_{kr,I} - X_{hy,Gl}) \frac{\rho_s (1-\psi)}{a} \frac{\partial \xi}{\partial t} + \mathring{m}_{v,I}(0) \frac{Y^* - Y}{Y^* - Y_e} \mathring{v}(\xi) = 0 \ . \tag{3.5.114}$$

Die Feuchtebilanz für Luft und Trocknungsgut im Längenelement dz des Trockners lautet

$$\mathring{M}_g \frac{\partial Y}{\partial z} dz\, dt + dM_s \frac{\partial X}{\partial t} dt = 0 \tag{3.5.115}$$

oder

$$-\mathring{M}_g \frac{\partial (Y^*-Y)}{\partial z} + \rho_s (1-\psi) F (X_{kr,I} - X_{hy,Gl}) \frac{\partial \xi}{\partial t} = 0 . \tag{3.5.116}$$

Die Gleichungen (3.5.114) und (3.5.116) sind zwei Gleichungen für die beiden Unbekannten $Y\{z,t\}$ und $X\{z,t\}$.

Die Luftfeuchte Y läßt sich eliminieren, indem man Gl.(3.5.114) nach z ableitet, die dabei auftretende Ableitung von Y nach z mit Hilfe von Gl.(3.5.116) und die ebenfalls auftretende Größe Y selbst wieder mit Hilfe von Gl.(3.5.114) eliminiert.

$$(X_{kr,I} - X_{hy,Gl}) \frac{\rho_s (1-\psi)}{a} \frac{\partial^2 \xi}{\partial t\, \partial z} + \frac{\mathring{m}_{v,I}\{0\}}{(Y^*-Y_e)} \left\{ \frac{\partial (Y^*-Y)}{\partial z} \mathring{\nu}\{\xi\} + (Y^*-Y) \frac{d\mathring{\nu}\{\xi\}}{d\xi} \cdot \frac{\partial \xi}{\partial z} \right\} = 0 \tag{3.5.117}$$

$$(X_{kr,I} - X_{hy,Gl}) \frac{\rho_s (1-\psi)}{a} \frac{\partial^2 \xi}{\partial t\, \partial z} + \frac{\mathring{m}_{v,I}\{0\}}{(Y^*-Y_e)} \left\{ \frac{\rho_s (1-\psi) F (X_{kr,I}-X_{hy,Gl})}{\mathring{M}_g} \frac{\partial \xi}{\partial t} \mathring{\nu}\{\xi\} - \right.$$

$$\left. - \frac{(Y^* - Y_e)}{\mathring{m}_{v,I}\{0\}} (X_{kr,I} - X_{hy,Gl}) \frac{\rho_s (1-\psi)}{a} \frac{1}{\mathring{\nu}\{\xi\}} \frac{d\mathring{\nu}\{\xi\}}{d\xi} \frac{\partial \xi}{\partial t} \frac{\partial \xi}{\partial z} \right\} = 0 . \tag{3.5.118}$$

Der Faktor $(X_{kr,I} - X_{hy,Gl})\, \rho_s (1-\psi)/a$ läßt sich herausdividieren. Es ergibt sich dann

$$\frac{\partial^2 \xi}{\partial t\, \partial z} - \frac{1}{\mathring{\nu}\{\xi\}} \frac{d\mathring{\nu}\{\xi\}}{d\xi} \frac{\partial \xi}{\partial t} \frac{\partial \xi}{\partial z} + \frac{\mathring{m}_{v,I}\{0\}}{(Y^*-Y_e)} \frac{F\, a}{\mathring{M}_g} \frac{\partial \xi}{\partial t} \mathring{\nu}\{\xi\} = 0 . \tag{3.5.119}$$

Mit der in Abschnitt b) bereits eingeführten Gleichung zur Beschreibung der Trocknungskinetik am Trocknereintritt

$$\mathring{m}_{v,I}\{0\} = \rho_g\, \beta\, (Y^*-Y_e) \tag{3.5.120}$$

und

$$F\, a\, L = A , \tag{3.5.121}$$

der Austauschfläche A der Schüttung im Trockner, ergibt sich

$$\frac{\mathring{m}_{v,I}\{0\}}{(Y^*-Y_e)} \frac{F\, a}{\mathring{M}_g} = \frac{\beta A}{\mathring{V}_g} \cdot \frac{1}{L} \tag{3.5.122}$$

Führt man jetzt wieder - wie im vorigen Abschnitt bei der Wirbelschicht - eine dimensionslose Schüttungshöhe

$$\zeta = \frac{\rho_g\, \beta A}{\mathring{V}} \frac{z}{L} , \tag{3.5.123}$$

ein dimensionsloses Trocknungspotential

$$\eta = \frac{Y^*-Y}{Y^*-Y_e} \tag{3.5.124}$$

und eine dimensionslose Trocknungszeit

$$\tau = \frac{\rho_g \, \beta A \, (Y^* - Y_e)}{M_s(X_{kr,I} - X_{hy,GL})} \cdot t = \frac{\mathring{m}_{v,I}(0)}{M_s(X_{kr,I} - X_{hy,GL})} \tag{3.5.125}$$

ein, dann lassen sich die Gleichungen (3.5.114),(3.5.116) und (3.5.119) folgendermaßen schreiben:

$$-\frac{\partial \xi}{\partial \tau} = \eta \, \mathring{v}(\xi) \tag{3.5.114a}$$

$$\frac{\partial \xi}{\partial \tau} = \frac{\partial \eta}{\partial \zeta} \tag{3.5.116a}$$

$$\frac{\partial^2 \xi}{\partial \tau \, \partial \zeta} - \frac{1}{\mathring{v}(\xi)} \frac{d\mathring{v}(\xi)}{d\xi} \frac{\partial \xi}{\partial \tau} \frac{\partial \xi}{\partial \zeta} + \mathring{v}(\xi) \frac{\partial \xi}{\partial \zeta} = 0 \; . \tag{3.5.119a}$$

Gl.(3.5.119a) läßt sich unmittelbar über τ integrieren und ergibt unter der Annahme, daß die Schüttung am Anfang gleichmäßig feucht ist, also $\xi(\zeta,0) = \xi_0$,

$$\frac{1}{\mathring{v}(\xi)} \frac{\partial \xi}{\partial \zeta} + \xi = \xi_0 \; . \tag{3.5.126}$$

Gl.(3.5.126) läßt sich nach Trennung der Variablen ebenfalls integrieren:

$$\int_{\xi_j} \frac{\partial \xi}{\mathring{v}(\xi)\,(\xi_0 - \xi)} = \int_{\zeta_j(\tau)} \partial \zeta = \zeta - \zeta_j \; . \tag{3.5.127}$$

Da $\mathring{v}(\xi)$ keine stetige Funktion von ξ ist, muß die Integration in zwei getrennten Bereichen ausgeführt werden.
Solange die gesamte Schüttung im ersten Trocknungsabschnitt trocknet, ist $\mathring{v}(\xi) = 1$. Die Integration der Gl.(3.5.127) liefert mit den Grenzen

$$\xi_1 = \xi(0;\tau) \quad \text{und} \quad \zeta_1 = 0 \quad \text{für} \quad \xi(\zeta;\tau) \geq 1$$

$$-\ln \frac{\xi_0 - \xi(\zeta,\tau)}{\xi_0 - \xi(0,\tau)} = \zeta \; . \tag{3.5.128}$$

Nun ist aber nach Gl.(3.5.114a)

$$\frac{d\xi(0,\tau)}{d\tau} = 1 \qquad \text{für} \quad \xi(0,\tau) \geq 1 \; . \tag{3.5.129}$$

Die Integration der Gl.(3.5.129) liefert

$$\xi_0 - \xi(0;\tau) = \tau \; . \tag{3.5.130}$$

Setzt man dies in Gl.(3.5.128) ein, so folgt

$$\xi_0 - \xi(\zeta;\tau) = \tau \, e^{-\zeta} \; . \tag{3.5.131}$$

Die Gutsfeuchte ändert sich also linear mit der Zeit und exponentiell mit dem Ort. Das Ende dieses ersten Bereichs ist erreicht, wenn das Gut am Eintritt der Luft in die Schüttung z = 0 die kritische Gutsfeuchte $X_{kr,I}$ erreicht. Dann ist $\xi(0, \tau_1) = 1$ und die bis dahin benötigte dimensionslose Trocknungszeit

$$\tau_1 = \xi_0 - 1 \ . \tag{3.5.132}$$

Im 2. Bereich der Trocknung ist die Gutsfeuchte am Eintritt z = 0 geringer als die kritische, der Ort des Erreichens der kritischen Gutsfeuchte hat sich ins Schüttungsinnere verlagert. Im vorderen Teil trocknet das Gut im zweiten Trocknungsabschnitt, im hinteren noch im ersten. Die jeweilige Lage der Stelle, an der die kritische Gutsfeuchte $\xi = 1$ erreicht wird, soll mit ζ_{kr} bezeichnet werden. Diese Stelle wandert mit der Geschwindigkeit $(d\zeta_{kr}/d\tau)$ durch den Trockner. Am Ende des 2. Bereichs erreicht die kritische Gutsfeuchte das Ende der Schüttung. Im Bereich $\zeta > \zeta_{kr}$ ist $\mathring{v}(\xi) = 1$. Die Integration der Gl.(3.5.127) liefert mit den Grenzen $\xi_1 = 1$ und $\zeta_1 = \zeta_{kr}$

$$-\ln\frac{\xi_0 - \xi(\zeta,\tau)}{\xi_0 - 1} = \zeta - \zeta_{kr}(\tau) \ . \tag{3.5.133}$$

Im Bereich $\zeta < \zeta_{kr}$, in dem das Gut bereits im 2. Abschnitt trocknet, lautet das entsprechende Integral

$$\int_1 \frac{d\xi}{\mathring{v}(\xi)\,(\xi_0-\xi(\zeta,\tau))} = \zeta - \zeta_{kr}(\tau) \ . \tag{3.5.134}$$

Den Gleichungen (3.5.133) und (3.5.134) entnimmt man, daß die Gutsfeuchte $\xi(\zeta,\tau)$ im gesamten Trockner allein eine Funktion des Argumentes $\zeta-\zeta_{kr}(\tau)$ ist. In diesem Argument ist ζ_{kr} allein eine noch unbekannte Funktion der Zeit τ.

Es existiert demnach im gesamten Trockner eine bestimmte Grundkurve der Feuchtigkeitsverteilung $\xi\,(\zeta-\zeta_{kr}(\tau))$, deren Form von der Zeit unabhängig ist. Diese Grundkurve ist durch die Gl.(3.5.133) und Gl.(3.5.134) bestimmt. Gesucht ist also nunmehr die Zeitfunktion $\zeta_{kr}(\tau)$, die diese Grundkurve für alle Feuchtigkeitsgehalte ξ in bestimmten Zeitintervallen in ζ-Richtung verschiebt. Zur Bestimmung der Zeitfunktion $\zeta_{kr}(\tau)$ wird Gl.(3.5.126) in folgenden Grenzen integriert:

$$\int_{\xi(0,\tau)}^{1} \frac{d\xi}{\mathring{v}(\xi)(\xi_0-\xi)} = \int_0^{\zeta_{kr}} \partial\zeta \ . \tag{3.5.135}$$

Anschließend werden die Grenzen nach der Zeit τ differenziert.

$$-\frac{d\xi(0,\tau)}{d\tau}\cdot\frac{1}{\mathring{v}(\xi)\,(\xi_0 - \xi(0,\tau))} = \frac{d\,\zeta_{kr}}{d\tau} \ . \tag{3.5.136}$$

Nun ist nach Gl.(3.5.114a)

$$\frac{d\xi(0,\tau)}{d\tau}\,\frac{1}{\mathring{v}\,(\xi(0,\tau))} = 1 \tag{3.5.137}$$

und man erhält aus Gl.(3.5.136)

$$\frac{d\,\zeta_{kr}}{d\tau} = \frac{1}{\xi_0 - \xi\,(0,\tau)} \,. \tag{3.5.138}$$

Demnach ist die Wanderungsgeschwindigkeit der kritischen Gutsfeuchte allein durch den zeitlichen Verlauf der Gutsfeuchte am Trocknereintritt bestimmt:

$$\zeta_{kr} = \zeta_{kr}\,(\xi\,(0,\tau)) \tag{3.5.139}$$

oder

$$\xi\,(0,\tau) = \phi\,(\zeta_{kr}) \,. \tag{3.5.140}$$

So kann dann Gl.(3.5.138) integriert werden

$$\int_{\tau_{kr}} d\tau = \int_0 (\xi_0 - \phi\,(\zeta_{kr}))\, d\zeta_{kr} \,. \tag{3.5.141}$$

Damit kann die gesamte zeitliche und örtliche Feuchteverteilung im Trockner berechnet werden.

Für den einfachen Fall, daß sich die Trocknungskurve durch die beiden Geraden $\mathring{v}\,(\xi) = 1$ für $\xi \geq 1$ und $\mathring{v}\,(\xi) = \xi$ für $\xi \leq 1$ wiedergeben läßt, kann die örtliche und zeitliche Verteilung der Feuchte im Trocknungsgut $\xi\,(\zeta,\tau)$ durch analytische Ausdrücke beschrieben werden. Man erhält für diesen Fall, wenn man nach Gl.(3.5.130) mit $\xi\,(0,\tau) = 1$

$$\xi_0 - 1 = \tau_{kr} \tag{3.5.142}$$

setzt, im Bereich

$$\zeta \geq \zeta_{kr} \quad \text{und} \quad 0 \leq \frac{\tau}{\tau_{kr}} \leq \infty$$

für die Feuchteverteilung aus Gl.(3.5.133)

$$\xi\,(\zeta,\tau) = \xi_0 - (\xi_0 - 1)\, e^{-(\zeta - \zeta_{kr})} \,. \tag{3.5.143}$$

Im Bereich

$$\zeta \geq \zeta_{kr} \quad \text{und} \quad 0 \leq \frac{\tau}{\tau_{kr}} \leq 0$$

erhält man mit $\mathring{v}\,(\xi) = \xi$ für $\xi \leq 1$ aus der Integration der Gl.(3.5.134)

$$\xi\,(\zeta,\tau) = \frac{\xi_0}{1 + (\xi_0 - 1)\exp\,(-\xi_0\,(\zeta - \zeta_{kr}))} \,. \tag{3.5.144}$$

Feuchtigkeitsprofile im Trockner ergeben sich aus dieser Lösung für $\xi_{kr} \geq 0$ und damit für $\tau/\tau_{kr} \geq 1$.

Abb. 3.5.26 zeigt die so berechneten Feuchtigkeitsprofile in einem Trockner von der dimensionslosen Länge $\zeta = 6$, für ein Produkt mit der Anfangsfeuchte $\xi_0 = 2$ und der Trocknungskurve $\mathring{v}\,(\xi) = 1$ für $\xi \geq 1$ und $\mathring{v}\,(\xi) = \xi$ für $\xi \leq 1$.

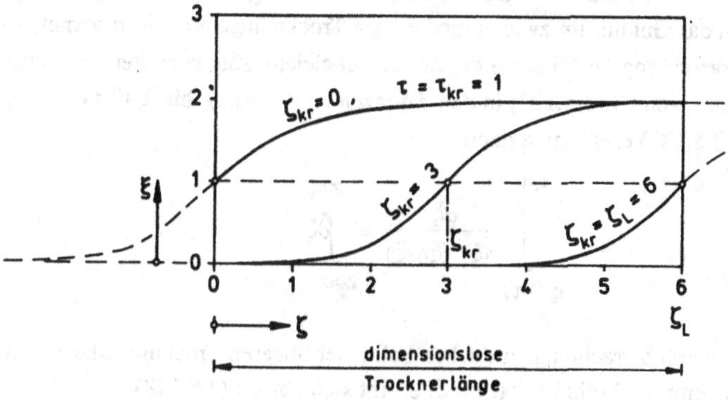

Abb. 3.5.26: Feuchtigkeitsprofile in einem Chargentrockner

Durch Einsetzen von $\zeta = \zeta_L$ in Gl.(3.5.143) bzw. $\zeta_{kr} = 0$ in Gl.(3.5.144) können auch für die Werte von $\zeta > \zeta_L$ bzw. $\zeta < 0$ Feuchtigkeitsprofile zur Vervollständigung des Bildes berechnet und gezeichnet werden.

Die Lage ζ_{kr} der kritischen Gutsfeuchte $\xi = \xi_{kr} = 1$ zu jedem dimensionslosen Zeitpunkt τ ergibt sich aus der Integration der Gl.(3.5.138)

$$\frac{d\,\zeta_{kr}}{d\tau} = \frac{1}{\xi_0 - \xi\,\langle 0,\tau\rangle} \tag{3.5.138}$$

unter Einsetzen von Gl.(3.5.144) an der Stelle $\xi\,\langle 0,\tau\rangle$, für die gilt

$$\xi\,\langle 0,\tau\rangle = \xi_0 / \left\{ 1 + (\xi_0 - 1)\exp\left(\xi_0\,\zeta_{kr}\right) \right\} . \tag{3.5.145}$$

Damit wird aus Gl.(3.5.138)

$$\int_{\tau_{kr}}^{\tau} d\tau = \xi_0 \int_0 \left(1 - \frac{1}{1 + (\xi_0 - 1)\exp\left(\xi_0\,\zeta_{kr}\right)} \right) d\zeta_{kr} \tag{3.5.146}$$

und schließlich

$$\zeta_{kr} = \frac{1}{\xi_0} \ln \left\{ \frac{\xi_0 \exp\{(\xi_0 - 1)\,[(\tau/\tau_{kr}) - 1]\}}{\xi_0 - 1} \right\} . \tag{3.5.147}$$

Mit Hilfe der Gleichungen (3.5.143),(3.5.144) und (3.5.147) ist die Gutsfeuchte zu jeder Zeit an jedem Ort im Trockner berechenbar.

Die Berechnung des Verlaufs der Gutsfeuchte in Abhängigkeit von Ort und Zeit ist etwas einfacher, wenn das Gut nur im zweiten und dritten Trocknungsabschnitt trocknet, also $\xi_0 \leq 1$ ist. Die Feuchteverteilung im Trockner ergibt sich bei gleichmäßig verteilter Anfangsfeuchte ξ_0 aus der Integration von Gl.(3.5.127) in den Grenzen von $\xi(0,\tau)$ bis $\xi(\zeta,\tau)$ und $\zeta = 0$ bis $\zeta = \zeta$. Aus Gl.(3.5.127) erhält man dann:

$$\int_{\xi(0,\tau)}^{\xi(\zeta,\tau)} \frac{\partial\xi}{\mathring{v}(\xi)\,(\xi_0-\xi)} = \int_{z=0}^{z=\zeta} \partial\zeta \;. \tag{3.5.148}$$

Für den vorher schon betrachteten einfachen Fall einer linearen Trocknungskurve im zweiten. und dritten. Trocknungsabschnitt, $\mathring{v}(\xi) = \xi$, ergibt sich aus Gl.(3.5.148)

$$\frac{1}{\xi_0} \ln \frac{\xi(\zeta,\tau)\left[\xi_0 - \xi(0,\tau)\right]}{\xi(0,\tau)\left[\xi_0 - \xi(\zeta,\tau)\right]} = \zeta \quad ^{*)} \;. \tag{3.5.149}$$

Die Abhängigkeit der Gutsfeuchte am Trocknereintritt, $\zeta = 0$, von der Zeit, $\xi(0,t)$, erhält man aus der Integration von Gl.(3.5.114a). An dieser Stelle gilt $\eta = 1$; und damit ergibt sich

$$-\int_{\xi_0} \frac{\partial\xi(0,\tau)}{\mathring{v}(\xi(0,\tau))} = \int_0 \partial\tau \;. \tag{3.5.150}$$

Für den Trocknereintritt gilt also

$$-\ln \frac{\xi(0,\tau)}{\xi_0} = \tau \;. \tag{3.5.151}$$

Setzt man $\xi(0,\tau)$ nach Gl.(3.5.151) in Gl.(3.5.149) ein und löst nach $\xi(\zeta,\tau)$ auf, so erhält man für den Verlauf der Gutsfeuchte

$$\xi(\zeta,\tau) = \xi_0 \frac{\exp\left\{\xi_0\,\zeta + \ln \dfrac{\exp(-\tau)}{1-\exp(-\tau)}\right\}}{1+\exp\left\{\xi_0\,\zeta + \ln \dfrac{\exp(-\tau)}{1-\exp(-\tau)}\right\}} \tag{3.5.152}$$

oder umgeformt

$$\xi(\zeta,\tau) = \frac{\xi_0}{1-e^{-\xi_0\zeta} + e^{-(\xi_0\zeta-\tau)}} \;. \tag{3.5.153}$$

---

*) Mathematische Anmerkung:

$$\int \frac{d\xi}{\xi(\xi_0-\xi)} = \frac{1}{\xi_0} \int \left(\frac{1}{\xi} - \frac{1}{\xi_0-\xi}\right) d\xi \;.$$

Aus Gl.(3.5.152) ist zu erkennen, daß die Feuchtigkeitsverteilung $\xi(\zeta,\tau)$ wieder durch eine einzige Grundkurve mit dem Argument dargestellt wird

$$Z = (\xi_0 \zeta + f(\tau)) , \qquad (3.5.154)$$

die für bestimmte Zeitintervalle um äquidistante Beträge in ζ-Richtung verschoben wird. Abb. 3.5.27 zeigt ein solches Feuchtigkeitsprofil in Abhängigkeit von Z nach Gl.(3.5.154).

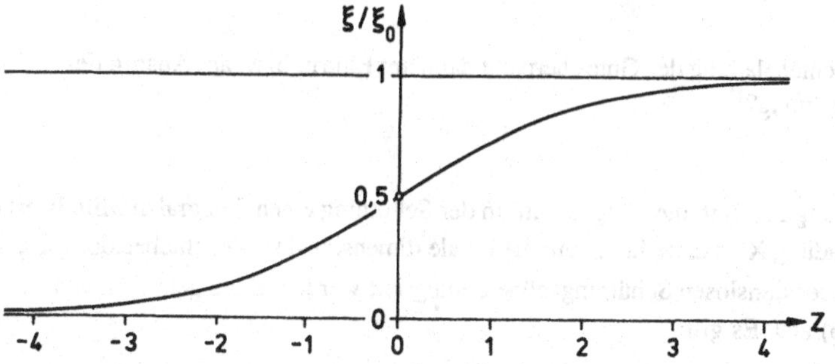

Abb. 3.5.27: Feuchtigkeitsprofil in einem Chargentrockner, in dem ein Gut mit einer Anfangsfeuchte $\xi_0 \leq 1$ getrocknet wird.

Für Z = 0 hat die Gutsfeuchte ξ gerade noch den halben Anfangswert. Definiert man

$$\xi_0 \zeta_{kr}^* = - \ln \frac{\exp(-\tau)}{1-\exp(-\tau)} , \qquad (3.5.155)$$

so ist ζ_{kr}^* gerade die Koordinate, bei der die Gutsfeuchte den halben Anfangswert besitzt. Man kann mit Gl.(3.5.155) die Gl.(3.5.152) auch in der folgenden Weise schreiben:

$$\frac{\xi(\zeta,\tau)}{\xi_0} = \frac{\exp \xi_0 (\zeta-\zeta_{kr}^*)}{1+\exp \xi_0 (\zeta-\zeta_{kr}^*)} . \qquad (3.5.156)$$

Aus Gl.(3.5.153) bzw. Gl.(3.5.156) ist das Feuchteprofil im Trockner zu jeder Zeit und an jedem Ort berechenbar.

Beispiel 3.5-8:
Mit Hilfe einer Schüttung aus Kieselgel wird Luft getrocknet. Die mit Wasser beladene Schüttung soll anschließend mit vorgewärmter Frischluft regeneriert werden. Die H = 0,2 m hohe Schüttung besteht aus Kieselgelperlen, die einen Durchmesser von d_p = 4 mm haben. Die Dichte der trockenen Kieselgelperlen ist ρ_p = 720 kg/m^3. Die Feuchtebeladung der Perlen vor der Regeneration ist X_0 = 0,2, die kritische Feuchtebeladung liegt bei $X_{kr,I}$ = 0,2, die Schüttung trocknet demnach nur im zweiten und dritten Trocknungsabschnitt. Die hygroskopische Gleichgewichtsbeladung der Kieselgelperlen beim vorgegebenen Luftzustand ist $X_{hy,Gl}$ =

0,01. Die Porosität der Schüttung beträgt $\psi = 0{,}4$. Zur Regeneration wird die Schüttung von Luft mit einer Eintrittstemperatur von $\vartheta_e = 200$ °C durchströmt. Die Eintrittsfeuchte der Luft beträgt $Y_e = 0{,}01$. Die Geschwindigkeit der Luft im leer gedachten Querschnitt des Schüttungsbehälters ist $u_g = 0{,}2$ m/s. Der Gesamtdruck bei der Regeneration beträgt P = 1 bar. Die Trocknungskurve der Kieselgelperlen im zweiten und dritten Trocknungsabschnitt kann durch die Gerade $\mathring{v}(\xi) = \xi$ wiedergegeben werden.

a) Wie lange dauert es, bis der integrale Mittelwert der Feuchtebeladung der Schüttung noch $\bar{X}_E = 0{,}015$ beträgt ?

b) Welche Feuchtebeladung des Gutes herrscht dann am Eintritt bzw. am Austritt der Kieselgelschüttung?

Lösung:

a) Zur Ermittlung der Zeit, die nötig ist, um in der Schüttung einen integralen Mittelwert der Feuchtebeladung $\bar{X}$ zu erreichen, muß die lokale dimensionslose Feuchtebeladung $\xi(\zeta,\tau)$ über der dimensionslosen Schüttungshöhe ζ integriert werden. Dazu geht man von Gl.(3.5.156) aus. Es gilt:

$$\frac{\xi(\zeta,\tau)}{\xi_0} = \frac{\exp \xi_0\,(\zeta-\zeta_{kr}^*)}{1+\exp \xi_0\,(\zeta-\zeta_{kr}^*)} \qquad (3.5.156)$$

mit

$$\xi_0\,\zeta_{kr}^* = -\ln \frac{\exp(-\tau)}{1-\exp(-\tau)} \; . \qquad (3.5.155)$$

Dies gilt für $\xi_0 \leq 1$.

Mit

$$\bar{\xi}(\tau) = \frac{1}{\zeta_L} \int_0^{\zeta_L} \xi(\zeta,\tau)\, d\zeta \qquad (3.5.157)$$

und der neuen Integrationsvariablen

$$z = \xi_0\,(\zeta - \zeta_{kr}^*) \qquad (3.5.158)$$

folgt

$$\bar{\xi}(\tau) = \frac{1}{\xi_0\,\zeta_L} \int_{z=-\xi_0\zeta_{kr}^*}^{\xi_0(\zeta_L-\zeta_{kr}^*)} \frac{e^z}{1+e^z}\, dz \qquad (3.5.159)$$

$$\bar{\xi}(\tau) = \frac{1}{\xi_0\,\zeta_L} \left[\ln(1+e^z)\right]_{-\xi_0\,\zeta_{kr}^*}^{\xi_0(\zeta_L-\zeta_{kr}^*)} \qquad (3.5.160)$$

$$\bar{\xi}(\tau) = \frac{1}{\xi_0\,\zeta_L} \ln \frac{1+e^{-\xi_0\zeta_{kr}^*} \cdot e^{\xi_0\zeta_L}}{1+e^{-\xi_0\zeta_{kr}^*}} \; . \qquad (3.5.161)$$

Die Gl.(3.5.161) kann nun mit Hilfe von Gl.(3.5.155) nach der dimensionslosen Zeit τ aufgelöst werden. Es ergibt sich

$$e^{\xi_0 \zeta_L \bar{\xi}} \left[1+e^{-\xi_0 \zeta_{kr}^*}\right] = 1+e^{-\xi_0 \zeta_{kr}^*} e^{\xi_0 \zeta_L}$$

$$e^{-\xi_0 \zeta_{kr}^*}\left[e^{\xi_0 \zeta_L \bar{\xi}} - e^{\xi_0 \zeta_L}\right] = 1-e^{\xi_0 \zeta_L \bar{\xi}} .$$

Aus Gl.(3.5.155) folgt:

$$e^{-\xi_0 \zeta_{kr}^*} = \frac{e^{-\tau}}{1-e^{-\tau}} .$$

Damit erhält man:

$$e^{-\tau}\left[e^{\xi_0 \zeta_L \bar{\xi}} - e^{\xi_0 \zeta_L}\right] = (1-e^{-\tau})\left[1-e^{\xi_0 \zeta_L \bar{\xi}}\right]$$

$$e^{-\tau} = \frac{1-e^{\xi_0 \zeta_L \bar{\xi}}}{1-e^{\xi_0 \zeta_L}} = \frac{e^{\xi_0 \zeta_L \bar{\xi}}}{\xi_0 \zeta_L} \cdot \frac{1-e^{-\xi_0 \zeta_L \bar{\xi}}}{1-e^{-\xi_0 \zeta_L}}$$

$$\tau = \xi_0 \zeta_L (1-\bar{\xi}) + \ln \frac{1-e^{-\xi_0 \zeta_L}}{1-e^{-\xi_0 \zeta_L \bar{\xi}}} . \qquad (3.5.162)$$

Für den angegebenen Luftzustand am Eintritt $\vartheta_e = 200$ °C, $Y_e = 0{,}01$, P=1 bar kann aus Beispiel 3.5-1 eine Gutsbeharrungstemperatur $\vartheta_0 = 46{,}0$ °C und dazu aus dem Beispiel 3.5.-3 ein $Y^* = 0{,}0698$ übernommen werden. Es ergibt sich wieder eine mittlere absolute Temperatur der Luft von $T_m = 396{,}1$ K und damit eine Dichte der Luft - wie im Beispiel 3.5 -7 berechnet - von $\rho_g = 0{,}88$ kg/m³. Der Stoffübergangskoeffizient für die durchströmte Schüttung wird nach [5] berechnet zu $\beta = 0{,}17$ m/s.

Für die dimensionslose Schüttungshöhe ζ_L ergibt sich

$$\zeta_L = \frac{\beta A}{\dot{V}_g} = \frac{\beta\, a^*\, H \cdot f}{u_g \cdot f} .$$

Darin ist f die freie Querschnittsfläche des Schüttungsbehälters. Die volumenspezifische Austauschfläche a^* ist dabei

$$a^* = \frac{6}{d_p}(1-\psi)$$

und damit

$$\zeta_L = \frac{0{,}17 \cdot 6 \cdot 0{,}6 \cdot 0{,}2}{0{,}004 \cdot 0{,}2} = 153 .$$

Für die mittlere dimensionslose Feuchtebeladung der Partikeln erhält man

$$\bar{\xi} = \frac{\bar{X}_E - X_{hy,Gl}}{X_{kr,I} - X_{hy,Gl}} = \frac{0{,}015 - 0{,}01}{0{,}2 - 0{,}01} = 0{,}0263 .$$

Für τ gilt nach Gl.(3.5.125)

$$\tau = \frac{\rho_g \beta A(Y^* - Y_e)}{M_s(X_{kr,I} - X_{hy,Gl})} \quad .$$

Die Austauschfläche A der Schüttung läßt sich aus folgendem Zusammenhang, der auch schon weiter oben verwendet wurde, berechnen

$$A = \frac{6}{d_p}(1-\psi)\, f \cdot H$$

und die Masse der Kieselgelperlen

$$M_s = \rho_p\,(1-\psi) \cdot f \cdot H \quad .$$

Damit ergibt sich:

$$\tau_E = \frac{0{,}88 \cdot 0{,}17 \cdot 6\,(0{,}0698 - 0{,}01)}{720 \cdot 0{,}004\,(0{,}2 - 0{,}01)}\, t_E = 0{,}0981 \cdot t_E/\text{Sekunden} \; .$$

Für τ_E ergibt sich aus Gl.(3.5.162) mit $\xi_0 = 1$, $\xi = 0{,}0263$ und $\zeta_L = 153$:

$$\tau_E = 1 \cdot 153\,(1 - 0{,}0263) + \ln \frac{1-\exp(-1 \cdot 153)}{1-\exp(-1 \cdot 153 \cdot 0{,}0263)}$$

$$\tau_E = 149 \quad .$$

Damit ergibt sich für die notwendige Regenerationszeit

$$t_E = \frac{\tau_E}{0{,}0981} = \frac{149}{0{,}0981} = 1519 \text{ Sekunden}$$

$$t_E = 25{,}3 \text{ Minuten} \; .$$

Es dauert also 25,3 Minuten bis die Schüttung die gewünschte mittlere Endfeuchte erreicht hat.

b) Die Feuchtebeladung des Gutes am Ein- und Austritt der Schüttung bei Erreichen der Regenerationszeit ergibt sich aus Gl.(3.5.153). Die Feuchte am Eintritt ist

$$\xi(0;149) = \frac{1}{1+e^{149}} \approx e^{-149} = 0 \; ,$$

das heißt, am Eintritt ist die hygroskopische Gleichgewichtsfeuchte erreicht. Am Austritt dagegen ist

$$\xi_E(153;149) = \frac{1}{1-e^{-153} + e^{-(153-149)}} = 0{,}982$$

$$X_E = \xi_E\,(0{,}2 - 0{,}01) + 0{,}01$$

$$X_E = 0{,}197 \quad .$$

Die Feuchtebeladung des Gutes am Austritt ist noch fast gleich der Beladung zu Anfang des Regenerationsvorganges.

h) Kontinuierliche Trocknung von durchströmtem Gut im Kreuzstrom

Die Abb. 3.5.28 zeigt einen Bandtrockner, bei dem das Gut von unten nach oben von Luft durchströmt wird. Das Schüttgut wandert auf dem Förderband mit der Geschwindigkeit u_s durch den Trockner. Die unteren Partikellagen trocknen schneller als die oberen, d.h. die Gutsfeuchte X ist sowohl in z-Richtung als auch in s-Richtung veränderlich. Die Berechnung der Verteilung der Gutsfeuchte X längs der beiden Ortskoordinaten z und s läßt sich zurückführen auf die im vorigen Kapitel behandelte Berechnung der Gutsfeuchte als Funktion von Ort und Zeit, wenn man das Koordinatensystem mit dem Band mitlaufen läßt. Die Ortskoordinate s geht dann über in die Zeitkoordinate t durch den Zusammenhang

$$t = \frac{s}{u_s} \; . \tag{3.5.163}$$

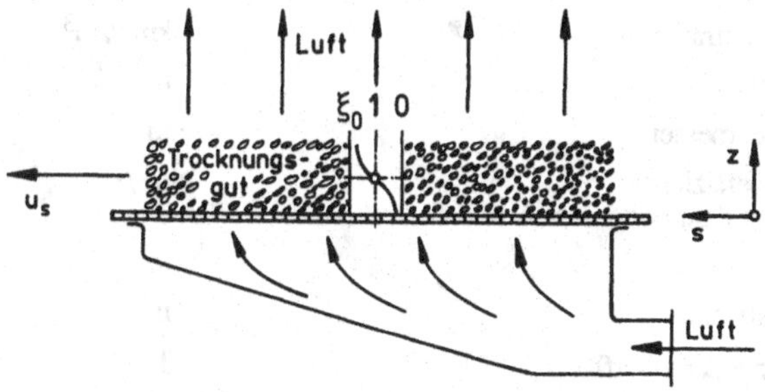

Abb. 3.5.28: Kreuzstrom-Bandtrockner

Literaturverzeichnis zu Abschnitt 3

[1] Kröll, K.; Trockner und Trocknungsverfahren, 2. Aufl., Springer Verlag, Berlin, Heidelberg, New York, 1978.

[2] Thurner, F. und M. Stietz; Bestimmung der Sorptionsisothermen lösungsmittelfeuchter Sorbentien nach der Durchströmungsmethode, Chem.Eng.Process. 18(1984) Nr. 6, S. 333/340.

[3] Schlünder, E.-U.; Einführung in die Stoffübertragung, Thieme-Verlag, Stuttgart, New York, 1984.

[4] Krischer, O. und W. Kast; Die wissenschaftlichen Grundlagen der Trocknungstechnik, 3. Aufl., Springer-Verlag, Berlin, Heidelberg, New York, 1978.

[5] VDI-Wärmeatlas, 5. Aufl., VDI-Verlag, Düsseldorf, 1988.

[6] Schlünder, E.-U.; Fortschritte und Entwicklungstendenzen bei der Auslegung von Trocknern für vorgeformte Trocknungsgüter, Chem.-Ing.-Techn. 48(1976) Nr. 3, S. 190/198.

[7] van Meel, D.A.; Adiabatic convection batch drying with recirculation of air, Chem.Eng.Sci. 9(1958) No. 1, pp. 36/44.

Symbolverzeichnis

a	Aktivität	-
a	Temperaturleitfähigkeit	m^2/s
a	spezifische Oberfläche	m^2/m^3
A	Oberfläche	m^2
b	Langmuirscher Adsorptionskoeffizient	-
B	Keimbildungsrate	$1/(m^3 s)$
c	spezifische Wärmekapazität	J/(kg K)
c	Massenkonzentration	kg/m^3
$\tilde{c}$	molare Konzentration	$kmol/m^3$
d,D	Durchmesser	m
d_m	Moleküldurchmesser	m
D_{AB}	Diffusionskoeffizient zwischen den Komponenten A und B	m^2/s
f	Faktor	-
f	Querschnittsfläche	m^2
$\tilde{g}_A$	freie Enthalpie der Oberfläche	J
$\tilde{g}_C$	freie Keimbildungsenthalpie eines kritischen Clusters	J
$\tilde{g}_V$	freie Enthalpie des Volumens	J
G	Wachstumsgeschwindigkeit	m/s
G_a	Abriebsgeschwindigkeit	m/s
h,H	Höhe	m
h	spezifische Enthalpie	J/kg
$\tilde{h}$	molare spez. Enthalpie	J/kmol
Δh	Umwandlungsenthalpie	J/kg
$\Delta\tilde{h}$	Enthalpiedifferenz	J/kmol
$\Delta\tilde{h}^*$	Kristallisationsenthalpie	J/kmol
H	Enthalpie	J
$\mathring{H}$	Enthalpiestrom	J/s
i_c	Anzahl der Elementarbausteine eines Clusters	-
k	Boltzmannkonstante = $1{,}381 \cdot 10^{-23}$	J/K
k	Wärmedurchgangskoeffizient	$W/(m^2K)$
k_{BS}	Koeffizient im Wachstumsmodell	J/K
k_{BCF}	Koeffizient im Wachstumsmodell	m/(sK)
k_d	Stoffübergangskoeffizient	m/s

$k_{d,h}$	Stoffübergangskoeffizient an halbdurchlässiger Grenzfläche	m/s
k_r	Reaktionskoeffizient	var.
K_{BS}	Koeffizient im Wachstumsmodell	K^2
K_{BCF}	Koeffizient im Wachstumsmodell	K
l, L	Länge	m
L	Partikeldurchmesser	m
$\mathring{L}$	Massenstrom	kg/s
m,M	Masse	kg
$\mathring{m}$	Massenstromdichte	$kg/(m^2s)$
$\mathring{m}$	Kristallwachstumsrate	$kg/(m^2s)$
m_T	Suspensionsdichte	kg/m^3
$\tilde{M}$	Molmasse	kg/kmol
$\mathring{M}$	Massenstrom	kg/s
n,N	Stoffmenge	kmol
$\mathring{n}$	Stoffstromdichte	$kmol/(m^2s)$
n(L)	Partikelanzahldichte	$1/m^4$
n_c	Anzahl der kritischen Cluster	-
$\mathring{N}$	Stoffstrom	kmol/s
N_A	Avogadrozahl $= 6{,}02252 \cdot 10^{26}$	1/kmol
N_P	Gesamtpartikelanzahl	-
p^o	Sättigungsdruck	Pa
p	Partialdruck	bar (od. Pa)
P	Gesamtdruck	bar (od. Pa)
P	Leistung	W
q	spezifische Wärmemenge	J/kg
$\mathring{q}$	Wärmestromdichte	W/m^2
Q	Wärmemenge	J (od. Ws)
$\mathring{Q}$	Wärmestrom	W
R	individuelle Gaskonstante	kJ/(kgK)
$\tilde{R}$	allgemeine Gaskonstante $= 8{,}314$	kJ/(kmol K)
s	Wandstärke	m
s	Stoßfaktor	-
S	relative Übersättigung	-
$\mathring{S}$	Massenstrom des Kristallisats	kg/s
t	Zeit	s
T	absolute Temperatur	K
u	Geschwindigkeit	m/s
v	Wachstumsgeschwindigkeit	m/s

$\mathring{v}$	Volumenstromdichte	$m^3/(m^2s)$
V	Volumen	m^3
$\mathring{V}$	Volumenstrom	m^3/s
w_{ss}	Partikelschwarmsinkgeschwindigkeit	m/s
W	Arbeit	J
W	Massenbeladung fluide/feste Phase	kg/kg
$\mathring{W}$	Leistung	W
x_s	mittlerer Diffusionsweg einer Wachstumseinheit auf der Kristalloberfläche	m/s
x, y	Massenanteil	kg/kg
$\tilde{x}$, $\tilde{y}$	Molanteil	kmol/kmol
X, Y	Massenbeladung	kg/kg
$\tilde{X}$, $\tilde{Y}$	Molbeladung	kmol/kmol
x,y,z	Koordinaten	m
Z	Ungleichgewichtsfaktor	-

Griechische Buchstaben

α	Volumenformfaktor eines Partikels	-
α	Wärmeübergangskoeffizient	$W/(m^2K)$
β	Flächenformfaktor eines Partikels	-
β	Stoffübergangskoeffizient	m/s
γ	Aktivitätskoeffizient	-
γ_{CL}	Grenzflächenspannung	J/m^2
Γ	dimensionsloser Stoffparameter	-
δ	Diffusionskoeffizient	m^2/s
Δ	Differenz	-
ε	spezifische Leistung	W/kg
ξ	dimensionslose Wirbelschichthöhe (Definition S. 239)	-
η	dimensionsloses Trocknungspotential (Definition S. 234)	-
η	dynamische Viskosität	Pa s oder kg/(ms)
ϑ	Temperatur	°C
θ	Randwinkel	grad
λ	Wärmeleitfähigkeit	W/mK
μ	chemisches Potential	kJ/kmol
μ_0	Standardpotential	kJ/kmol
ν	Querkontraktionszahl	-
ν	Zahl der Ionen	-

ν	kinematische Viskosität	m^2/s
$\mathring{\nu}$	dimensionslose Trocknungsgeschwindigkeit	-
ξ	dimensionslose Gutsfeuchte (Definition S. 219)	-
ρ	Dichte	kg/m^3
σ	Übersättigung	-
σ	Standardabweichung	-
τ	dimensionslose Zeit (Definition S. 224)	-
τ	Verweilzeit	s
φ	Feststoffvolumenanteil	m^3/m^3
ϕ	dimensionslose Rate der homogenen Keimbildung	-
ψ	Porosität	-

Dimensionslose Kennzahlen

Le	Lewiszahl
Ne	Newtonzahl
Nu	Nusseltzahl
P^*	Kristallisationsparameter
Pe	Pecletzahl
Pr	Prandtlzahl
Re	Reynoldszahl
Sc	Schmidtzahl
Sh	Sherwoodzahl

Indizes

A	Fläche
a	Abrieb (attrition)
ab	abgeführt
anh	Anhydrat
aus	Ausgang
B	Brüden
c	Cluster
C	Kristall, Kristallisator
D	Dampf
ein	Eingang
f	Feed (Zulauf)
F	fluide Phase
g	gasförmig
G	Gas

het	heterogen
hom	homogen
H	Heizung
I	Grenzfläche (interface)
i	Komponente i, innen
id	ideal
K	Anhydrat
k	Anzahl der Komponenten
krit	kritisch
hyd	Hydrat
L, l	flüssig (liquidus)
lam	laminar
met	metastabel
min	Minimum
M	Mischung
p	Partikel
prim	primär
r	rein
s	Impfen (seed)
s	Feststoff (solidus)
S	Sieden
sec	sekundär
susp	Suspension
T	Total
turb	turbulent
V	Verlust
W	Wand
zu	zugeführt
*	Sättigungs- oder Gleichgewichtszustand
o	reine Komponente
—	Mittelwert
α	Anfang
ω	Ende